U0258168

面向制造和装配的产品设计指南

第 2 版

钟 元 编著

机 械 工 业 出 版 社

本书第 1 版自 2011 年出版以来深受广大读者好评，前后印刷了 6 次，销售 15000 余册。为答谢广大读者的厚爱，使之更符合读者的需求、更实用，我们根据近几年的技术发展和读者的反馈进行了修订再版。

面向制造和装配的产品设计（DFMA）是企业以"更低的产品成本、更短的产品开发周期、更高的产品质量"进行产品开发的关键。DFMA 通过提高产品的可制造性和可装配性，使得产品非常适合进行制造和装配，继而保证制造和装配时的高生产效率、低不良率、高产品质量和低产品成本等。在劳动力成本日益上升的今天，DFMA 对企业显得更为重要和迫切。

本书详细介绍了如何在产品开发中应用 DFMA 以及 DFMA 设计指南，包括面向装配的设计指南、塑胶件设计指南、钣金件设计指南、压铸件设计指南、机械加工件设计指南和公差分析等，并辅以图形和真实案例及 DFMA 检查表，具有非常高的实用价值。

本书非常适合从事产品开发的工程师和管理人员阅读，也可供高等院校机械类专业教师和学生学习参考。

图书在版编目（CIP）数据

面向制造和装配的产品设计指南/钟元编著. —2 版 . —北京：机械工业出版社，2016.6（2024.8 重印）

ISBN 978- 7- 111- 54013- 7

I. ①面… Ⅱ. ①钟… Ⅲ. ①产品设计-指南 Ⅳ. ①TB472-62

中国版本图书馆 CIP 数据核字（2016）第 129833 号

机械工业出版社（北京市百万庄大街 22 号 邮政编码 100037）
策划编辑：何月秋 责任编辑：何月秋 雷云辉
版式设计：霍永明 责任校对：肖 琳
封面设计：张 静 责任印制：邓 博
北京盛通印刷股份有限公司印刷
2024 年 8 月第 2 版第 14 次印刷
169mm×239mm · 20. 25 印张 · 412 千字
标准书号：ISBN 978- 7- 111- 54013- 7
定价：59. 00 元

电话服务　　　　　　　网络服务
客服电话：010-88361066　机 工 官 网：www.cmpbook.com
　　　　　010-88379833　机 工 官 博：weibo. com/cmp1952
　　　　　010-68326294　金 书 网：www. golden-book. com
封底无防伪标均为盗版　机工教育服务网：www. cmpedu. com

第 2 版前言

本书第 1 版自 2011 年出版以来深受广大读者的好评，前后印刷 6 次，累计销售 15000 余册。为答谢广大读者的厚爱，同时使本书更符合大家的需求、更实用，我们根据近几年的技术发展和许多读者的反馈进行了修订再版。

很多读者对本书的评价是非常实用，不少企业把本书当作工程师必备的培训教材。承蒙广大读者和企业的厚爱，在过去的 5 年中，我有机会从事有关面向制造和装配的产品设计（DFMA）的培训、咨询、应用和推广工作，服务对象包括 ABB、艾默生、欧普照明、北京阿奇夏米尔、旭东（中国）、康佳电子和特灵空调等各行业知名企业。这不但让我获得了许多宝贵的实战经验，加深了我对 DFMA 的认识和理解，同时也让我更进一步意识到 DFMA 确实能给企业带来实实在在的价值，包括降低产品成本和提高产品质量等。借此再版之际，我结合对 DFMA 更深层次的理解，对本书做了以下主要修改：

1. 增加了 Design For X（面向各种设计要求的设计，简称 DFX）的内容。从产品设计全局的角度介绍 DFX，指出 DFMA 在 DFX 中的地位及其重要性，但同时不能忽略产品设计时需要考虑的其他要求，例如来自客户或消费者对产品的功能、外观、易使用性等方面的要求，产品可靠性的要求，以及产品低成本的要求等。

2. 在塑胶件设计指南一章中增加了常用塑胶材料性能的解读，这有助于工程师在选择材料时做出正确的选择，同时对塑胶件进行有针对性的零件设计。另外，更加详细地介绍了塑胶件的超声波焊接，包括工艺介绍、焊接结构设计及指南等。

3. 增加了新的一章：机械加工件设计指南。通过面向机械加工的设计，实现零件机械加工时的高效率、低成本和高质量等。

4. 重新调整了公差分析一章的结构。以常见错误公差分析方法为入口，系统化地介绍了在产品开发过程中进行公差分析的具体步骤和具体指南。

本书第 1 版出版后，我收到了不少读者的邮件和电话，经常共同探讨书中的技术问题，以及读者在应用 DFMA 过程中出现的问题，与读者的交流使我深受启发。非常欢迎广大读者一如既往地对本书第 2 版提出建议和指正错误，共同推进 DFMA 在中国的发展，为中国制造业的腾飞贡献我们的智慧。

作者联系方式：邮箱 3945996@qq.com，电话 13564227795，微信号 zhongyuan1978。

钟　元

于上海

第1版前言

产品开发如同奥林匹克竞技。更低的产品开发成本、更短的产品开发周期、更高的产品质量，永远是企业追求的最高境界。在全球化的背景下，企业之间的竞争日益加剧，在产品开发中任何一个环节稍有落后，就可能被竞争者超越，甚至被淘汰出局。

企业如何才能以"更低的成本、更短的时间、更高的质量"进行产品开发呢？面向制造和装配的产品设计正是这样的一个有效手段。它从提高产品的可制造性和可装配性入手，在产品开发阶段就全面考虑产品制造和装配的需求，同时与制造和装配团队密切合作，通过减少产品设计修改、减少产品制造和装配错误、提高产品制造和装配效率，从而达到降低产品开发成本、缩短产品开发周期、提高产品质量的目的。

本书首先介绍了面向制造和装配的产品开发；然后重点介绍了面向制造和装配的设计指南，其中包括面向装配的设计指南、塑胶件设计指南、钣金件设计指南、压铸件设计指南和公差分析等；最后提供了面向制造和装配的产品设计检查表，用于系统化地检查产品设计是否满足产品制造和装配的需求。

本书根据作者多年产品开发实际经验编写，并结合了国内外先进的产品开发理念和产品设计思想，具有以下特色：

1. 详细介绍面向装配的设计指南

与产品的制造一样，产品的装配处于同等重要甚至更为重要的地位，但长期被忽视。本书详细介绍了面向装配的设计指南，以确保产品设计符合产品装配的要求，减少装配错误，降低装配成本，提高装配效率和装配质量。

2. 实用性强

本书没有复杂的理论，而是从产品开发的实际应用着手，介绍了面向制造和装配的设计指南。每一条设计指南都来源于真实的产品开发经验和教训总结，违反其中任何一条设计指南都可能会造成产品开发成本的增加、产品开发周期的延长和产品质量的降低。

另外，本书提供的产品设计检查表能够帮助产品设计工程师系统化地检查产品设计，确保产品设计符合制造和装配的要求，具有非常高的实用性。

3. 实例丰富、强调实践

本书的设计指南辅以图形和真实案例，简单易懂。作者从一个产品设计工程师的角度来分析和讲述每一条设计指南对产品开发的影响，指导产品设计工程师利用每一条设计指南来提高产品开发的质量。

　　我要感谢妻子曾颖和女儿钟曾，她们是我写这本书的动力。

　　鉴于作者水平有限，书中错误在所难免，欢迎广大读者批评指正。读者可以发邮件至 joezhong@ hotmail. com 与作者进行交流。

钟　元

于上海

目　　录

第1章　面向制造和装配的产品开发

1.1　产品设计的重要性

1.1.1　iPhone 利润分配的启示

1. iPhone 利润分配

2011 年美国学者披露的一份研究报告表明，每出售一台 iPhone 手机，苹果公司就能获得其中利润的 58.5%，而作为主要的 iPhone 组装地和大部分零部件生产地，中国大陆从中能获得的利润只有 1.8%，中国台湾获得的利润为 0.5%。

这份研究报告名为《捕捉苹果全球供应网络利润：iPhone 和 iPad》，由美国加州大学和雪城大学的 3 位教授合作撰写，其中针对 iPhone 手机利润分配的研究显示，苹果公司每出售一台 iPhone，利润分配（见图 1-1）如下：

➢ 利润排在第一位的是苹果公司，独占其中 58.5% 的利润。

➢ 利润排在第二位的是塑胶、金属等原材料供应国，占去了 21.9%。

➢ 利润排在第三位的是作为屏幕、电子元件主要供应商的韩国，分得了 iPhone 利润的 4.7%。

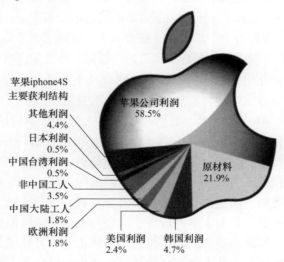

图 1-1　iPhone 利润分配图

注：美国利润不包含苹果公司，工人部分和原材料部分均指成本投入额。数据来源于公开报道。

> ➤ 利润排在第四位的是非中国工人，占去 3.5%。
> ➤ 利润排在第五位的是苹果公司以外的美国从业者，获得 2.4%。
> ➤ 利润排在第六位的是中国大陆工人和欧洲从业者，分别获得 1.8%。
> ➤ 利润排在最后的是日本和中国台湾，各获得 0.5%。
> ➤ 其他未归类项目占去 4.4%。

2. 微笑曲线

在上面的 iPhone 利润分配中，这一组对比数据显得非常刺眼：

> ➤ 苹果公司独占 58.5% 的利润。
> ➤ iPhone 的组装和生产者中国台湾和中国大陆工人仅仅获得 0.5% 和 1.8% 的利润。

这不得不引起我们的反思，为何苹果公司能够独占绝大部分的利润，而我们仅仅只能获得非常微薄的利润呢？

这可以通过微笑曲线理论来解释。微笑曲线告诉我们，企业在产业链中的利润分配取决于企业在产业链中的位置或地位。

微笑曲线（Smile Curve）是 1992 年，当时的宏碁电脑董事长施振荣在《再造宏碁：开创、成长与挑战》一书中所提出的企业竞争战略，作为宏碁的策略方向。微笑曲线获得了业界的广泛认可，并成为台湾各产业中长期发展策略的方向。

微笑曲线理论的形成，源于国际分工模式由产品分工向要素分工的转变，也就是参与国际分工合作的世界各国企业，由生产最终产品转变为依据各自的要素禀赋，只完成最终产品形成过程中某个环节的工作。最终产品的生产，经过市场调研、创意形成、技术研发、模块制造与组装加工、市场营销、售后服务等环节，形成了一个完整链条。这就是全球产业链，它一般由实力雄厚的跨国公司主导，以制造加工环节为分界点，全球产业链可以分为产品研发、制造加工、流通三个环节。从研发产品到最终产品再到产品销售，产业链上各环节创造的价值随各种要素密集度的变化而变化。

发展中国家的企业由于缺少核心技术，主要从事制造加工环节的生产。然而，无论加工贸易还是贴牌生产，制造加工环节付出的只是土地、厂房、设备、水、电等物化要素成本和简单劳动成本，虽然投入也很大，但在不同国家间具有可替代性，企业为争取订单，常常被压低价格。而跨国公司掌握的研发环节和流通环节，其所投入的信息、技术、品牌、管理、人才等属知识密集要素，比制造加工环节更复杂，具有不可替代性。同时，面对复杂多变的国际市场，研发和流通环节要承担更大的市场风险，按照合同完成订单生产即可分享利润的制造加工环节并不负责产品销售，市场风险极低。按照成本与收益、风险与收益正比匹配原则，跨国公司作为生产过程的最大投资者和最终产品销售的风险承担者，自然成为收益最大者。

按照产业链中各环节在产业链中的位置及其产生的附加价值可以绘制成一条微笑曲线。微笑曲线是一条微笑嘴形的曲线，如图 1-2 所示，微笑曲线的两端朝上，分别是产品设计、技术研发以及品牌、渠道、物流和服务等，它们处在产业链的核心，具有非常高的附加价值；微笑曲线的底端是产品制造，它们处在产业链的底端，产生非常低的附加价值。

通过微笑曲线，我们可以回答上文中的疑问：为何苹果公司可以获得绝大部分的利润，而我们仅仅获得微薄的利润？

这是因为，在 iPhone 的产业链中，苹果公司处在微笑曲线的顶端，是产品设计者、技术研发者，并掌握着品牌、渠道等，苹果公司是 iPhone 产业链的核心，产生最多的附加价值。没有苹果公司，就没有 iPhone 产业，苹果公司在 iPhone 产业链中的核心位置决定了他们能够获得绝大部分的利润。

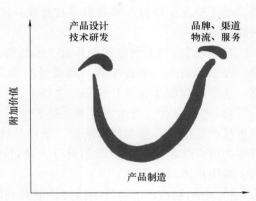

图 1-2　微笑曲线

而富士康等企业和中国工人，在 iPhone 产业链中处在微笑曲线的底端，是产品制造者，产生非常低的附加价值。也就是说，没有富士康和中国工人，iPhone 产业完全不受影响，只不过 iPhone 的生产地换成东南亚某国或墨西哥而已，我们在 iPhone 产业链中的微不足道的位置决定了我们仅仅能够获取微不足道的利润。

对处于微笑曲线顶端的企业来说，微笑曲线确实在向他们微笑；而对于底端的企业来说，这却是一张苦笑的脸。

3. iPhone 利润分配的启示

在《捕捉苹果全球供应网络利润：iPhone 和 iPad》研究报告中，站在美国企业和国家的角度，学者对美国企业管理者和政策制定者总结和建议到：

1）在全球化的背景下，供应商处于受支配地位，非常容易被替换。日本企业在 iPad 中的供应商地位就被韩国的 LG 和三星取代；而有传言说三星制造的芯片会被苹果内部设计的芯片以及中国台湾制造所取代。

2）品牌对于一个企业至关重要。尽管 iPhone 的组装和零部件制造都是在美国本土以外进行的，但获得了 iPhone 绝大部分利润的是苹果，一个美国公司。

3）苹果通过对产品设计、软件开发、产品管理、市场，以及其他高附加值部分的控制，获得了绝大部分的利润。

4）中国在整个产业链中的作用比我们通常认为的小得多，从中获益甚少。

5）电子产品的装配产生非常少的价值，把大批量的电子产品装配带回美国对经济增长不是一个好的主意。同时，尽管当前美国面临严重的失业率，尽管电子产品的制造能够提供大量的就业岗位，但仍没有必要把电子产品的制造带回美国。

这也恰恰是对中国企业管理者和政策制定者的启示和建议：

1）在全球化的产业链中，中国的身份和地位是供应商，为世界上的多数品牌企业提供产品的组装和制造服务，以"中国制造"闻名于世界，这一点常常令很多国人感到自豪。但是，我们应当明白，作为一个供应商，我们处在产业链的底层，处于受支配地位，非常容易被替换；同时，我们处在微笑曲线的底部，获得的利润最低。

2）我们应当去创建和提升自己的品牌。当然，品牌的创建和提升绝非一日之功。提供创新的、突破性的、高质量的和高度用户体验的产品，如同苹果走过的路，这是品牌创建和提升的必经之路。

3）产品设计、技术研发和品牌等是一个企业获取利润的关键。中国的企业应当重视产品设计、重视技术研发、重视品牌建设等，把资源都投到这上面来。本书讲述的重点就是如何进行产品设计，通过产品设计向用户提供高质量的、低成本的、高用户体验的产品。

4）中国制造产生可怜的附加价值和利润，我们应当尽快完成从中国制造和中国创造的转变。

1.1.2 产品设计的作用

本书关注的重点是产品开发过程中企业发生的行为，即产品设计和产品制造，其他企业经营过程中的行为，如品牌、销售、物流和渠道等将不做讨论。因此，在微笑曲线中，如果仅仅对比产品设计和产品制造，我们可以得出如下结论：

产品设计是整个产业链的核心，产生最多的附加价值；而产品制造处于产业链的底端，产生最小的附加价值。

这是因为产品设计在产品开发过程中处于非常核心、非常重要的地位，产品设计决定了产品成本、产品质量和产品开发周期，而产品质量、产品成本和产品开发周期是衡量产品开发成功与否的三个因素。高的产品质量、低的产品成本和短的产品开发周期是企业在激烈的市场竞争中获胜的关键。

1. 产品设计决定了产品成本

影响产品成本的四个主要因素包括设计、材料、劳动力和管理，在产品开发过程中，以上各项投入成本所占比例及其对产品成本的影响如图1-3所示。由图1-3可见：

1）产品设计阶段的成本仅仅占整个产品开发投入成本的5%。

2）产品设计决定了75%的产品成本。

3）产品设计在很大程度上影响了材料、劳动力和管理的成本。

4）如果没有产品设计的优化，材料、劳动力和管理对于降低产品成本影响很小。

产品设计决定了75%的产品成本，这是因为：

➢ 产品设计决定了零件的材料。材料费用是产品成本的重要组成部分。在满足产品功能、外观和可靠性等前提下，零件存在着多种材料选择，有的材料价格昂

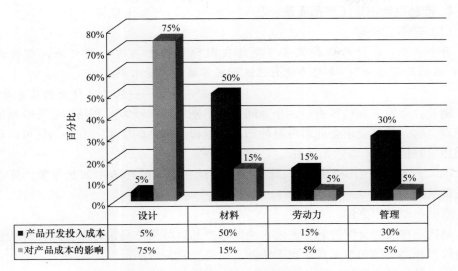

	设计	材料	劳动力	管理
■产品开发投入成本	5%	50%	15%	30%
▨对产品成本的影响	75%	15%	5%	5%

图 1-3　产品开发投入成本所占比例及其对产品成本的影响

贵，有的材料价格便宜。零件材料的选择决定于产品设计阶段。

➤ 产品设计决定了产品结构的简单与复杂度。产品结构越简单，产品的可装配性就越高，产品的装配效率就越高，产品的装配成本就越低；相应的，产品结构越复杂，产品的可装配性就越差，产品的装配效率就越低，产品的装配成本就越高。在劳动力成本越来越高的今天，产品的可装配性对产品装配成本的影响也更加明显。

➤ 产品设计决定了零件的简单与复杂度。零件越简单，零件的可制造性就越高，零件的制造效率就越高，零件的制造成本就越低；相应的，零件越复杂，零件的可制造性就越低，这要求精密的仪器和设备，要求更长的加工时间，零件的制造效率就越低，零件的制造成本就越高。

➤ 产品设计决定了产品的修改次数。当制造出的产品不符合产品的功能、外观和可靠性等时，必须进行设计修改，这意味着相应的零件模具、治具、工装夹具和生产线等必须修改，这会增加产品成本。产品修改次数越多，产品成本增加得越多。产品的修改次数取决于产品设计。

➤ 产品设计决定了产品的不良率。产品的不良率越高，产品的成本就越高。产品的不良率主要是由产品设计决定的，而不是产品制造。

因此，对于一个企业来说，如果要降低企业的产品成本，合理有效的办法不是千方百计地偷工减料，不是千方百计地去剥削员工和工人的剩余劳动价值，不是千方百计地去购买昂贵的制造设备，而是千方百计地把成本和精力投入到产品设计中来。

2. 产品设计决定了产品质量

（1）质量无极限

每个企业、每种产品和服务，要想在国际市场上占有一席之地，都要面对"超严格的质量要求"，要努力使自己达到世界级的质量水平。

——朱兰（伟大的质量导师）

随着社会发展和科技进步，企业间竞争不断加剧，顾客对产品和服务的期望越来越高，这一切都要求企业对自身的产品质量提出更高的要求，有一句话可以形象地描述这种情况："质量无极限"。

（2）产品质量的决定因素 既然产品质量在竞争的环境中如此重要，那么产品质量从哪里来？

质量是制造出来的？

制造是按照设计图样和工艺要求来制造产品。如果产品设计不合理，再精密的制造仪器和高明的制造工程师也无法制造出高质量的产品。

质量是检验出来的？

检验是在产品制造完成后，根据检验标准，挑出不合格品。检验只是事后把关。当然，通过提高产品检验标准，可以提高产品质量，但同时产品不良率也会增加，造成产品成本的上升，这种方法没有从根本上解决问题。

质量是设计出来的？

没错，质量就是设计出来的。产品设计决定了产品的基因，决定了产品的质量。日本的质量大师 Taguchi 认为：产品质量首先是设计出来的，然后才是制造出来的。20 世纪初，德国人把质量定义为：优秀的产品设计加上精致的制造。在这样的思想指导下，日本和德国的产品质量有目共睹。而在朱兰的质量三部曲中，质量设计是提高产品质量的根本。

"二八原则"形象地说明了产品设计对产品质量的重要性。根据统计，80% 左右的产品质量问题是由设计引起的，20% 的产品质量问题是由后期的制造和装配引起的，如图 1-4 所示。换句话说，如果产品设计很完善，就能够避免 80% 的产品质量问题；而无论产品制造多么完美，也只能够避免 20% 的产品质量问题，对另外 80% 的产品质量问题无能为力。

遗憾的是，现阶段有些企业对质量的认识依然停留在产品质量等于制造质量的质量认识初级阶段。他们往往愿意投入巨资购买昂贵的制造设备和引进国外先进的制造技术，却不愿意投入少量的资金引进国外先进的产品设计理念和技术。"中国制造"占领了全世界的市场，但产品质量还有待进一步的提高。

要想改变现状，唯一可以做的就是重视产品设

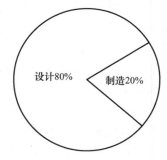

图 1-4　产品质量问题产生
根源的"二八原则"

计，从"中国制造"转变到"中国创造"，在产品开发中引入面向制造和装配的产品设计理念。只有这样，"中国制造"的产品才可能与高质量画上等号。

3. 产品设计决定了产品开发周期

产品设计决定了产品开发周期。一个合理的产品设计能够顺利地进行制造和装配，而一个不合理的设计往往会造成产品无法制造或者装配，从而造成产品开发周期的加长。特别是在大批量化生产的今天，很多零件的制造都是通过模具（如注射模具等）加工而成，如果产品的设计不合理，零件无法顺利制造或者零件的质量不符合要求，那么此时就不得不修改产品的设计，相应的模具也需要修改，而模具的修改往往会耗费大量的时间，从而造成产品开发周期的加长。

1.1.3 好的产品设计

既然产品设计如此重要，那么对于产品设计工程师来说，什么是好的产品设计呢？我的产品设计是好的产品设计吗？借鉴迪特尔·拉姆斯关于好的设计的十条标准，好的产品设计应当满足以下十条标准。

1. 好的产品设计是创新的

创新的思想和基因应当存在于产品的具体结构中，存在于产品的每一个零件和每一个零件装配件关系中。一个好的产品设计总是通过创新的设计，来解决产品设计中面临的挑战和满足产品设计的各种要求。在市场竞争日益激烈的今天，对于很多挑战性的问题，使用传统的方法和产品结构已经很难解决，工程师需要跳出传统思维框架的限制，使用创新的想法才能高效地解决这些问题，才能设计出好的产品。

例如，在早期的手机后盖与前盖的组装设计中，一般使用螺钉来固定，后来使用卡扣的设计代替了传统的螺钉固定结构。这种创新的设计既节约了成本，同时又是环保的设计，另外提高了产品的易使用性，提高了用户的体验。

创新分为两种，一种是发明，从无到有，根据人们的真正需要，创造一种或几种真正的功能；一种是改良，对产品的外观、结构和形态等进行改良。发明一般产生于产品设计的初期。对产品设计来说，由于其主要对象是具体的零件设计和零件的装配关系设计，很难再进行发明级别的创新。产品设计阶段的创新主要是改良，但我们不能轻视改良的创新，尽管改良创新从级别上来说低于发明创新，但改良创新同样可以帮助提高产品质量、降低产品成本。

2. 好的产品设计是简洁的

少，但更好，简单就是美。好的产品设计是简单的、简洁的，这体现在具体的零件设计和装配关系设计中。

在一个产品中，零件数量越少越好，零件的装配关系越简单越好。零件越少、装配关系越简单，产品的装配效率越高、装配质量越高、产品成本越低、产品的易使用性越好。

对产品中的每一个零件也是如此。零件的设计应当越简单越好。零件越简单，越容易制造、成本越低、出现缺陷的可能性越低、零件质量越高。

3. 好的产品设计是功能第一的

好的产品设计是功能第一，应该永远把功能放在产品设计的第一位。功能是产品设计的首要问题，产品是以功能为核心的，没有功能的存在，产品也就不复存在。功能是产品具有使用价值的基础，消费者对产品的需求就是对产品功能的需求，功能是产品与消费者之间最基本的关系，功能是消费者对产品的最基本诉求。产品的实质就是功能的载体，产品设计和制造过程中的一切手段和方法，实际上就是针对产品功能进行的。例如，手机的最基本功能是通话，如果一部手机通话信号不好，连最基本的通话功能都不能满足，无论它的外观是如何华丽或者它的可靠性是如何强大，我们也很难说这样的产品设计是好的产品设计。

产品设计通过对产品内部结构的设计、对具体零件的设计，以及零件与零件之间装配关系的设计，继而实现产品的功能。

4. 好的产品设计是美的

好的产品设计必须充分考虑到产品的外观要求，好的产品设计是美的。产品的美感是实用性不可或缺的一部分，因为每天使用的产品都无时无刻地影响着我们的生活，产品的美感能够给消费者带来一种美的享受。

尽管产品的外观设计主要由工业设计师负责，但产品美的外观需要通过具体的产品设计来实现。工程师在进行具体产品的设计时，也应当考虑到产品的外观要求，并通过具体的产品设计来满足外观要求，否则产品在生产制造和装配过程中就很有可能出现外观瑕疵和缺陷。

5. 好的产品设计是考虑成本的

好的产品设计是考虑成本的。在实现产品功能、质量、外观、可靠性等要求的情况下，产品成本越低，企业利润越高。无论一个产品的功能如何强大、质量如何高、消费者如何欢迎，但如果产品成本太高，企业没有利润甚至亏钱，这样的产品设计也只能说是一个失败的产品设计。

好的产品设计要求产品设计工程师在进行具体的产品设计时，始终把成本作为一个重要因素来考虑。

6. 好的产品设计是考虑产品质量的

好的产品设计是考虑产品质量的。产品质量是指产品适应社会生产和生活消费需要而具备的特性，它是产品使用价值的具体体现。产品质量是由各种要素组成的，这些要素亦被称为产品所具有的特征和特性。产品质量要求反映了产品的特性和满足消费者及其他相关方要求的能力。

产品设计决定了产品质量。产品制造按照设计意图来制造产品，只能在量的级别上提高产品的质量，并不能从根本上提高产品质量。产品检验是事后检验，检出不合格品，也不能从根本上提高产品质量。要提高产品质量，最简单最高效的方法是从产品设计入手，在产品设计阶段就应当具有质量意识。

7. 好的产品设计是考虑产品的可制造性和可装配性的

好的产品设计是充分考虑产品的可制造性和可装配性的。产品具有可制造性和可装配性，则产品制造和装配简单、制造和装配成本低、效率高、不良率低；同时，产品的设计修改次数少，第一次就把事情做对，能够大幅降低产品开发周期、降低产品成本以及提高产品质量。

8. 好的产品设计是考虑周到并且不放过每个细节的

好的产品设计应当是考虑每个细节的。细节决定成败，对产品设计也是如此，很多产品的失败正是因为对细节的忽视而造成的。产品设计中的每一个细节都有可能对产品的功能、质量、成本和可靠性等造成影响。产品设计中的每一个细节都必须精心考虑，应当精益求精，绝不能敷衍了事或者怀有侥幸心理，这既是对设计本身的挑战，也是对消费者的一种尊重。

例如，在塑胶产品的卡扣设计中，如果卡扣的根部是尖角而不是圆角的设计，在制造时卡扣根部就会产生应力集中，使卡扣强度大幅降低，而卡扣就非常容易因为使用过程中发生的碰撞或跌落折断而失效。

9. 好的产品设计是具有高度用户体验的

用户体验这个词语来源于互联网行业，是指"产品如何与外界发生联系并产生作用"，也就是人们如何"接触"和"使用"它。简单地说，用户体验并不关心产品是如何工作的，而关心的是用户在使用产品过程中的心情感受。

产品的最终使用者是用户，只有具有高度用户体验的产品、用户喜欢的产品才是最好的产品。具有高度用户体验的产品设计应该考虑到以下方面：

➢ 产品的设计是否方便用户的操作和使用？

➢ 产品的设计是否能让用户具有舒适和愉悦感？

➢ 产品的设计是否容易让用户产生困惑，而不知道如何操作？

➢ 产品的设计是否容易让用户产生操作错误，而带来不愉悦甚至灾难的后果？

高度的用户体验要求"以用户为中心的产品设计"，在产品设计的每一个步骤中，都要把用户列入考虑范围。

10. 好的产品设计是和谐的

在前文中我们谈到：

➢ 好的产品设计是创新的。

➢ 好的产品设计是简洁的。

➢ 好的产品设计是功能第一的。

➢ 好的产品设计是美的。

➢ 好的产品设计是考虑成本的。

➢ 好的产品设计是考虑产品质量的。

> ➢ 好的产品设计是考虑产品的可制造性和可装配性的。
> ➢ 好的产品设计是考虑周到并且不放过每个细节的。
> ➢ 好的产品设计是具有高度用户体验的。

好的产品需要满足的要求是如此之多，而有些时候要求之间互相是冲突的，有可能满足这一方面的要求就会造成另外一方面要求无法满足，这就需要产品设计工程师具备丰富的设计知识和创新思维，能够在这些要求中取得平衡，使产品设计满足所有这些要求。好的产品设计是和谐的。

产品设计的首要目的是功能，例如手机的基本功能是通话，毋庸置疑，手机的设计首先需要满足通话功能。但是，除了功能之外，产品设计需要满足的要求还有很多，包括产品的外观、质量、成本、可制造性、可装配性、可靠性、易使用性和环保性等。好的产品设计是和谐的，应当充分考虑所有这些要求，不会因为一方面的要求而忽略另一方面的要求。

和谐的产品设计，也正是 Design For X 设计所推崇和提倡的，在产品设计时充分考虑产品设计的各种要求。通过 DFX 设计可以确保产品设计满足这些要求，让产品更加实用。

1.2 Design For X

1.2.1 产品生命周期

正如生物的诞生、成长直至消亡构成其生命周期一样，人类有意识地创造出来的人工物，包括各种产品，也被赋予了生命，亦即诞生、成长、消亡的过程，分别对应产品的开发过程、使用过程和报废回收处理过程。产品开发过程分为产品设计、产品制造、产品装配、产品检测和产品包装与运输，产品使用过程可分为产品销售、产品使用和产品维修与维护，产品报废过程分为产品回收与产品报废。这些过程构成了产品生命周期，如图 1-5 所示。

1.2.2 DFX 产生的背景

20 世纪 70 年代以来，世界制造业市场形势发生了根本性的转变，信息技术的发展促进了全球大市场的形成。世界市场的特征由传统的相对稳定逐步演变为动态多变，由过去的局部竞争演变为全球范围内的竞争，同行业之间、跨行业之间的相互渗透和相互竞争越来越激烈。长期卖方市场变成了买方市场，顾客对产品质量、交货期、成本和种类的要求越来越高，产品的生命周期越来越短。可以说，"产品"已经成为制造业的核心，一流产品不仅是成功的源泉，更是企业持久成功的基础。

为了适应变化迅速的市场需求，真正提高竞争能力，现代的制造企业必须解决

TQCS 难题，即以最快的上市速度（T，Time to Market），最好的质量（Q，Quality），最低的成本（C，Cost）以及最优的服务（S，Service）来满足不同顾客的需求。

但由于长期以来的思维和操作定式，在产品设计、产品制造和产品装配等环节之间始终存在脱节，设计出来的产品往往面临诸多问题，例如：

1）不符合产品制造和装配的要求，无法满足产品质量标准，需要大量返工，导致产品质量低。

2）不符合产品制造和装配的要求，使得制造和装配很复杂，加工时间长，产品成本增加。

3）产品根本无法制造和装配，产品设计需求反反复复修改，甚至必须重新开始设计，浪费了大量的人力、物力，产品开发周期加长。

4）产品可靠性差，客户投诉多，售后服务投入大，企业入不敷出，产品生命周期缩短，最终导致企业无以为继。

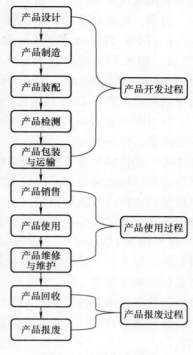

图 1-5　产品生命周期

在这样的背景下，企业不断促进自身寻求产品开发的新思路、新方法，并应用于有竞争力的产品的开发。一个典型的例子是美国企业在承受着日本 20 世纪 70 年代以后在汽车、半导体等行业逐步确立的世界市场优势地位的压力下，积极调整产业结构，学习和采用新的产品开发思想、策略、方法，如并行工程、虚拟制造、敏捷制造、精益生产等等，为美国经济在 20 世纪 90 年代的振兴产生了重要的促进作用，DFX 作为并行工程的一个重要实现工具在这样的背景下应运而生。

1.2.3　DFX：面向产品生命周期的设计

DFX 是 Design For X 的简称，其第一层含义是指面向产品生命周期的设计，这里的 X 指产品生命周期中的任一环节，如图 1-5 所示，例如产品制造、产品装配、产品检测、产品包装与运输、产品维修等。

DFX 是基于并行设计的思想，在产品概念设计和详细设计阶段就充分考虑到产品生命周期中的各种要求，包括制造工艺要求、装配工艺要求、检测要求、包装与运输要求、维修要求、环保要求等，使得产品设计与这些要求之间紧密联系、相互影响，将这些要求反映到产品设计中，从而保证产品以较低的成本、较高的质量和较短的产品开发周期进行开发。DFX 不再把产品设计看作是一个孤立的任务，而是利用现代化设计工具和 DFX 分析工具设计具有良好工程特性的产品。

目前，比较成熟的 DFX 技术包括以下方面。

1）DFM（Design For Manufacture 面向制造的设计）。

2）DFA（Design For Assembly 面向装配的设计）。DFM 和 DFA 统称为 DFMA（Design For Manufacture and Assembly），即面向制造和装配的产品设计，DFMA 是最早的和最成熟的 DFX 技术之一，是本书的主要内容。

3）DFI（Design For Inspection 面向检验的设计）。DFI 着重考虑产品、过程、人的因素，以便提高产品检验的方便性。产品检验是加工和维修中的主要工作。加工中的产品检验是为了提供快速精确的加工过程反馈，而维修中的产品检验则是为了快速而准确地确定产品结构或功能的缺陷，及时维修以保证产品使用的安全。产品检验的方便性取决于色彩（比如电路板上元器件的颜色对应不同种类）、零件内部可视性（比如液压缸等液体容器应该直接显示液面）、结构等诸多因素。

4）DFS（Design for Service 面向维修的设计）。现代企业非常重视的环节之一就是售后服务。产品的售后服务其实主要是指产品维修，而产品维修主要涉及的是产品拆卸和重装等工作。所以，产品故障确定的容易程度、产品的可靠性、产品的可拆卸性和可重装性等是产品维修主要考虑的因素。

面向维修的设计是指在产品设计阶段就充分考虑到产品的维修要求，其设计原则包括：

① 通用化、标准化、模块化设计原则。提高产品的互换性，简化维修过程中的装配和拆卸工艺，提高产品的维修速度和维修质量。

② 简化产品设计原则。在满足使用需求的前提下，尽可能地简化产品功能。包括取消不必要的功能，合并相同或相似的功能，尽量减少零部件的种类和数量。

③ 可达性设计原则。可达性是指产品维修时接近维修零部件的难易程度。通俗地讲，可达性可以用三句话表达：看得见（视觉可达）；够得着（人手或借助于工具能接触到维修部位）；有足够的操作空间。

④ 易损件的易换性设计原则。尽管在设计中采用了高可靠性的零部件，但受寿命和恶劣环境的影响，产品中一般仍然会有一部分零部件属于易损件，需要更换。易损件应置于容易拆卸和重装的位置。

⑤ 贵重件的可修复性设计原则。产品的关键零部件、贵重零部件应具有可修复性，失效后可调整、修复至正常状态，这样能降低产品的维修费用，减少维修时间，提高维修效率。

⑥ 测试性设计原则。产品的测试性是指产品能够及时而准确地确定其工作状态，并隔离其内部故障的一种设计特性。

⑦ 维修工具原则。尽量使用常规的维修工具，避免使用特殊的维修工具，尽量减少需要使用的维修工具种类。

⑧ 维修安全性设计原则。维修安全性是避免维修人员伤亡或产品损坏的设计

特性。如在可能发生危险的部位提供醒目的标记或声、光警告；对于盛装高压气体、弹簧、带有高电压等存储有很大能量但维修时需拆卸的装置，应设有释放能量的装置，采用安全可靠的拆装工具，要考虑防止机械损伤、防电击、防火、防爆、防毒等措施。

⑨ 维修防错原则。结构上消除发生错误的可能性，如零部件装错了就装不上，增加明显的识别标识等。

⑩ 易拆卸性设计原则，包括：

a. 最少拆卸时间。一般产品是由多种不同材料制成的。材料回收价值低、拆卸费时是造成资源浪费和环境污染的主要原因。减少使用材料种类和改进产品设计结构，可使产品得到更好的回收。例如，可拆卸的机夹式硬质合金车刀比焊接式的材料回收性要好。

b. 可拆卸。产品最好采用简易的紧固方法，尽量减少紧固件数量；同时对零件之间的连接，使用同一类型紧固件；避免拆卸时零部件的多方向复杂运动，避免金属材料嵌入塑料零件。

c. 易操作。产品留有可抓取表面，避免非刚性零件，避免在产品单元结构内密封有害物质（如废液等），防止污染环境及构成危害职业健康的根源。

d. 易拆散。产品设计时，避免二次光洁产品表面（如油漆、涂层等），同时避免零件材料拆卸时本身的损坏和损坏产品的其他结构。

e. 减少变异。产品在设计过程中，减少紧固件类型，同时尽量使用标准零部件。尤其在新产品设计时，零部件在设计结构与功能上应具有良好的设计继承性和通用性。

5）DFE（Design For Environment 面向环境的设计）。DFE 着重考虑产品开发全过程中的环境因素，目的在于尽量减少在生产、运输、消耗、维护与修理、回收、报废等产品生命周期的各个阶段，产品对环境产生的不良影响，如资源衰竭（生物与非生物）、污染（臭氧层破坏、全球暖化、酸雨、噪声等）、失调（干旱、地表变质）等。在充分意识到环境因素下开发出来的产品往往不仅对环境产生的不良影响小，而且消耗少、成本低、易于被社会接受。因此重视面向环境的产品开发的企业能够具有较大的竞争优势。产品开发中对环境产生较大影响的主要因素包括材料、加工处理、功能、形状、尺寸、配合与安装等。

面向环境的设计强调要从根本上防止污染、节约资源和能源，关键在于产品设计和制造。面向环境的设计原则包括：

① 使用可循环使用、可回收的材料。

② 使用对环境友好、污染少的材料；限制产品中铅、水银、镉、六价铬离子、PBBs（多溴联苯）及 PBDEs（多溴联苯醚）的使用；尽量避免使用玻璃、金属强化塑料等复合材料。

③ 优化产品设计以减少材料使用，避免过于稳健的设计以浪费材料。例如，

为提高塑胶零件强度，最好的办法不是增加零件壁厚，而是增加加强筋，因为这不但可以减少零件材料的使用，还由于较小壁厚的零件冷却时间短，零件制造效率高。

④ 减少使用材料的种类。

⑤ 减少产品制造和使用过程中的能源消耗。

⑥ 提高产品的可靠性以延长产品的使用年限。

⑦ 提高产品的可回收性。

6）DFR（Design For Recycling 面向回收的设计）。面向回收的设计，是指在进行产品设计时要充分考虑其零件材料的回收可能性、回收价值大小、回收处理方法、回收处理结构工艺性等与回收性有关的一系列问题，以达到零件材料资源和能源的最充分利用，并对环境污染最小的一种设计思想和方法。产品的可回收性是与产品设计密切相关的。若产品设计时不考虑可回收性的设计，则其能够回收的零件数量是很少的；反之，若在产品设计时，就充分考虑到这种产品未来的回收及再利用问题，则可使产品零件的回收利用率大为提高，从而可以节约材料及能源，并对环境污染影响最小。

面向回收的设计原则包括：

① 尽量使用可回收的材料。产品报废后，其零件及材料能否回收，取决于其原有性能的保持性及材料本身的性能。也就是说，零件材料能否回收利用，首先取决于其性能变化的情况，这就要求在产品设计时必须了解产品报废后零件材料性能的变化，以确定其可用程度。其次，在产品设计时要仔细考虑材料选择，尽可能选用绿色材料增强材料与环境的协调性。而所谓绿色材料，是指那些在制备、生产过程中能耗低、噪声小、无毒性，并对环境无害的材料及其成品；也包括那些对人类及环境虽有危害，但采取适当措施后就可以减小或消除的材料及其成品。

② 在可回收材料的零件上用清晰的标识进行标记，在产品回收时可以更好地掌握可回收零件的拆卸、分类和处理。

③ 限制喷漆和涂层的使用。喷漆和涂层在塑胶材料的回收处理中可能造成材料性能的降低和降解。

④ 考虑零件以及材料的回收工艺性。零件材料能否回收，如何回收，也是可回收性设计中必须考虑的问题。有些零件材料在产品报废后，其性能完好如初，可直接回收重用；有些零件材料的性能变化甚小，可稍事加工用于其他型号的产品；有些零件材料使用后性能状态变化很大，已无法再用，需采用适当的工艺和方法进行处理回收；有些特殊材料（含有毒、有害成分的材料）还需采用特殊的回收处理方法以免造成危害或损失。因此，在产品设计时，就必须考虑到所有这些情况，并给出相应的标志及回收处理的工艺方法，以便于产品生产时进行标识及产品报废后用户进行合理处理。

⑤ 考虑回收经济性。回收的经济性是零件材料回收的决定性因素。在产品设计中就应该掌握回收的经济性及支持可回收材料的市场情况，以求最经济地和最大限度地使用有限的资源，使产品具有良好的环境协调性。对某些回收经济性低的产品，在其达到其设计寿命后，可告知用户将其送往废旧商品处理中心回收比继续使用更为经济，且有利于保护环境。

⑥ 零件可回收的前提条件是能方便、经济、无损害地从产品中拆卸下来。因此可回收零件的结构必须具有良好的拆卸性，以保证回收的可能和便利。产品的可拆卸性取决于零件数、产品结构、拆卸动作种类、拆卸工具种类等因素。例如，胶粘连接对回收造成不小的障碍，可使用卡扣连接等方式替代。

1.2.4　DFX：面向各种要求的设计

DFX 的第二层含义是面向各种要求的设计，是指在产品的设计中，充分明确和理解产品的各种要求，并设计产品满足这些要求。X 指各种要求，包括来自于客户或消费者对产品功能、外观、质量和易使用性等的要求，来自于产品制造的要求，来自于产品装配的要求，以及产品可靠性的要求和产品成本的要求等。只有当产品设计满足 DFX 的所有要求时，才可以说这个产品设计是一个好的产品设计。

本书介绍的 DFX 是指第二层含义，即面向各种设计要求的产品设计，其不但包含了 DFX 的第一层含义，即面向产品生命周期中的各种要求，也包含了对产品功能、外观、可靠性以及产品成本等的要求。

如图 1-6 所示，DFX 的要求包括以下六个方面的主要内容。

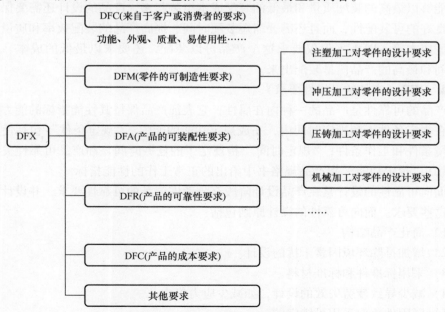

图 1-6　Design For X 的主要内容

1. DFC（来自于客户或消费者的要求）

产品设计的首要和最重要的要求是来自于客户或消费者对产品功能、质量、外观、可靠性和使用方便性等方面的要求，只有客户或消费者满意的产品，才是最好的产品。一般来说，来自于客户或消费者的要求均会在产品的规格中进行明确的定义。在产品设计和产品制造中，产品设计工程师应当随时检查产品是否满足上述要求。

2. DFM（零件的可制造性要求）

制造是指产品的加工工艺，例如注射加工、钣金冲压、压铸加工和机械加工等。产品设计需要满足来自于制造方面的要求。很多工程师常认为产品设计就是根据客户的要求，在三维设计软件中绘制出产品图就大功告成了。事实上，能够在三维设计软件中把产品图绘制出来，不一定表示产品就能够制造出来，或者说产品不一定能够以最低的成本、最短的时间和最高的产品质量制造出来。产品设计不仅仅是绘制产品图而已，更重要的是要保证产品具有良好的可制造性，而且还需要提高产品的制造效率和质量、缩短产品的制造时间、降低产品的制造成本等。DFM 不仅仅要求这个产品可以制造，还要求以最低的成本、最短的时间和最高的产品质量制造出来。

3. DFA（产品的可装配性要求）

产品往往是由多个零件装配而成的，这里的装配是指产品通过组装工序把多个零件组装成一个完整的产品。同样的，产品设计工程师在三维设计软件中可以把一个产品的组装关系绘制得很完美，事实上这不一定表示产品能够组装起来，或者说产品能够以最高的装配质量和最低的装配成本组装起来。产品的设计还需要保证产品有良好的可装配性，而且还需要缩短装配时间、提高产品的装配效率和质量、降低装配成本等。DFA 不仅仅要求这个产品可以装配，还要求以最低的成本、最短的时间和最高的产品质量装配出来。

4. DFR（产品的可靠性要求）

产品的可靠性是产品的一种内在属性，它表征产品保持其性能指标的能力，是产品在规定条件下和规定时间内，完成规定功能的能力。"规定条件"包括使用时的环境条件和工作条件；"规定时间"指规定了的任务时间，和产品可靠性关系极为密切；"规定功能"指产品规格书中给出的正常工作的性能指标。

面向可靠性的设计是在产品设计阶段充分考虑产品的可靠性要求，并设计产品满足这些要求。面向可靠性的设计原则包括：

1）简化产品结构。

2）增加排除环境因素干扰的设计。

3）采用标准件和标准材料。

4）减少导致疲劳失效的设计，如减少应力集中。

5）紧固件争取采用可锁定的。

6）提高零件的冗余度。

5. DFC（产品的成本要求）

利润是一个企业生存的根本，产品成本太高，必然会影响企业利润。无论产品质量如何完美，如果成本太高，不能给企业带来利润，这样的产品开发也是失败的。

在产品设计阶段就应当具有成本意识，而且也必须意识到产品成本取决于产品设计，取决于产品设计工程师之手。

6. 其他

针对具体项目和产品的情况，产品还需要满足其他方面的要求，例如，环保的要求，产品易拆卸、易维护的要求等，这些要求在产品设计阶段也必须考虑到。

需要特别注意的是，产品设计以上各方面的要求在有些时候是相互冲突的，满足了这方面的要求可能导致不能满足另一方面的要求。对此，产品设计工程师需要进行综合判断，在产品的各个设计要求之间取得一个良好的平衡。产品设计工程师常犯的一个错误之一就是为了满足一方面的要求而忽略了其他方面的要求。当然，在众多要求之中，来自于客户或消费者的要求往往是排在第一位的，毕竟客户就是上帝。

1.2.5　DFX 的内涵

1. DFX 体现了并行工程的思想

DFX 是一种哲理、方法、手段和工具，体现了并行工程的思想，即在设计阶段尽早地考虑产品生命周期各阶段的各种要求，将有助于提高产品的竞争力，借助计算机实现的 DFX 工具，可以有效地辅助产品设计工程师按照 DFX 进行产品设计。但 DFX 方法本身不是设计方法，不直接产生设计方案，它是对候选设计进行评价、分析和优化的方法，为设计提供依据。DFX 方法的应用最终通过再设计实现产品的优化，它不仅用于改进产品本身，而且用于改进包括制造过程和装配过程的产品相关过程。

2. DFX 要求团队合作

成功实施 DFX 的一个关键因素就是团队合作。产品的成功开发并不仅仅是产品设计工程师的职责，而是依赖于整个 DFX 团队成员之间的团队合作。这主要是因为随着科技的发展，产品制造和装配等技术变得日益复杂，产品设计工程师不可能完全掌握好这些技术并设计产品来满足这些技术的要求，必须借助 DFX 团队中相关专业人员的帮助。在产品设计阶段，产品设计工程师要尽早与 DFX 团队的其他人员进行充分沟通与交流，并设计产品完全满足 DFX 的各种要求，尽早发现问题并加以解决，避免在产品开发的中后期才发现而造成产品质量降低和成本增加等。

通过真正将 DFX 活动集成到公司文化和每个产品的开发活动中，就能将效益最大化，保证最终产品具备量产和盈利能力。当 DFX 集成到产品开发流程中时，其执行力度会得到大大加强，这一工作的基础就是公司上层管理者的支持，当管理层确认 DFX 是产品设计中非常必要的工作时，执行推动起来就很容易了。

1.3 产品开发模式

1.3.1 产品开发模式的进化

1. 原始产品开发模式

在很久以前，当制造业刚刚兴起的时候，人们所能制造的产品很简单，相应的制造工艺也很简单。在此阶段，产品的设计和制造都由同一个人来完成，这样的开发模式被称为原始产品开发模式。

还记得小时候叮叮当当的打铁声吗？高温的火炉、飞溅的火星、挥舞的铁锤，铁匠们进行着原始产品开发。当农民需要锄头、镰刀和斧头等农作工具时，他们按照要求，点燃火炉，经过烧、锤、敲、磨、淬火等十几道工序，制造出农民需要的农具，如图 1-7 所示。在原始产品开发模式下，铁匠既是产品设计者，同时又是产品制造者。"我设计，我制造"，这是原始产品开发模式的典型特点。历史已经证明，他们的生产效率很低。

图 1-7　最后的打铁匠

注：该图取自参考文献【1】。

2. 传统产品开发模式

随着社会的发展，叮叮当当的打铁声在人们的生活中渐渐远去，产品变得越来越复杂，产品相应的制造工艺也越来越复杂。此时，产品设计和制造都需要很强的专业知识，无法由同一个人胜任。而且，原始产品开发模式效率太低，无法适应大批量的工业化生产。根据亚当·斯密的劳动分工理论，分工越细，效率越高。于是，产品开发产生了设计和制造的社会分工，产品开发过程分为产品设计阶段和制造阶段，分别由产品设计工程师和制造工程师负责。在产品设计阶段，产品设计工程师关注的是如何实现产品的功能、外观和可靠性等要求，而不去关心产品是如何制造、如何装配的；当产品设计工程师完成产品设计后，由制造工程师进行产品的制造和装配，当然，制造工程师也不关心产品的功能、外观和可靠性等要求；这就是传统产品开发模式。在当时的社会背景下，传统产品开发模式大幅提高了产品开发的效率。

但是，传统产品开发模式存在着一个致命弊端，那就是产品设计与产品制造之间沟通很少，甚至没有沟通，二者之间仿佛隔着一堵"柏林墙"，阻断了设计与制造双方的沟通，因此传统产品开发模式也常被称为"抛墙式设计"。产品设计工程师完全不关心设计的产品能否顺利制造，不关心产品制造的质量，更不关心产品的制造成本。与此对应的是，制造工程师根本不关心制造的产品是否符合产品设计的要求。"我们设计，你们制造"，这是传统产品开发模式的典型特点。

在传统产品开发模式中，产品设计和产品制造的关系如图 1-8 所示。

图 1-8　传统产品开发模式中设计与制造的关系
注：该图取自参考文献【2】。

3. 面向制造和装配的产品开发模式

进入现代社会，企业之间的竞争日益激烈，消费者对产品更加挑剔，企业必须以更低的成本、更短的时间和更高的质量来提高产品的竞争力。此时，传统产品开发模式的弊端逐渐显现出来：由于产品设计与制造的脱节，在产品设计阶段难以考虑到来自于制造等方面的要求，产品设计工程师设计的产品可制造性、可装配性差，使产品开发过程变成了设计、制造、修改设计、再制造的反复循环，从而造成产品设计修改过大、产品开发周期过长、产品开发成本过高、产品质量过低等问题。"反反复复修改直到把事情做对"，这句话完整地概括了传统产品开发过程。而且，有些时候"甚至反反复复修改也不一定把事情做对"，结果项目失败。

很显然，产品设计与产品制造的脱节是造成上述后果的根本原因。设计与制造并不应该只是简单的先后顺序关系，不应该是"我们设计，你们制造"的关系，而应当是"水乳交融，你中有我，我中有你"的关系。在产品设计阶段必须考虑到来自于制造端制造和装配对产品设计的要求，制造和装配的要求越早介入到设计中，对产品开发越有利。在产品设计阶段，就应当引入制造和装配的要求，使得产品设计工程师设计的产品具有很好的可制造性和可装配性，从根本上避免在产品开发后期出现的制造和装配质量问题。"我们设计，你们制造，设计充分考虑制造的要求""第一次就把事情做对"，这就是面向制造和装配的产品开发模式。在面向制造和装配的产品开发中所进行的设计就是面向制造和装配的设计。

在面向制造和装配的产品开发模式中，横亘在产品设计与制造之间的"柏林墙"已经倒塌，产品设计工程师和制造工程师有着共同的目标，那就是如何以更低的成本、更短的时间和更高的质量进行产品开发。

4. 三种产品开发模式的主要特征

上述三种产品开发模式的主要特征见表 1-1。

表 1-1 三种产品开发模式的主要特征

产品开发模式	主 要 特 征
原始产品开发模式	1. 产品简单 2. 我设计，我制造 3. 效率很低
传统产品开发模式	1. 产品较复杂 2. 我们设计，你们制造 3. 产品设计修改多，产品开发成本高，产品开发时间长，产品质量低 4. 反反复复修改直到把事情做对
面向制造和装配的产品开发模式	1. 产品很复杂 2. 我们设计，你们制造，设计充分考虑制造的要求 3. 设计修改少，产品开发成本低，产品开发时间短，产品质量高 4. 第一次就把事情做对

1.3.2 传统产品开发流程

传统产品开发流程包括以下主要阶段：定义产品规格、产品设计、产品制造和装配、产品测试和量产等。

在市场人员提出产品构想，并同各部门人员一起合作定义出产品详细规格后，产品设计工程师进行产品的设计，然后由制造工程师负责产品制造，装配工程师负责产品装配方面的工艺设计，通过相关测试之后，最后进行大批量生产。在进行产品制造、装配和测试等过程中，如果发现问题，就必须返回到产品设计阶段进行产品设计的修改。传统产品开发流程如图 1-9 所示。

1.3.3 传统产品开发模式的弊端

传统产品开发模式的主要特征就是"我们设计，你们制造"。产品设计工程师在产品设计阶段没有考虑到制造和装配的要求，造成设计与制造、装配的脱节，所设计的产品可制造性、可装配性差，使产品的开发过程变成了设计、加工、试验、修改的多重循环，从而造成产品设计改动过大、产品开发周期长、产品成本高，同时带来的后果就是产品质量的降低。这就是传统产品开发模式的主要表现——"反反复复修改直到把事情做对"。

传统产品开发模式的弊端如图 1-10 所示。

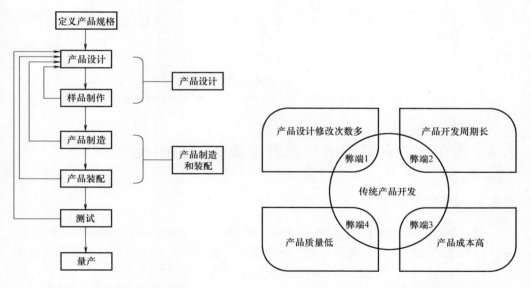

图 1-9 传统产品开发流程   图 1-10 传统产品开发模式的弊端

下面以一个塑胶零件的产品设计来说明传统产品开发模式的"产品设计修改次数多、产品开发周期长、产品质量低和产品成本高"。

图 1-11a 所示是一个塑胶零件的原始设计剖面图，通过注射加工工艺制造，这是产品设计工程师在三维设计软件中绘制的图形。

图 1-11b 所示是实际制造的零件成品效果图，零件外部发生了严重的缩水和变

形，零件内部产生了气泡，零件的质量非常低。

对比零件原始设计图和成品图可以看出，二者出现了极大的偏差，制造的零件完全不符合产品设计的要求，这是由于产品设计与制造脱节，在产品设计阶段完全没有考虑到产品的可制造性。注射加工工艺对零件壁厚有着严格的要求，如果零件壁厚太厚，在零件外表面就会产生缩水和变形、零件内部产生气泡等不良现象。原始的零件设计正是因为壁厚太厚，所以发生了上述问题。

此时就需要做设计修改，把零件壁厚处进行掏空，避免零件壁厚局部太厚，使得零件壁厚满足注射加工的制造性要求，如图 1-11c 所示。由于零件设计的修改，注射模具也需要做相应的修改（如果零件修改过大，甚至有可能造成原注射模具报废，而不得不重新制作新的注射模具），产品的开发成本大大增加，产品开发的周期也加长。

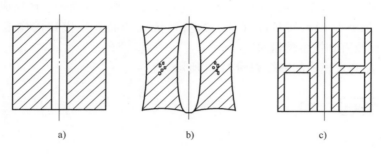

图 1-11　传统产品开发模式

a）原始的零件设计图　b）成品图　c）DFMA 的零件设计图

1.4　面向制造和装配的产品开发模式

1.4.1　DFMA 概述

面向制造和装配的产品设计（Design For Manufacturing and Assembly，DFMA）是指在考虑产品功能、外观和可靠性等前提下，通过提高产品的可制造性和可装配性，从而保证以更低的成本、更短的时间和更高的质量进行产品设计。

1. 可制造性

可制造性是指零件是否适合以较低的成本和较高的质量进行制造的能力。零件的可制造性高，说明零件满足制造工艺对零件的设计要求，零件就容易制造，制造效率高、制造成本低、制造缺陷少、制造质量高等；相应的，零件的可制造性低，说明零件不满足制造工艺对零件的设计要求，零件很难制造，制造效率低、制造成本高、制造缺陷多、制造质量低等。

制造工艺包括注射加工、冲压加工、压铸加工、机械加工等，不同的制造工艺对零件设计有不同的要求。

例如，塑胶零件是由注射加工制造而成，那么塑胶零件的设计就必须满足注射加工对零件的设计要求，塑胶零件主要的可制造性包括：

➢ 均匀的零件壁厚。

➢ 避免尖角。

➢ 合适的脱模斜度。

➢ 加强筋、支柱和孔的设计。

➢ 改善塑胶件外观的设计。

➢ 降低塑胶件成本的设计。

➢ 注射模具可行性设计。

更详细的塑胶零件的可制造性设计请参见第 3 章的内容。

2. 可装配性

可装配性是指产品是否适合以较低的成本和较高的质量进行装配的能力。产品的可装配性高，说明产品的设计满足装配工序和装配工艺对产品的设计要求，产品就容易装配、装配效率高、装配不良率低、装配成本低和装配质量高等；相应的，产品的可装配性低，说明产品设计不满足装配工序和装配工艺对产品的设计要求，产品很难装配甚至装配不上、装配效率低、装配不良率高、装配成本高和装配质量低等。

可装配性主要包括：

➢ 减少零件数量。

➢ 减少紧固件的数量和类型。

➢ 零件标准化。

➢ 模块化产品设计。

➢ 设计一个稳定的基座。

➢ 设计零件容易被抓取。

➢ 避免零件互相缠绕。

➢ 减少零件装配方向。

➢ 设计导向特征。

➢ 先定位后固定。

➢ 避免零件装配干涉。

➢ 为辅助工具提供空间。

➢ 为重要零部件提供止位特征。

➢ 防止零件欠约束和过约束。

➢ 宽松的零件公差要求。

> ➤ 装配中的人机工程学。
> ➤ 电缆的设计。
> ➤ 防错的设计。

更详细的可装配性设计请参见第 2 章的内容。

1.4.2 DFMA 的开发流程

在市场竞争日益激烈的今天，为提高产品质量、缩短产品开发周期、降低产品开发成本等，应当抛弃传统产品开发模式，采用 DFMA 开发模式，其开发流程如图 1-12 所示。

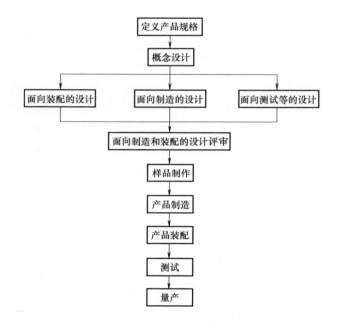

图 1-12　DFMA 的产品开发流程

1. 定义产品规格

产品规格是基于客户需求或市场调研结果，对产品开发的整个过程起着纲领性作用。一般来说，产品规格一旦确定下来，就不会轻易更改，否则整个产品开发进度和质量都可能受到很大的影响。因此，在产品开发初期，应当很明确地把产品规格定义清楚。产品规格定义得越清楚、越详细，对之后的产品开发过程指导意义就越大。

产品规格主要包括以下内容：

> ➤ 产品的尺寸和重量。
> ➤ 产品的功能要求。

> ➤ 产品的外观要求。

> ➤ 产品的可靠性要求。

> ➤ 产品的使用性要求。

> ➤ 产品的配置。

> ➤ 产品的产量。

> ➤ 产品的开发进度。

> ➤ 产品的成本目标。

2. 概念设计

概念设计是根据产品规格对产品进行整体性的框架设计，起着高屋建瓴、统揽全局的作用，为之后的详细设计指明设计方向和思路。一旦概念设计完成，60% ~ 70% 的产品设计已经定型，因此，在概念设计阶段，产品设计必须考虑到产品各方面的设计要求，例如来自客户、装配、制造、测试、质量和成本等各方面的要求。如果概念设计考虑不全面，在以后的详细设计中如果发现产品设计还有些要求不能满足，此时再来修改设计必将费时费力。

3. 面向装配的设计（Design For Assembly，DFA）

产品能够在三维设计软件中绘制出来，并不表示产品能够顺利装配。

面向装配的设计是指产品的设计需要具有良好的可装配性，使得装配工序简单、装配效率高、装配时间短、装配质量高、装配成本低等。常用的方法包括简化产品设计、减少零件数量、使用标准件、增加零件装配定位和导向、减少零件装配过程中的调节、零件装配模块化和装配防错等。

本书将在第2章中详细介绍面向装配的设计。

4. 面向制造的设计（Design For Manufacture，DFM）

零件能够在三维设计软件中绘制出来，并不表示产品就能够制造出来。

面向制造的设计是指产品设计需要满足产品制造的要求，具有良好的可制造性，使得产品以最低的成本、最短的时间、最高的质量制造出来。根据产品制造工艺的不同，面向制造的设计可以分为面向注射加工的设计、面向冲压的设计和面向压铸的设计等。

本书将在第3、4、5、6章中分别介绍塑胶件、钣金件、压铸件和机械加工件的零件设计，使得零件设计满足来自于注射、冲压、压铸和机械加工等制造方面的要求。

5. 面向测试的设计

任何产品都必须通过相关的测试，在保证产品的可靠性和对消费者的安全和健康不造成危害的条件下才能够走向市场。不同的产品根据其使用环境的不同具有不同的测试要求，例如，电脑等电子消费类产品需要通过电磁干扰等相关的测试。

面向测试的设计是指在设计阶段，产品设计工程师需要设计产品满足各种测试的要求，而不是等到产品制造完成之后发现测试不通过时再去修改设计。这就要求在产品规格定义阶段明确定义产品需要通过的测试，然后去理解这些测试要求，并接受测试部门同事的建议，以便在产品设计阶段就设计产品使得产品满足这些测试要求，保证产品在制造完成后通过相关的测试，并最终保证消费者安全可靠地使用产品。

6. 面向制造和装配的设计评审

当完成面向制造和装配的设计之后，产品设计工程师还需要同制造、装配部门的工程师一起合作，从制造和装配的角度对产品的可制造性和可装配性提出改善的意见。这一步非常重要，特别是当产品设计工程师对某些制造和装配工艺不了解时或者对当前制造装配部门现有制造装配设施和水平不了解时。当然，对于他们的意见，产品设计工程师不能盲目听从，而是需要认真分析，毕竟他们对设计并不了解，只是从他们的角度和利益出发提出建议，产品设计工程师更不能因为他们的一面之词就牺牲产品设计其他方面的要求。

7. 样品制作

样品制作是指当产品设计完成后，需要通过简单快速的加工方式制作样品来验证产品设计是否满足上述产品的各种设计要求，例如，产品的功能、装配、测试等要求。一旦发现产品设计不满足这些要求，就需要修改设计，直到满足为止。现代大多数的零件制造工艺都需要模具，而模具制造时间长、成本高，而且修改不容易。样品制作作为验证产品设计合理性的一种方法，可以减少设计的错误，从而避免后续模具的反复修改。

样品制作的方法主要有快速原型、数控加工以及三维打印等。一般来说，样品制作不能验证零件的可制造性，除非按照零件的实际制造工艺来制造零件，但这往往是不可能的。

8. 产品制造

当通过样品制作验证了产品设计合理之后，零件就可以进行制造了。常用的制造工艺包括注射加工、钣金冲压加工、铸造和机械加工等。除了机械加工之外，大多数制造工艺都需要进行模具制造，通过模具再把产品生产出来，而模具制造的成本和时间在产品开发的成本和周期中都占有不小的比例。对于电子和电器行业，注射加工和钣金冲压加工因为其加工成本较低、效率高，是最常用的制造工艺。

9. 产品装配

零件通过各种制造工艺制造之后，装配在一起就组成一个完整的产品。一般来说，产品会经过小批量的试产来发现和解决装配中出现的问题。

10. 测试

产品的测试是验证产品是否能够满足相关的测试要求，保证产品的安全性和可靠性。另外，有些产品需要通过相关行业的认证，例如 3C 认证、TUV 认证和 UL 认证等。

11. 量产

当产品没有质量问题，通过相应的测试之后，就可以进行大规模的量产，走向市场。

1.4.3　DFMA 的价值

面向制造和装配的产品开发的核心是"我们设计，你们制造，设计充分考虑制造的要求""第一次就把事情做对"。面向制造和装配的产品开发具有图 1-13 所示的四大优点：产品设计修改次数少、产品开发周期短、产品成本低和产品质量高。

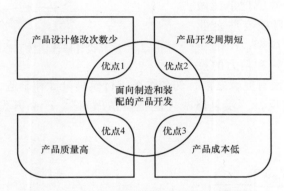

图 1-13　面向制造和装配的产品开发的优点

1. 减少产品设计修改

与传统产品开发相比，面向制造和装配的产品开发能够大幅减少产品设计修改次数，如图 1-14 所示。面向制造和装配的产品开发倡导"第一次就把事情做对"的理念，把产品的设计修改都集中在产品设计阶段完成。在产品设计阶段，产品设计工程师投入更多的时间和精力，同制造和装配部门密切合作，使得产品设计充分考虑产品的可制造性和可装配性，当产品进入到制造和装配阶段后，由制造和装配问题引起的产品设计修改次数就大大减少。

在产品开发周期中，设计修改的灵活性随着时间的推移逐渐降低。在产品设计阶段进行设计修改最为容易，设计修改时间短、成本低。越到产品开发后期，设计修改越难、成本越高。从图 1-14 中可以看出，传统产品开发的设计修改往往集中在产品开发的后期，在此阶段设计修改难、灵活性差、成本高；而面向制造和装配的产品开发则把设计修改集中在产品开发的前期，在此阶段设计修改容易、灵活性好、成本低。

2. 缩短产品开发周期

面向制造和装配的产品开发能够缩短产品开发周期，从而缩短产品上市时间。据统计，相对于传统产品开发，面向制造和装配的产品开发能够节省 39% 的产品开发时间，如图 1-15 所示。当然，面向制造和装配的产品开发需要更多的产品设计时间和精力以确保产品的可制造性和可装配性。

为缩短产品开发周期、缩短产品上市时间，正确的做法是采用面向制造和装配的产品开发，增加产品设计阶段时间和精力的投入，确保"第一次就把事情做对"。遗憾的是，目前有些企业为了缩短产品开发周期，压缩在产品设计阶段的时间和精力的投

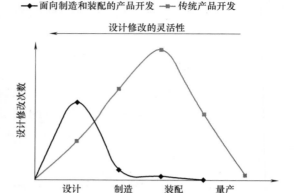

图 1-14 产品设计修改次数和修改灵活性的对比

入，在产品设计还没有完善之前，匆匆忙忙进行模具设计和制造，结果当然只能是事倍功半、适得其反，"反复修改才能把事情做对"，产品开发的时间反而大幅增加。

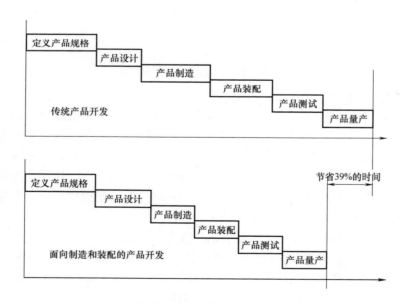

图 1-15 产品开发周期的对比

3. 降低产品成本

面向制造和装配的产品开发大幅降低了产品成本。如 1.1.2 节所述，产品设计阶段决定了 75% 的产品成本，面向制造和装配的产品开发同时也是面向成本的开

发，这主要通过以下六个方面来实现。

1）在设计阶段进行成本分析，降低产品成本　在产品设计阶段，对产品的成本进行分析，在满足产品功能等要求的前提下，选择合适的材料和最经济的产品制造工艺。

2）减少设计修改，降低成本　在产品开发周期中，设计修改的灵活度随着时间的推移越来越低，设计修改所导致的费用就越来越高。一般来说，设计修改费用在产品开发周期中是随着时间的推移呈 10 倍增长的，如图 1-16 所示。

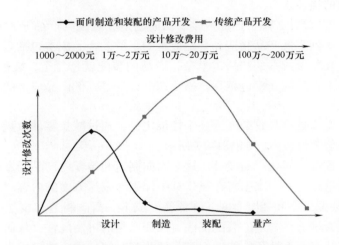

图 1-16　产品设计修改费用在产品开发周期中的变化

相同的一个设计修改，在产品设计阶段，只需要在三维设计软件中修改产品的图样，需要的费用只是工程师的设计费用，为 1000～2000 元；在样品制作阶段，这需要 1 万～2 万元；在产品制造和装配阶段，设计修改会导致模具的修改和装配工艺的变更，此时需要的费用就是 10 万～20 万元；一旦产品已经量产，再需要进行设计修改，这时影响范围就更广，所导致的费用就更高，达到 100 万～200 万元。当然，如果产品发生严重的质量问题需要召回，此时的费用不仅仅是 1000 万～2000 万元，更会破坏公司的声誉，这种损失绝对不是用钱可以衡量的。例如，在 2010 年，因为安全隐患问题，某汽车公司不得不大量召回汽车，因此蒙受了几十亿美元的损失。

因此，减少产品设计修改，同时避免在产品开发后期进行设计修改，能够大大降低产品成本，面向制造和装配的产品开发就是"第一次就把事情做对"，在产品设计阶段就完善产品设计，这就避免了在产品开发后期进行设计修改所带来的巨额费用，降低了产品成本。

3）简化零件设计，降低产品制造成本　面向制造和装配的产品开发可以在产品设计阶段通过简化零件的设计，降低零件制造的复杂度，从而达到降低零件制造成本的目的。

零件设计简单与否直接关系到零件制造成本。实现同样功能的一个零件，如果设计简单，制造就简单，制造的成本就低；相反，如果零件设计复杂，制造就复杂，制造的成本就高。从成本上来说，零件上的每一个特征必须有其存在的理由，否则这些特征就是可以去除的。而零件上一些不必要的特征往往会增加零件的制造复杂度，从而增加模具的复杂度和制造成本。简化零件的设计，减少零件的复杂度，这是面向制造和装配的产品开发中一个非常重要的内容，本书将在以后的章节中对此做详细的描述。

4）简化产品设计，降低产品成本。面向制造和装配的产品开发可以通过简化产品的设计，达到降低产品制造和装配成本的目的。产品成本包括零件的材料成本和相应的制造和装配成本，产品越复杂，产品的装配就越复杂，装配成本就越高，同时装配出现不良品的几率也越高。简化产品设计是降低产品成本的一个强有力的手段。

零件数量是衡量产品复杂度的一个指标之一，通过减少零件数量、降低产品复杂度，可以降低零件成本，如图 1-17 所示。

减少零件数量、简化产品设计，这是面向制造和装配的产品开发核心之一，也是本书讲述的重点之一，本书将在第 2 章中详细介绍这方面的内容。

5）减少装配工序和装配时间，降低装配成本。面向制造和装配的产品开发在产品设计阶段通过选择合适的装配工序、保证产品的可装配性，从而使得产品装配变得简单、有效率、人性化，能够大量降低装配时间，减少装配成本。据统计，相对于传统产品开发，面向制造和装配的产品开发平均能够节省产品 13% 的装配时间，从而减少产品装配成本的支出。

6）降低产品不良率，减少成本浪费。产品成本还包括因为制造过程中产品不良率所带来的成本浪费。产品不良率越高，产品的成本浪费就越高。面向制造和装配的产品开发通过降低产品不良率来减少产品的成本浪费。

4. 提高产品的质量

面向制造和装配的产品开发使得产品具有很高的可制造性和可装配性。产品设计在产品开发原始阶段就得到了优化和完善，因此避免了产品在后期制造和装配中产生的质量问题，大大提高了产品的质量。

如图 1-18 所示，传统的零件设计没有考虑到注射工艺对零件的设计要求，零件壁厚太厚，结果零件经过注射加工产生的成品外部发生了严重的缩水和变形，内部产生了气泡，零件质量非常低；而 DFMA 的零件设计充分考虑到了注射工艺对零件的设计要求，对零件壁厚进行掏空的设计，避免了零件壁厚太厚，保证了零件壁厚均匀，这样的设计经过注射加工产生的成品就不会出现缩水、变形和气泡等缺陷，零件质量非常好。

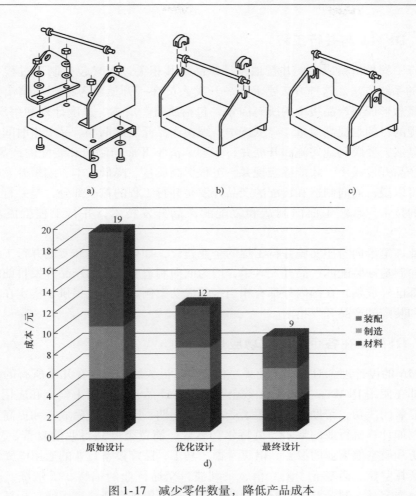

图 1-17　减少零件数量，降低产品成本

a）原始设计（零件数：24）　b）优化设计（零件数：4）　c）最终设计
（零件数：2）　d）零件数量减少带来的成本降低

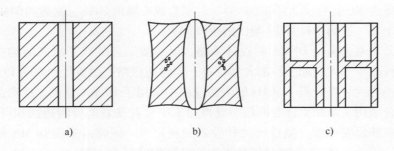

图 1-18　DFMA 提高了产品质量

a）传统的零件设计图　b）成品图　c）DFMA 的零件设计图

1.4.4　DFMA 与并行工程

并行工程是指集成地、并行地设计产品及其相关过程（包括制造过程和支持过程）的系统方法。这种方法要求产品开发人员在一开始就考虑产品整个生命周期中从概念形成到产品报废的所有因素，包括质量、成本、进度计划和用户要求。并行工程的目的是提高质量、降低成本、缩短产品开发周期和产品上市时间。

很显然，要顺利地实施和开展并行工程，离不开面向制造和装配的产品开发，只有从产品开发入手，才能够实现并行工程提高质量、降低成本、缩短开发时间的目的。可以说，面向制造和装配的产品开发是并行工程的核心部分，是并行工程中最关键的技术。掌握了面向制造和装配的产品开发技术，并行工程就成功了一大半。

在此，笔者向希望实施并行工程的企业建议，如果想开展和实施并行工程，不妨从面向制造和装配的产品开发入手，因为面向制造和装配的产品开发目前的理论和技术都已经成熟，在国内外都有相当多的成功案例。本书也提供了实实在在的面向制造和装配的产品开发指南。

1.4.5　DFMA 在各企业的成功应用

DFMA 的设计理念对美国工业界总体产生了巨大影响，现在几乎所有的美国制造企业都在使用 DFMA。已经有无数企业通过在产品开发过程中整合和应用 DFMA 获得了显著的成功，帮助企业缩短了产品开发周期、降低了产品成本和提高了产品质量，例如计算机行业的戴尔、英特尔、惠普，消费类产品行业的夏普、3M、柯达，国防和航空航天业的波音、洛克希德·马丁，医疗设备行业的通用电气，通信行业的摩托罗拉、诺基亚、爱立信、飞利浦，交通行业的福特、沃尔沃、通用汽车、奔驰、宝马，制造及设备行业的奥的斯电梯、伊莱克斯、惠而浦，玩具行业的孩之宝等。

洛克希德·马丁公司在 F-35 的研制过程中采用了 DFMA 技术，最终实现了将零件数量减少 50%、装配时间减少 95%、制造成本降低 50%，制造周期从 15 个月缩短到 5 个月，达到了每月 17 架次的生产能力。

波音公司通过采用 DFMA 的设计策略，以焊接工艺替代了原来的铆接和连接方法，不仅减少了大量加工孔的大型设备，同时还提高产品质量约 20% 以上。

在阿帕奇武装直升机 AH64D 的研制过程中采用了 DFMA 技术，使产品在高速切削、复合结构装配和铝合金的超塑成型加工中具有良好的可制造性和可装配性，提高了产品的研发速度、制造质量和设备的利用率。同时，采用 DFMA 使飞行仪表板的设计零件数从 74 个减少到 9 个，产品装配时间由 305h 减少到 20h，减少总成本 74%。

美国通用汽车公司以前车轮刹车的装配是在一个非同步的装配机器上进行的，

使用 DFMA 进行机械车轮刹车系统的优化设计使得新的车轮刹车可以在单一工位上进行装配，减少了装配时间，提高了装配效率。

美国孩之宝公司使用 DFMA 后，将可对话的救火车玩具梯子的总零件数减少84%，梯子的装配时间减少88%，而破坏性测试表明产品更加可靠。

摩托罗拉公司开发的某款电子产品使用 DFMA 后的零件数从 217 个减少到 47个，紧固件减少了 72 个，装配时间减少 87%。

戴尔公司在笔记本电脑设计中使用了 DFMA，简化了产品结构，减少了零件数量，产品的装配时间减少了 72%，测试时间减少了 63%。

1.5 DFMA 的实施

1.5.1 实施的障碍

面向制造和装配的产品开发能够降低产品成本、提高产品质量、缩短产品开发周期，但是，由于传统产品开发思想和各种条件的限制，实施面向制造和装配的产品开发面临着不少的障碍，主要有以下方面。

1. 轻视产品设计

一些企业轻视产品设计，对产品设计不重视，认为产品设计不重要，不愿意在产品设计阶段投入时间和精力。时间就是金钱，为了争取缩短产品上市时间，企业千方百计压缩产品设计的时间和精力，当然这种做法的结果是事倍功半、适得其反。

2. 错误的产品质量观念

一些企业认为产品是制造出来的，产品质量就等于制造质量，这是错误的产品质量观念。中国是一个制造大国，中国近 20 年的高速发展很大一部分归功于制造业的贡献，于是企业就有了重制造轻设计的想法，他们认为产品质量就等于产品制造，愿意斥巨资从国外高价进口精密的制造仪器和引进制造技术，而不愿意在产品设计上投入一分钱。

产品质量并不是制造出来的，而是设计出来的。

3. 没有面向制造和装配的产品开发意识

目前已经有很多企业在传统产品开发的基础上，在产品设计阶段就注重产品设计的可制造性和可装配性，但是这些往往是产品设计工程师们根据以往产品开发的经验和教训产生的下意识的做法，并没有系统性地去考虑产品设计的可制造性和可装配性，与真正的面向制造和装配的产品开发尚有一段距离。

4. 面向制造和装配的产品开发需要团队合作

面向制造和装配的产品开发需要从根本上抛弃长期使用的传统产品开发流程，同时设计部门还需要同制造、装配、测试等部门进行团队合作，这必然会遇到很多障碍。

对于产品设计工程师来说，面向制造和装配的产品开发不但要求产品设计工程师在设计时考虑产品的可制造性和可装配性，还需要制造和装配等部门的工程师针对产品设计从制造和装配的角度提出意见。人们常误认为产品设计只是产品设计工程师的事情，制造和装配部门的同事没有资格对产品设计指指点点，于是根本不在乎他们的建议。当然，产品设计工程师也一定不能对他们的意见言听计从，不能不假思索地牺牲产品其他要求去满足他们的要求，而是需要认真地分析这些建议是不是真的对产品的可制造性和可装配性等有所改善，需要在各个方面取得平衡。因此面向制造和装配的产品开发需要团队合作，实施起来并不容易。

5. 缺乏面向制造和装配的产品开发人才

面向制造和装配的产品开发对产品设计工程师要求高，产品设计工程师既要能够把各种产品设计要求转化为产品设计，同时又需要熟悉产品制造和装配的工艺，对于产品设计工程师来说，这需要时间和经验的积累。目前国内缺乏这方面的人才，同时企业也往往缺乏耐心去培养这方面的人才。

6. 制造的错误定位

在产品开发产业链中，制造常是作为设计的一个供应商出现，于是产品设计工程师理所当然地认为，设计出什么样的产品，供应商就应当制造什么样的产品。而且，有些时候供应商明明知道产品设计不合理，制造出来的产品不可能满足设计要求，但为了得到订单，往往会一开始就满口应承。在这样的情况之下，产品设计常不考虑制造的需求，但是当产品制造出来后就悔之晚矣。

7. "客户第一"原则的错误影响

"客户第一"原则往往会造成对产品可制造性和可装配性的忽视。"客户第一""客户至上"，这是很多企业面对客户时所秉承的原则，把客户永远放在第一位，对客户的任何要求都有求必应，害怕客户的丝毫不满意会导致失去客户，于是，在面对客户的要求时，总是想方设法去满足，而往往会忽略产品的可制造性和可装配性。但是，"没有可制造性和可装配性，再好的产品也无法实现"，到头来客户的要求得不到满足，当初的承诺没有实现，客户会更加不高兴，这反而会失去客户；或者，产品具有可制造性和可装配性，但成本较高，企业没有利润，这样的产品开发也没有意义。如果在开始面对客户的要求时，不是一口应承，而是结合产品的可制造性和可装配性，综合分析，有理有据，纵然客户的要求不能满足，但客户一定会为工程师的专业度所折服，并不会因此而不高兴，这才能实现企业与客户之间的双赢。

1.5.2 实施的关键

为提高产品质量、缩短产品开发周期、降低产品开发成本，企业实施面向制造和装配的产品开发的关键有如下几个方面。

1. 转变思想

产品设计工程师应该改变产品开发以设计为主的想法。产品并不是想怎么设计就怎么设计，产品设计固然需要一些创新，但同时也必须遵循产品制造和装配的规律。产品设计工程师应当从"我们设计，你们制造"转变为"我们设计，你们制造，设计充分考虑制造的要求"。

而对于企业来说，应当改变企业以往"重制造，轻设计"的思想，加大对产品设计的投入，同时支持企业实施面向制造和装配的产品开发。

2. 建立面向制造和装配的产品开发团队

除了产品设计工程师之外，产品开发团队中还需要包括制造和装配工程师等。产品制造和装配的技术纷繁复杂、日新月异，产品设计工程师并不可能都完全掌握，而且也不是这方面的专家，因此，面向制造和装配的产品开发必须寻求制造和装配工程师的帮助，进行团队合作。在产品的设计阶段，尽早让他们介入到产品的设计中，并提出见解；同时，如果产品设计工程师在产品设计中遇到制造和装配的问题，也应该尽早向他们征求意见。

3. 实施面向制造和装配的产品开发流程

企业首先应当抛弃传统产品开发流程，在企业内部推广使用面向制造和装配的产品开发流程。当然，改变产品开发流程不是一件容易的事情，涉及多个部门之间的团队合作，这需要企业高层的支持。面向制造和装配的产品开发流程的具体实施则依赖项目工程师的管控。项目工程师应当理解面向制造和装配的产品开发的内涵，制订合理的产品开发进度（例如，在产品设计阶段分配足够多的时间和人力），组建产品开发团队参加面向制造和装配的产品开发讨论，在产品设计阶段就完善产品的设计。

4. 进行面向制造和装配的产品开发培训

从前面的讨论中可以看出，由于对面向制造和装配的产品开发的认识和认知不足，同时缺乏具有相关理论和知识的产品设计工程师，尽管很多企业想推广使用面向制造和装配的产品开发，但心有余而力不足，目前依然在传统产品开发的漩涡中挣扎，因此，针对产品设计工程师的面向制造和装配的产品开发培训必不可少。

另外，在有条件的情况下，把产品设计工程师派到设计的后方去（例如，零件注射车间和产品装配线等），让产品设计工程师亲身参与和体验产品的制造和装配过程，那么他一定会体会到，如果产品设计没有考虑到制造和装配的要求，产品制造和装配将是如何困难。在日本，产品设计工程师往往只有在工厂工作一段时间充分理解产品的制造和装配过程之后，才有机会从事产品的设计工作。

5. 使用面向制造和装配的产品开发检查表

尽管面向制造和装配的产品开发需要团队合作，但产品设计工程师仍然承担着主要的责任。面对纷繁复杂的设计要求，产品设计工程师常会顾此失彼，很可能因为一个微小的设计失误造成产品开发的失败。

  本书将提供一个面向制造和装配的产品开发检查表（Excel 格式），该检查表包含全书共 200 条以上面向制造和装配的产品设计指南。在产品设计阶段，利用该检查表可以系统化地检查产品设计是否具有很好的可制造性和可装配性，从而确保产品设计万无一失。当然，不同企业针对其产品不同的测试或者其他要求，还可以在设计检查表中加入更多的内容。

第 2 章　面向装配的设计指南

> 我拆卸了竞争对手的产品，发现我们产品的每一个零件都不比他们的差，甚至
> 更好，但他们的产品比我们的好，我不明白这是怎么回事。
>
> ——迷茫的工程师

2.1　概述

2.1.1　装配的概念

装配是指把多个零件组装成产品，使得产品能够实现相应的功能并体现产品的质量。从装配的概念可以看出，装配包含三层含义：把零件组装在一起；实现相应的功能；体现产品的质量。装配不仅仅是拧螺钉，不是简单地把零件组装在一起，更重要的是组装后产品能够实现相应的功能，体现产品的质量。装配是产品功能和产品质量的载体。

对于任何一种产品来说，在经过零件的加工制造并成为产品之前，都需要经过装配的过程。产品包含的零件从几个到几百万个不等。一个订书机有几十个零件，一部手机有几百个零件，一辆汽车有几万个零件，而一架飞机则有超过几百万个零件。装配是产品制造过程中的重要组成部分，装配过程对于产品质量、产品成本、产品开发周期等都具有很大的影响。

2.1.2　最好和最差的装配工序

产品装配过程中最基本的元素是装配工序，一个产品的装配往往由一个或多个装配工序组成。一个典型的产品装配工序包括以下关键操作（人或者机器人）：识别零件、抓起零件、把零件移动到工作台，调整并把零件放置到正确的装配位置、零件固定、检测等。人工装配和自动化装配的工序会有稍许不同。

装配工序有好坏与优劣之分，不同的装配工序对产品的影响千差万别。从装配质量、装配效率和装配成本等方面来看，最好的和最差的装配工序的特征见表 2-1。

表 2-1　最好的和最差的装配工序

最好的装配工序	最差的装配工序
零件很容易识别	零件很难识别
零件很容易被抓起和放入装配位置	零件不容易被抓起，容易掉到任何位置
零件能够自我对齐到正确的位置	零件需要操作人员不断地调整才能对齐

（续）

最好的装配工序	最差的装配工序
在固定之前，零件只有一个唯一正确的装配位置	1）在固定之前零件能够放到两个或者两个以上的位置 2）很难判断哪一个装配位置是对的 3）零件在错误的位置可以被固定
快速装配，紧固件很少	螺钉、螺柱、螺母的牙型、长度、头型多种多样，令人眼花缭乱
不需要工具或夹具的辅助	需要工具或夹具的辅助
零件尺寸超过规格，依然能够顺利装配	零件尺寸在规格范围之内，但依然装不上
装配过程不需要过多的调整	装配过程需要反复的调整
装配过程很容易、很轻松	装配过程很难、很费力

2.1.3 面向装配的设计的概念

面向装配的设计（Design For Assembly，DFA）是指在产品设计阶段使得产品具有良好的可装配性，确保装配工序简单、装配效率高、装配质量高、装配不良率低和装配成本低。面向装配的设计通过一系列有利于装配的设计指南（例如简化产品设计、减少零件数量等），并同装配工程师合作，简化产品结构，使其便于装配，为提高产品质量、缩短产品开发周期和降低产品成本奠定基础。

面向装配的设计的研究对象是产品的每一个装配工序，通过产品设计的优化，使得产品的每个装配工序具有表2-1列出的最好装配工序的特征，每个装配工序都是最好的装配工序。

2.1.4 面向装配的设计的目的

通过面向装配的设计，产品开发能够达到以下目的：

➢ 简化产品装配工序。

➢ 缩短产品装配时间。

➢ 减少产品装配错误。

➢ 减少产品设计修改。

➢ 降低产品装配成本。

➢ 提高产品装配质量。

➢ 提高产品装配效率。

➢ 降低产品装配不良率。

➢ 提高现有设备使用率。

2.1.5 面向装配的设计的历史

20 世纪六七十年代，人们根据实际设计经验和装配操作实践，提出了一系列有利于装配的设计建议，以帮助设计人员设计出容易装配的产品，这些设计建议并辅以真实的案例告诉人们如何从产品设计着手来改善产品的装配。

1977 年，Geoff Boothroyd 教授第一次提出了"面向装配的设计（Design For Assembly，DFA）"这一概念，并被广泛接受。面向装配的设计旨在提高零件的可装配性，以缩短装配时间、降低装配成本和提高装配质量。1982 年，Boothroyd 教授在《自动化装配》一书中，提出了一套评估零件可装配性的体系，并以此为基础，开发出面向装配的设计软件。

面向装配的设计自诞生之初就受到很多企业的重视，并取得了很好的应用效果。1981 年，施乐公司的制造经理 Sidney Liebson 估计施乐公司因为实施面向装配的设计而节省了几百万美元。1988 年，福特公司因为面向装配设计模式的实施节省了 10 亿美元。

2.2 设计指南

2.2.1 减少零件数量

Keep It Simple，Stupid（简单就是美）

——KISS 原则

KISS 原则是指产品的设计越简单越好，简单就是美，任何没有必要的复杂都是需要避免的。KISS 原则从英文的直译是把事情弄得越简单、越傻瓜化越好。其最完美的案例是傻瓜相机，傻瓜相机操作简单，似乎连傻瓜都能利用它拍摄出曝光准确、影像清晰的照片来。

KISS 原则是 DFMA 中最重要的一条设计原则和设计思想，几乎贯穿于 DFMA 的每一条设计指南中（关于 KISS 原则在 DFM 的体现，请参见以后的章节）。

减少零件数量、简化产品设计是 KISS 原则在 DFA 的主要体现。一般来说，在产品中零件数量越多，产品制造和装配越复杂、越困难，产品制造费用和装配费用越高，产品开发周期就越长，同时产品发生制造和装配质量问题的可能性越高。在确保实现产品功能和质量的前提下，简化的设计、更少的零件数量能够降低产品成本，缩短产品开发周期，提高产品开发质量。高水平的产品设计工程师把复杂的东西设计得很简单。低水平的产品设计工程师则把简单的东西设计得很复杂。此时也可以把 KISS 原则应用上，因为 KISS 原则也可以翻译成：把事情弄简单点，傻瓜！

减少零件数量、简化产品设计对产品质量、成本和开发周期具有非常大的帮助：

➢ 更少的零件需要进行设计。

➢ 更少的零件需要进行制造。

➢ 更少的零件需要进行测试。

➢ 更少的零件需要进行购买。

➢ 更少的零件需要进行存储。

➢ 更少的零件需要进行运输。

➢ 更少的产品质量问题出现可能性。

➢ 更少的供应商。

➢ 更少的装配工具或夹具。

➢ 更少的装配时间。

对于产品设计工程师来说，减少零件数量、简化产品设计能够大幅减少工作量，减少设计失误。一个零件在其开发周期中的任务包括概念设计、概念讨论、详细设计、CAE 分析、DFMA 检查等直到最后的零件承认一系列过程，如图 2-1 所示，无一不是繁重的任务，而其中任意一个环节的疏忽和错误都可能对产品的质量、成本和开发周期带来致命的危害。因此减少零件数量、简化产品设计对于工程师来说是看得见的实惠，能够让工程师把更多的时间和精力放在提高产品设计质量上来。

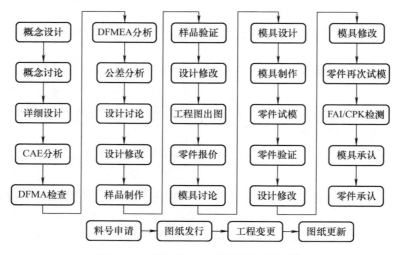

图 2-1 产品开发中一个零件的开发周期

1. 考察每个零件，考虑去除每个零件的可能性

"最好的产品是没有零件的产品"，这是产品设计的最高境界。消费者关心的是产品功能和质量，而根本不关心产品的内部结构以及是如何实现这些功能的，因此，在产品中没有一个零件是必须存在的，每一个零件都必须有充分的存在理由，

否则这个零件是可以去除的。

当然，不可能存在没有零件的产品，这只是产品设计工程师的梦想。不过，产品设计工程师可以向这个梦想努力和靠近，尽量以最少的零件数量完成产品设计。在产品设计中，考察每一个零件，在确保产品功能和质量的前提下，考虑是否可以和相邻的零件合并、是否可以共用产品中已经存在的零件或者以往产品中已经开发完成的零件、是否可以用更简单的制造工艺来实现等，从而达到去除零件、减少产品零件数量、简化产品结构的目的。

图 2-2 所示是一个减少零件数量的实例。在原始设计中，产品由零件 A 和零件 B 通过焊接装配而成，行使一个卡扣的功能，其中零件 A 是钣金件，零件 B 是机械加工件。在改进的设计中，去除了零件 B，把卡扣的功能合并到钣金件上。同样是实现卡扣的功能，改进的设计中仅包含一个零件，而原始的设计中包含两个零件，而且两个零件还需要通过焊接装配而成，孰优孰劣，一目了然。

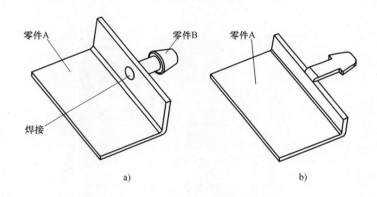

图 2-2　考虑去除每个零件的可能性

a）原始的设计　b）改进的设计

2. 把相邻的零件合并成一个零件

减少产品零件数量的一个重要途径是通过设计的优化，把任意相邻的零件合并成一个零件，判断相邻零件能否合并的准则如下：

1）相邻的零件是否有相对运动？

2）相邻零件是否必须由不同材料组成？

3）相邻零件的合并是否阻止了其他零件的固定、拆卸和维修等？

4）相邻零件的合并是否造成零件制造复杂、产品整体成本增加？

如果上面四个问题的答案都是否定的，那么相邻零件就有可能合并成一个零件。图 2-2 所示就是把相邻的零件 A、B 合并成一个零件 A 的实例。

3. 把相似的零件合并成一个零件

在产品设计中，相似零件也是减少零件数量的重点关注对象。由于产品功能的需要，在产品中经常存在着两个或多个形状非常相似、区别非常小的零件。产品设计工程师需要尽量把这些相似的零件合并成一个零件，使得同一个零件能够应用在多个位置。当然，这可能会使得零件变得复杂，有时会造成零件应用在某个位置时出现一些多余的特征，带来一定的制造成本浪费。不过一般来说，相似零件合并所带来的制造成本浪费与节省的模具成本和装配成本相比不值一提。

如图 2-3 所示，零件 A 和零件 B 非常相似，唯一的区别是零件左端折边的位置不同，零件 A 的折边在左中侧，零件 B 的折边在左下侧。零件的相似性为零件的合并提供了基础。通过设计的优化，可以把零件 A 和零件 B 合并成零件 C，零件 C 把零件 A 的折边和零件 B 的折边合并成一个大的折边，使得零件 C 既能够应用在零件 A 的位置，同时又能够应用在零件 B 的位置。

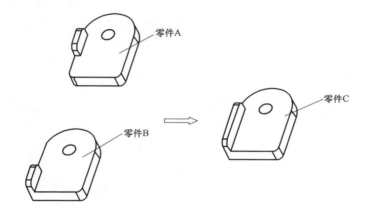

图 2-3 相似的零件合并成一个零件

设计技巧：在三维设计软件中，产品设计工程师先设计好一个零件，然后把零件装配到相似零件的位置，再来设计相似零件所应该具备的特征。合并后的零件包含了相似零件的所有特征。

合并相似的零件可以带来另外的一个好处，就是防错。在装配过程中相似的零件很容易被装配到错误的位置，这就好比人们总是把邻居家的双胞胎叫错名字一样。如果无法把相似的零件合并成一个零件，则需要把它们设计得非常不同，夸大零件的区别。防错是 DFA 的另外一个要求，本章稍后会讲到。

4. 把对称的零件合并成一个零件

同相似的零件一样，对称的零件也是减少零件数量的重点关注对象，由于产品功能的要求，对称零件在产品设计中出现的几率也往往非常大。

如图 2-4 所示，零件 A 和零件 B 是对称的，二者的区别是零件 A 的折边在零件中心线的右侧，而零件 B 的折边在零件中心线的左侧，通过设计的优化，把零件 A 和零件 B 合并成零件 C，零件 C 在零件的左侧和右侧均包含折边，这样零件 C 既能够应用在零件 A 的位置，同时又能够应用在零件 B 的位置。

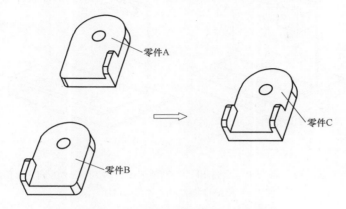

图 2-4　对称的零件合并成一个零件

设计技巧：在三维设计软件中，产品设计工程师先设计好一个零件，然后把零件装配到对称零件的位置，再来设计对称零件所应该具备的特征。合并后的零件包含了对称零件的所有特征。

合并对称零件的另外一个好处就是防错，因为对称的零件往往也比较相似，容易被装配到错误的位置。如果无法把两个对称的零件合并成一个零件，那么需要把它们设计得非常不对称，夸大零件的不对称性，这是防错的要求。

5. 避免过于稳健的设计

为了满足各种要求，产品设计应当是稳健的设计，但是稳健有一定的限度，过于稳健的设计会增加零件数量和产品的复杂度，造成产品成本的增加。例如，按照客户的要求，某设备需要承受 500N 的冲击力，为了保证符合要求，产品设计时通过增加零件厚度并添加新的零件来提高产品的力学性能，最后该设备实际测量下来能够承受 1000N 的冲击力。很显然，这种过于稳健的设计造成了巨大的浪费。

工程师可以通过相关的理论分析和模拟，以及样品制作和测试来避免过于稳健的产品设计。

6. 合理选用零件制造工艺，设计多功能的零件

零件制造工艺决定了零件形状的复杂度，有的制造工艺只能制造出简单形状的零件，而有的制造工艺能够制造出复杂形状的零件。在产品功能和成本满足的条件下，选用合理的零件制造工艺，设计多功能的零件有助于减少产品的零件数量和降低产品复杂度。

如图 2-2 所示，一个钣金件代替了一个钣金件和机械加工件的焊接组件。

如图 2-5 所示，一个钣金件代替了一个钣金件和三个机械加工件的焊接组件。

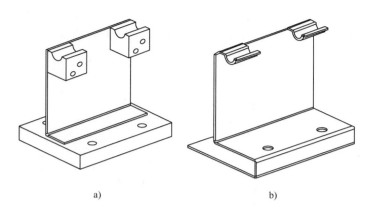

图 2-5　将一个钣金件和三个机械加工件合并成一个零件
a）原始的设计　b）改进的设计

　　如图 2-6 所示，一些电子产品的塑料外壳由于需要防电磁辐射功能，常常需要在外壳上再固定一个导电布或不锈钢弹片，此时可以将这两个零件合并成一个压铸件。

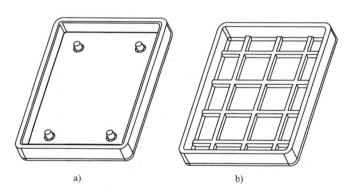

图 2-6　一个压铸件代替了一个塑胶件和导电布或不锈钢弹片
a）原始的设计　b）改进的设计

　　如图 2-7 所示，在很多产品中常常离不开线缆，而线缆需要通过束线带或线夹固定在产品中，此时可在塑胶零部件上增加特征来代替束线带或线夹。

　　如图 2-8 所示，在原始的接线盒设计中，铰链和卡扣是通过冲压和机械加工等方法进行制造的。通过将铰链和卡扣合并在接线盒的盒体和上盖中，通过注射加工进行制造，接线盒的零件数量从原来的 15 个减少为 5 个，大幅度地简化了产品设计。

　　如图 2-9 所示，最初的指甲刀由十几个结构件和一些紧固件组成，结构件通过机械加工的方法制造，产品结构很复杂；现有的指甲刀仅仅由三个零部件组成，上

图 2-7　塑胶件上增加特征代替束线带或线夹

a）原始的设计　b）改进的设计

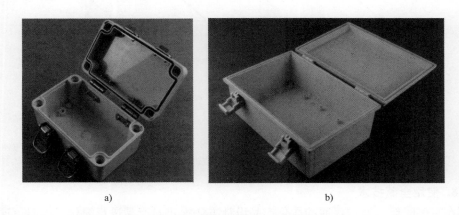

图 2-8　合理选用制造工艺，简化产品设计

a）原始的设计　b）改进的设计

压柄、下压柄和销钉。上压柄通过压铸成型的工艺制造，下压柄由上下两压板组成，这两个压板由铸造和铣削加工制造。通过合理的制造工艺选用、合并相邻零件的方法，指甲刀的零件从十几个减少到四个，产品结构大幅度简化。

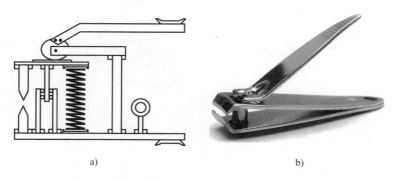

图 2-9 指甲刀的进化

a）最初的设计 b）现有的设计

产品设计工程师应当掌握多种零件制造工艺，在产品设计时才会游刃有余，才能合理地选择零件的制造工艺，设计多功能的零件，从而简化产品设计。

7. 去除标签

产品的零部件上常常由于标识的需求，需要增加额外的标签，通过粘接、卡扣或紧固件固定等方式固定在零部件上。标签本身需要额外的成本，而把标签固定在零部件上也需要装配成本。在有些情况下，可以将标签的内容通过注射加工、压铸加工、冲压加工等方式显示在零部件上，继而可以去除标签，如图 2-10 所示。

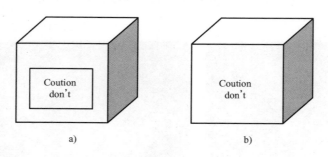

图 2-10 去除标签

a）原始的设计 b）改进的设计

8. 使用全新技术

在有些时候，通过普通的简化产品设计方法很难对产品进行简化，此时可通过全新技术或创新技术来颠覆现有设计。例如，如图 2-11 所示，手机的进化史就是伴随着新技术的应用，原来复杂的机械零部件不断被电子元器件替代，继而被集成

在一个芯片、一块印制电路板上，
如今的非常简单、非常小，从
最初的"大哥大""砖头"到现
在可轻松放进裤兜里。

手机结构从最开始的非常复杂、非常庞大进化到

图 2-11　手机的进化

　　计算机的发展也是如此（见
图 2-12）。第一代计算机是美国
军方定制的，该机使用了 1500
个继电器，18800 个电子管，长
15m，宽 9m，占地 170m²，重量
重达 30 多吨。通过科学技术的
不断发展，现在的计算机或者笔
记本电脑仅仅长 0.3m、宽 0.2m、重量 2kg 左右，可随身携带。

a)

b)

图 2-12　计算机的发展

a）第一代计算机　b）笔记本电脑

9. 其他

在后续章节中，例如"减少紧固件的数量和类型""线缆的设计"等中很大一部分内容也属于减少零件数量、简化产品设计。

10. 实例

下面通过一个驱动马达的实例来说明如何通过减少零件数量、简化产品设计来优化产品设计。

一个驱动马达组件用于感知和控制其在导轨中的位置，其设计要求包括：

➢ 马达被外壳覆盖也保证美观。

➢ 外壳的侧边可以拆卸以调整传感器的位置。

➢ 马达和传感器固定于底座上，底座需要有足够的强度使其可以在导轨上滑行。

➢ 马达和传感器分别通过线缆与电源和控制面板连接。

原始的设计如图 2-13a 所示，马达通过两个螺钉固定在底座上，传感器与底座上的侧孔配合通过止动螺钉固定于底座。底座上装有两个金属衬套以提供摩擦和耐磨特性。侧盖通过两个螺柱与螺钉固定于底座，侧盖顶部固定有一个塑料衬套，马达和传感器通过衬套与外部相连。最后，一个盒子状的外壳将上述所有零部件覆盖，两个螺钉分别从上侧将底座和侧盖固定。原始的设计共有 12 种零件，数量为 19 个。

对原始的设计，进行减少零件数量、简化产品设计的分析，首先需要针对每一个零件问这个问题："这个零件是真的必需的吗？"然后再通过零部件的合并、合理选用制造工艺等方法减少零件数量。

1）底座：由于底座提供了在导轨上滑行的功能，因此底座不能去除。

2）金属衬套：可以与底座合并成一个零件。

3）马达：马达是这个零部件的关键零件，不能去除。

4）马达螺钉：理论上可以使用卡扣替代。

5）传感器：传感器是这个零部件的关键零件，不能去除。

6）止动螺钉：理论上可以通过卡扣替代，但此处不易设计卡扣，因此保留止动螺钉。

7）螺柱：可以去除，使用卡扣替代。

8）侧盖：侧盖可以和外壳合并成一个零件，使用塑胶材料而不是金属，这样可以设计卡扣以固定底座。

9）侧盖螺钉：理论上可以使用卡扣替代。

10）塑胶衬套：在外壳上直接开孔，孔的两侧增加光滑圆角避免线缆被刺破，线缆可直接从孔通过，从而与外部连接。

11）外壳：与侧盖合并成一个零件。

12）外壳螺钉：理论上可以使用卡扣替代。

通过上面的分析，改进的设计仅仅由底座、马达、传感器、外壳、马达螺钉、

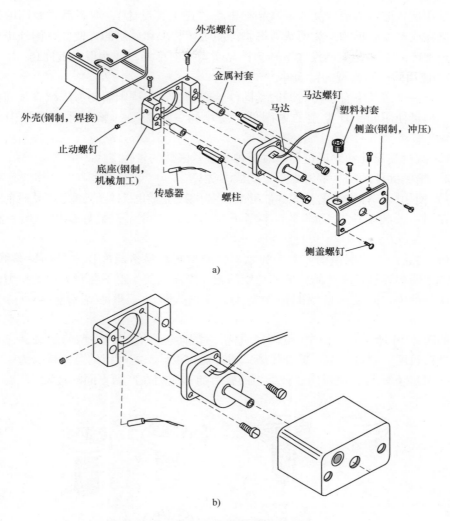

外壳螺钉

金属衬套

马达螺钉

马达

塑料衬套

侧盖(钢制，冲压)

外壳(钢制，焊接)

止动螺钉

底座(钢制，机械加工)

传感器

螺柱

侧盖螺钉

a)

b)

图 2-13　驱动马达减少零件数量的分析

a）原始的设计　b）改进的设计

止动螺钉共 6 种合计 7 个零件组成，如图 2-13b 所示，产品成本也从最初的 35.44 元降低为 20.44 元。

2.2.2　减少紧固件的数量和类型

紧固件对零件仅起着固定的作用，对产品功能和质量并不带来额外的价值。一个紧固件的开发过程包括设计、制造、验证、采购、储存、拆卸（如果有需要）等，耗时耗力；同时，紧固件（特别是螺栓、螺母）的成本通常都比较高，而且紧固件的使用需要工具，非常不方便。因此，在产品设计中应尽量减少紧固件的使用。现在比较流行的消费类电子产品都要求"无工具设计",即不需要专用的工具就可以完成产品的拆卸,为消费者提供产品快速装配和使用的方便性,国外不少企业甚至把产品中"无工具设计"作为产品卖点推向市场,并获得大批拥趸。

1. 使用同一种类型的紧固件

如果一个产品中有多种类型的紧固件,产品设计工程师需要考虑减少紧固件的类型,尽量使用同一种类型的紧固件。使用同一种类型的紧固件能够带来如下好处:

1)减少在设计和制造过程中对多种类型紧固件的管控。

2)给紧固件的购买带来批量上的成本优势。

3)使用同一种类型的紧固件能够减少装配线上辅助工具的种类。很多企业都要求在同一条装配线上紧固件的类型不要超过一定数量,最好是仅使用一种紧固件。

4)防止产生装配错误。太多的紧固件类型很容易造成操作人员用错紧固件,紧固件用错很容易带来产品质量和功能问题,操作人员不得不花费大量的精力来防止错误的产生,而且一旦装配错误发生,操作人员又不得不花费更大的精力来返工。

如图 2-14 所示,在一个产品中,原始的设计包含有四种类型的螺钉,包括不同的螺钉长度、螺钉头型、螺钉牙型。通过优化设计,把螺钉的类型减少为一种最常见的 M3×6 螺钉,使得同一种类型的螺钉能够应用在产品不同的位置。

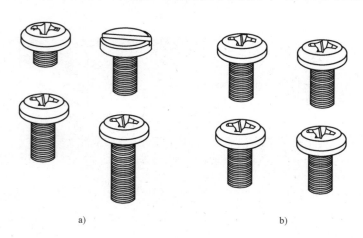

图 2-14　减少紧固件的类型

a)原始的设计　b)改进的设计

如何减少紧固件的类型需要具体问题具体分析。例如,在钣金件设计中,螺柱是常用的零件,有时因为功能的要求,在同一个钣金件中要求的螺柱高度不一样。此时,有的产品设计工程师往往就选择两种不同高度的螺柱,即两种类型的螺柱。

但是，通过在钣金中增加凸台来调整高度就能够使用同一种螺柱，以达到减少螺柱类型的目的。如图 2-15 所示，原始的设计中需要两种不同高度的螺柱，M3 ×6 和 M3 ×7。M3 ×6 是最通用的螺柱，M3 ×7 则需要定制加工。在改进的设计中，通过在钣金中增加 1mm 的凸台，把螺柱的装配位置提高 1mm，从而在两个位置都可以使用同一种螺柱 M3 ×6。

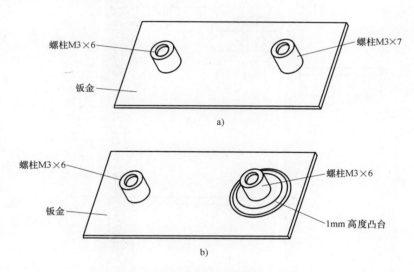

图 2-15　在钣金中减少螺柱的类型
a）原始的设计　b）改进的设计

2. 使用卡扣、折边等代替紧固件

装配一个紧固件需要耗费比较多的时间，一个紧固件的装配成本往往是制造成本的 5 倍以上。如图 2-16 所示，常用四种装配方式成本的高低由左向右排列，即卡扣成本最低，拉钉成本次之，螺钉成本较高，螺栓和螺母的成本最高。

卡扣装配是最经济、最环保的装配方式。相对于传统的螺钉固定，卡扣固定能够快速装配，节省大量装配时间，同时降低装配成本。如图 2-17 所示，两个塑胶件之间可以通过卡扣来装配。

在钣金件上则可通过折边压紧来减少紧固件数量，如图 2-18 所示。在原始的设计中，两个钣金件通过四个螺钉固定；在改进的设计中，通过在一个钣金件上增加折边（类似塑胶件中卡扣的功能）来固定，将螺钉的数量由四个减少到两个。

3. 避免分散的紧固件设计

把紧固件设计为一体，能够减少紧固件的类型，减少装配时间和提高装配效率，如图 2-19 所示。

4. 使用自攻螺钉代替机械螺钉

在金属材料零件中，使用自攻螺钉代替机械螺钉可避免加工成本昂贵的攻螺纹

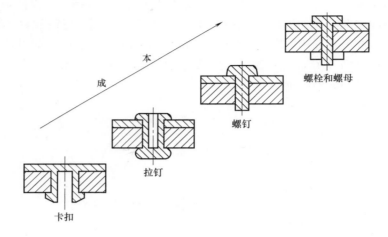

图 2-16　四种装配方式成本对比

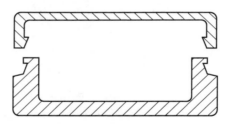

图 2-17　塑胶件通过卡扣固定

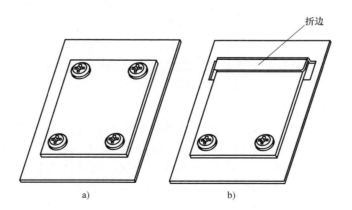

图 2-18　钣金件上通过折边压紧减少紧固件数量
a）原始的设计　b）改进的设计

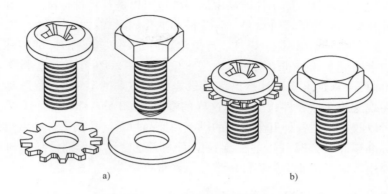

图 2-19　避免分散的紧固件设计

a）原始的设计　b）改进的设计

工序。在塑胶零件中，使用自攻螺钉代替机械螺钉可避免在注塑时嵌入螺母，可减少零件数量，降低零件成本。当然，自攻螺钉仅用于零件不需要反复拆卸或者对紧固要求不高的场合。

5. 把螺柱和螺母作为最后的选择

同其他的装配方式相比，螺柱和螺母的制造成本最高，装配成本最高，装配效率最低。因此，除非零件的装配要求特别高，否则永远把螺柱和螺母作为最后的选择。

2.2.3　零件标准化

永远不要设计从产品目录中买不到的零件。

——大卫·安德森

零件标准化、避免零件定制具有如下诸多好处：

1）零件标准化能够减少定制零件所带来的新零件开发时间和精力的浪费，缩短产品开发周期。

2）零件标准化能够带来零件成本的优势。标准化零件因为规模性往往成本较低。对于塑胶、钣金等需要通过模具进行制造的零件，使用标准化的零件能够节省模具的成本，零件成本优势更加明显。在成本上，定制零件就如同定制衣服一样，通常都会比较贵。

3）避免出现零件质量问题的风险。标准化的零件已经被广泛使用，并证明质量可靠。相反，定制的零件需要通过严格的质量和功能验证，否则容易出现质量问题。

那么，企业应当如何实现零件标准化呢？

1）企业应当制订常用零件的标准库和零件优先选用表，并在企业内部不同产品之间实行标准化策略，鼓励在产品开发中从标准库中选用零件，鼓励重复利用之前产品中应用过的零件。同一件产品中的零件也可以进行零件标准化，在前几节中讲述的合并相似和对称的零件就是一种零件标准化的形式。

2）五金零件，例如螺钉、螺柱、导电泡棉等选用供应商的标准零件，五金零件的定制会带来成本和时间的增加。大卫·安德森在 2001 年的计算机集成制造大会发表演讲说："永远不要设计从产品目录之中买不到的零件"，意思是永远从供应商那里买现成的标准零件，国外称这样的零件是 off-the-shelf，而不是去定制零件。企业可以收集整理各种五金零件的供应商产品目录。目前有些企业已经建立了一些常用标准零件（如螺钉）的三维数据库，产品设计工程师设计时可以从数据库中直接调用，这对企业实施零件标准化策略很有帮助。

2.2.4　模块化产品设计

模块化产品设计是指把产品中多个相邻的零件合并成一个子组件或模块，一个产品由多个子组件或模块组成，如图 2-20 所示。

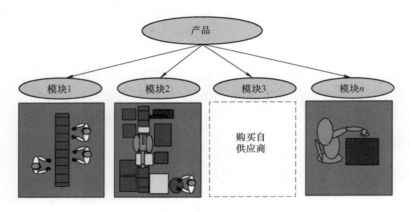

图 2-20　产品的模块化设计

模块化的产品设计有以下好处：

➤ 缩短产品总装配工序，提高总装配效率。应用模块化设计，复杂产品被分解为多个功能模块，从而可简化产品结构和减少产品总装配时的装配工序。

➤ 提高装配灵活性，在不同的模块合理使用人工或机械装配。

➤ 质量问题尽早发现，提高产品质量。模块化的子组件能够在产品总装配之前进行质量检验，装配质量问题能够更早、更容易被发现，避免不合格的产品流入到产品总装配线上，从而可提高产品装配效率和提高装配质量。

➤ 避免因质量问题而造成整个产品返工或报废。当一个子模块在工厂装配或在使用中发生问题时，子模块很容易被替换，这有利于产品的维护，同时避免因为子模块的质量问题而造成整个产品报废，从而降低产品成本。

➤ 提高产品的可拆卸性和可维修性（可靠的零件或模块最先装配，把较容易出现问题的零件或模块最后装配）。

➤ 按单定制。模块化的产品设计能够帮助企业实现产品"按单定制"，满足消费者个性化的需要。如图 2-21 所示，一个汽车座椅被分为两个模块：金属框架和座椅套。消费者可以根据自己的喜好定制座椅的颜色。

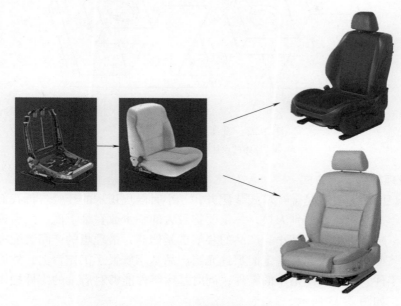

图 2-21　汽车座椅的模块化设计

2.2.5　设计一个稳定的基座

1. 稳定的基座

产品装配中一个稳定的基座能够保证装配顺利进行，同时可以简化产品装配工序，提高装配效率，减少装配质量问题。

一个稳定的基座应当具备如下条件：

1）基座必须具有较大的支撑面和足够的强度以支撑后续零件，并辅助后续零件的装配。

2）在装配件的移动过程中，基座应当支撑后续零件的固定而不发生晃动以及脱落。

3）基座必须包括导向或定位特征来辅助其他零件的装配。

图 2-22 所示是一个产品的基座零件。在原始的设计中，零件上大下小，很容易倾斜，不利于后续零件的装配；在改进的设计中，在零件底部增加了一个较大面积的平面，用于提供一个稳定的支撑面，使得后续零件的装配变得非常稳固，能够提高装配效率，减少装配质量问题。

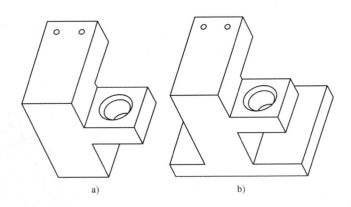

图 2-22　设计一个稳定的基座
a）原始的设计　b）改进的设计

2. 最理想的装配方式

最理想的装配方式是金字塔式装配方式。小时候玩积木的经验告诉我们，要想把积木搭得比别人高、比别人快，一定要把最大的积木放在最下面，然后依次放较小的积木，越到上面积木越小。产品的装配也是如此，最理想的产品装配方式是金字塔式的装配，一个大而且稳定的零件充当产品基座放置于工作台上，然后依次装配较小的零件，最后装配最小的零件；同时基座零件能够对后续的零件提供定位和导向功能，如图 2-23 所示。

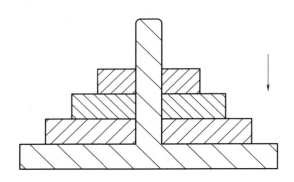

图 2-23　金字塔式的产品装配顺序

3. 避免把大的零件置于小的零件上进行装配

产品设计工程师常犯的一个错误是把较大的零件（或组件）置于较小的零件（或组件）上进行装配，这很容易造成装配过程不稳定、装配效率低，容易发生装配质量问题，而且有时装配不得不借助装配夹具的辅助。如图 2-24 所示，在原始的设计中，较大的零件放置于较小的零件上进行装配，装配过程不稳定，装配困难，容易出现装配质量问题；在改进的设计中，把较小的零件放置于较大的零件上，装配过程稳定、轻松，装配质量高。如果因为设计限制，大的零件不得不放置于小的零件上，那么在设计时也必须在小零件上添加额外的特征，以提供一个稳定的基座。

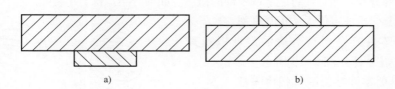

图 2-24　避免把大的零件放置于小的零件上

a）原始的设计　b）改进的设计

2.2.6　设计零件容易被抓取

1. 避免零件太小、太重、太滑、太黏、太热和太柔弱

零件需要具有合适的尺寸，使得操作人员或者机器手能够很容易地抓取零件，进行装配，零件不能太小、太重、太滑、太黏、太热和太柔软。零件越容易抓取，装配过程就越顺利，装配效率就越高；否则，零件的抓取如果需要特殊工具的辅助，装配效率就会大大降低。

2. 设计抓取特征

如果零件尺寸不适合零件的抓取，可以在设计的时候增加其他特征，如折边等。如图 2-25 所示，在原始的设计中，零件太薄，很难抓取和进行装配；在改进的设计中，增加了一个折边用于零件的抓取，零件的抓取和装配变得很容易。

3. 避免零件的锋利边、角

需要特别注意的是：零件应避免具有锋利的边、角等，否则会对操作人员或消费者造成人身伤害；同时，在装配过程中，锋利的边、角也可能对产品的外观和重要的零部件造成损坏。因此，产品设计工程师在进行产品设计时，对于零件上锋利的边、角需要进行圆角处理。本书在之后的塑胶件、钣金件和压铸件设计指南中，还会再次提到这一点。例如，对于钣金冲压件，对操作人员或者消费者可能会

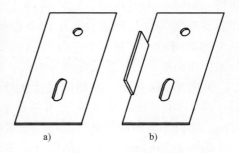

图 2-25　设计零件抓取特征

a）原始的设计　b）改进的设计

接触的边，要求零件在冲压时增加压飞边的工序，防止锋利边的产生。

2.2.7 避免零件缠绕

1. 避免零件本身互相缠绕

如果零件缠绕在一起，在装配时，操作人员在抓取零件时不得不耗费时间和精力把缠绕的零件分开，而且还可能造成零件的损坏。如果产品是自动化装配，那么零件互相缠绕在一起会造成零件无法正常进料。

一些零件容易出现缠绕的设计以及其相应的改进设计如图 2-26 所示。

2. 避免零件在装配过程中卡住

不合适的零件形状可能造成零件在装配过程中卡住，降低装配效率和产生装配质量问题，如图 2-27 所示。

2.2.8 减少零件装配方向

零件的基本装配方向可以分为六个：从上至下的装配，从侧面进行装配（前、后、左、右），从下至上的装配。

1. 零件装配方向越少越好

对于产品装配来说，零件的装配方向越少越好，最理想的产品装配只有一个装配方向。装配方向过多造成在装配过程中对零件进行移动、旋转和翻转等动作，降低零件装配效率，使得操作人员容易产生疲惫，同时零件的移动、旋转和翻转等动作容易造成零件与操作台上的设备碰撞而发生质量问题。只有一个装配方向的零件

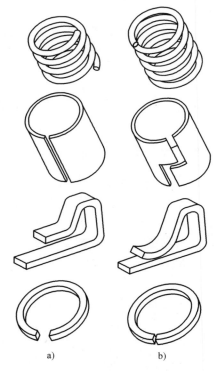

a)　　　　　　　　b)

图 2-26　避免零件缠绕的设计
a）原始的设计　b）改进的设计

装配操作简单，对于自动化装配来说，这也是最方便的。

如图 2-28a 所示，原始的设计中具有两个装配方向，当下面两个零件固定好后，两个零件必须翻转 180°，再固定最上面的零件；改进的设计中只有一个装配方向，零件不需要翻转就可以把三个零件装配在一起，装配过程简单。

如图 2-28b 所示，原始的设计中零件的装配方向是从上而下外加一个旋转方向，装配过程复杂，同时可能造成零件之间的碰撞而发生损坏；改进的设计中零件从上而下进行装配，装配过程简单。

2. 最理想的零件装配方向

零件的六个基本装配方向中：

➤ 从上至下的装配，可以充分利用重力，是最理想的装配方向。

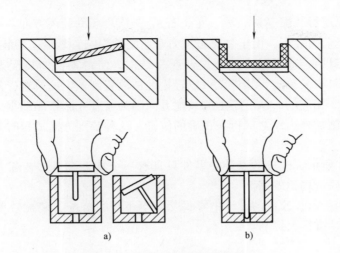

图 2-27　避免不合适的零件形状

a）原始的设计　b）改进的设计

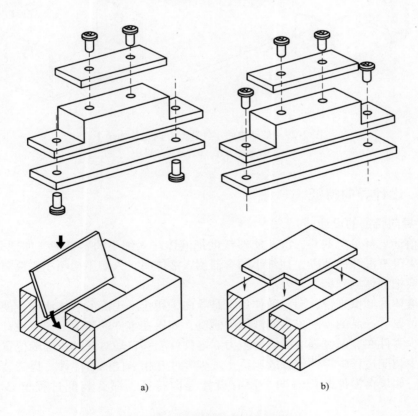

图 2-28　零件的装配方向越少越好

a）原始的设计　b）改进的设计

➢ 从侧面进行装配（前、后、左、右），是次理想的装配方向。

➢ 从下至上的装配，由于要克服重力对装配的影响，是最差的装配方向。

在产品设计时，应尽量合理地设计产品结构，使得零件的装配方向是从上至下。利用零件自身的重力，零件就可以轻松地被放置到预定的位置，然后进行下一步的固定工序。相应的，从下至上的装配方向因为需要克服产品的重力，零件在固定之前都必须施加外力使之保持在正确的位置，这种装配方向最费时费力、最容易发生质量问题。

如图 2-28 所示，改进的设计中零件只具有一个从上至下的装配方向，零件装配效率和装配质量均比较高。

如图 2-29 所示，改进的设计中零件从上至下进行装配，装配效率和装配质量都比原始的设计有很大提高。

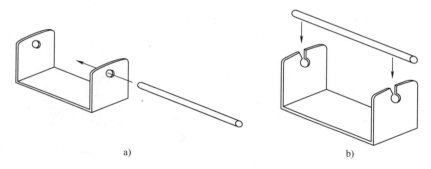

a)   b)

图 2-29   最理想的零件装配方向是从上至下
a）原始的设计   b）改进的设计

2.2.9   设计导向特征

1. 导向特征的设计

相信读者都见过漏斗，漏斗能够帮助把液体注入细小的容器中，如图 2-30 所示。如果没有漏斗的帮助，往细小的容器倒入液体时，人们不得不小心翼翼，一不留神就会把液体洒到容器之外。

对液体的倾倒来说，漏斗的作用就是导向，纠正不正确的液体流向，使之流向正确的位置。产品的装配也如同液体的倾倒，如果在零件的装配方向上设计导向特征，减少零件在装配过程中的装配阻力，零件就能够自动对齐到正确的位置，从而可以减少装配过程中零件位置的调整，减少零件互相卡住的可能性，提高装配质量和效率。如果在零件装配方向上没有设置导向特征，那么装配过程也必将磕磕碰碰。

对于操作人员视线受阻的装配，更应该设计导向特征，避免零件在装配过程中被碰坏。

如图 2-31 所示，最差的设计中零件在装配过程中没有导向（见图 2-31a），如果零件稍微没有对齐，则很容易被阻挡无法前进，造成装配过程中止。如果此时遇到不理智的操作人员使用蛮力来强行装配，很容易造成零件损坏。

较好的设计是在基座零件上或者插入的零件上增加斜角导向特征，这样能够使得装配过程顺利进行（见图 2-31b）。

当然，最好的设计是在基准零件上和插入的零件上均增加斜角导向特征，这样零件的插入阻力最小，装配过程最为顺利，同时对零件相应的尺寸也可以允许宽松的公差（见图 2-31c）。

图 2-30　漏斗

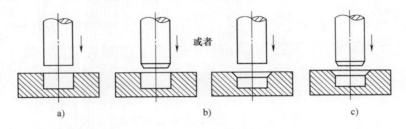

或者

a)　　　　　　　b)　　　　　　　c)

图 2-31　设计导向特征

a）最差的设计　b）较好的设计　c）最好的设计

常用的导向特征包括斜角、圆角、导向柱和导向槽等，斜角的例子如图 2-31b 和 c 所示。

连接器是电子电器产品中常用的一个零件，连接器成本高，但很脆弱，在产品装配过程中如果没有正确对齐就容易造成损坏而报废，因此连接器的导向特征设计至关重要。图 2-32 所示的连接器具有两个导向特征，一是导向柱，二是上下两侧的斜角。连接器的导向特征设计能够提供连接器之间实现快速装配，避免装配损坏，确保装配质量和电子信号的顺利传输。

需要注意的是导向柱的长度不能太短，需要保证导向柱是两个零件最先接触点，导向柱才具有导向效果。

2. 导向特征应该是装配最先接触点

在装配时，导向特征应该先于零件的其他部分与对应的装配件接触，否则，不能起到导向作用，如图 2-33 所示。

3. 导向特征越大越好

导向特征越大，越能容忍零件的尺寸误差，越能减少装配时的调整与对齐，导

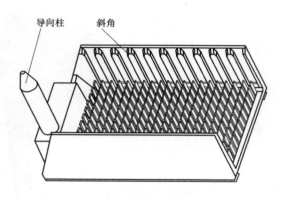

图 2-32　连接器的导向特征

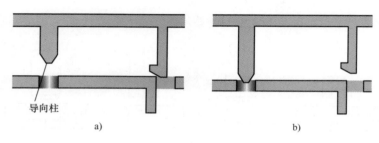

a)　　　　　　　　　　　　　　　　　b)

图 2-33　导向特征是装配最先接触点
a）原始的设计　b）改进的设计

向效果越好，如图 2-34 所示。

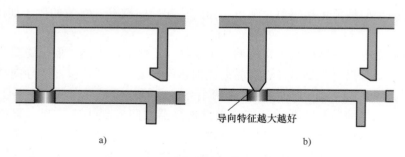

a)　　　　　　　　　　　　　　　　　b)

图 2-34　导向特征是装配的最先接触点
a）原始的设计　b）改进的设计

2.2.10　先定位后固定

零件的装配如果先定位后固定，在固定之前零件自动对齐到正确位置，这能够减少装配过程的调整，大幅提高装配效率。特别是对那些需要通过辅助工具（如电动螺钉旋具、拉钉枪等）来固定的零件，在固定之前零件先定位，能够减少操作人员手工对齐零件的调整，方便零件的固定，提高装配效率。

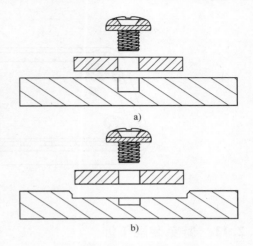

如图 2-35 所示，在原始的设计中，零件不能自动定位，因此在螺钉固定的过程中零件不得不反复调整对齐到正确位置；在改进的设计中，基座零件上的凹槽限制了零件的移动，使得零件能够自动定位对齐到正确位置，避免了在螺钉固定时手动调整的多余动作。

在电子电器产品中，PCB（印制电路板）是必不可少的一个组件，包含了整个产品中最核心的部件，因此 PCB 的装配非常重要。一般来说，由于 PCB 自身强度比较低，往往需要用多个螺钉来固定，因此 PCB 自动定位后再进行固定，对于提高装配效率非常有帮助，常用的方法有两种。

图 2-35　零件先定位后固定
a）原始的设计　b）改进的设计

1. 四周增加限位

在塑胶底座的四周增加限位，在固定之前使得 PCB 自动对齐到正确位置，如图 2-36 所示。需要注意的是，PCB 与塑胶四周的限位间隙不可太小，否则容易造成 PCB 过约束，这会在本章稍后的章节讲到；同时限位间隙不可太大，否则没有定位的效果。

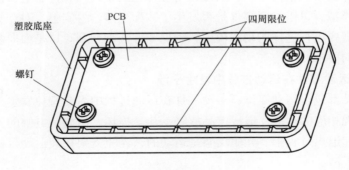

图 2-36　四周限位

2. 使用定位柱

使用定位柱（如果导向柱的精度较高，导向柱也可以被当成定位柱使用），在螺钉固定之前使 PCB 自动对齐到正确位置，如图 2-37 所示。对于钣金件来说，在钣金件上铆接定位螺柱可以起相同的作用。推荐这种方法，因为定位柱或者定位螺柱的尺寸公差比较容易控制，这种固定方法可以使得 PCB 的装配位置精度比较高。

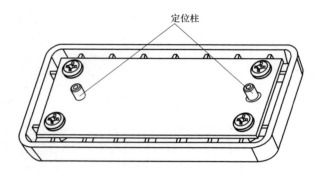

定位柱

图 2-37　使用定位柱

2.2.11　避免装配干涉

1. 避免零件在装配过程中发生干涉

避免零件在装配过程中发生干涉是产品设计最基本、最简单的常识，但这也是产品设计工程师最容易犯的错误之一。

零件的装配过程应该很顺利，装配过程中不应该出现阻挡和干涉的情况。但是在三维设计软件（如 Pro/Engineer）中进行三维建模时，产品是静态的，产品设计工程师常常忽略了产品的具体装配过程以及零件是如何装配到正确位置的。于是在零件制造出来后，零件品质很好，但零件很难装配在一起，此时只好求助于锉刀等工具。

避免这样的错误很简单，产品设计工程师在三维设计软件中进行简单的产品装配过程动态模拟就可以发现零件是否发生了装配干涉。事实上，对于整个产品的装配过程，都需要进行这样的动态模拟，确保零件装配顺利。这是面向装配的产品设计中最基本的要求。

2. 避免运动零件在运动过程中发生干涉

很多产品都包含运动零件，运动零件在运动过程中需要避免发生干涉，否则会阻碍产品实现相应的功能，造成产品故障，甚至损坏。例如，电脑的光驱支架，在光盘的放入和退出过程中，光驱支架是运动的，光驱支架在其运动行程中不能与其他零件发生干涉。

对此，产品设计工程师也可以通过运动过程模拟确保运动零件在运动过程中畅通无阻，避免发生运动干涉。

3. 避免用户在使用产品过程中发生干涉

产品设计工程师也需要考虑在产品的具体使用过程中零部件的干涉问题，避免用户在使用产品时发生干涉问题。

如图 2-38 所示，在原始的设计中，电源插座的两相插孔和三相插口距离很近，这容易造成用户如果同时使用两相线缆和三相线缆时发生干涉，一个线缆插头插不进插口；在改进的设计中，只需将两相插孔和三相插孔做相应的偏移，增大二者的距离，即可解决此干涉问题。

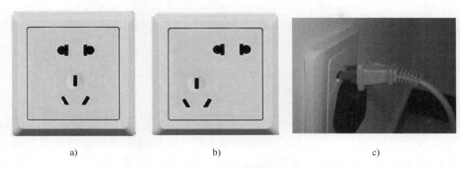

a)   b)   c)

图 2-38 电源插座的设计

a) 原始的设计 b) 改进的设计 c) 插头干涉

2.2.12 为辅助工具提供空间

零件在装配过程中，经常需要辅助工具来完成装配。例如，两个零件之间通过螺钉固定，零件的装配需要电动螺钉旋具的辅助；两个零件通过拉钉来固定，那就需要拉钉枪来辅助。在产品设计中需要为辅助工具提供足够的空间，使得辅助工具能够顺利完成装配工序。如果产品设计提供的空间不够大，阻碍辅助工具的正常使用，势必会影响装配的质量，严重时甚至使得装配工序无法完成。由于现今的多数产品都倾向于在更小的尺寸空间内集成更多的功能，这就对产品设计提出了挑战，因此在产品装配中经常会出现辅助工具无法正常使用的状况。至于具体的空间多大才合适，这就需要了解辅助工具的尺寸及其工作原理，也可以向制造工程师寻求帮助。

如图 2-39 所示，在原始的设计中，螺钉旋具没有足够的操作空间，在使用过程中会和零件发生干涉，螺钉无法拧入，零件不能固定；在改进的设计中，螺钉旋具有足够的操作空间，零件能够顺利固定。

2.2.13 为重要零部件设计装配止位特征

产品中一般都包括很重要但同时又比较脆弱的零部件，如电脑中的硬盘、电源以及一些印制电路板等，这些零部件极容易损坏，产品设计时需要确保这些重要的零部件在装配和使用过程中不被损坏。最容易发生的失效方式是这些重要零部件装配到正确位置后，由于操作人员或者消费者用力不当，使得零部件继续前进，碰到其他零件而损坏，因此，有必要在产品中设计止位特征，阻止重要零部件装配到正

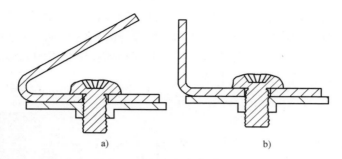

图 2-39 为辅助工具提供空间

a）原始的设计 b）改进的设计

确位置后继续前进。

在另外一种情况下，产品设计也需要阻止零件装配到正确位置后继续前进，防止损坏已经装配好的其他重要零部件。

某产品电源的仰视视图如图 2-40 所示，前端是电源连接器，电源的装配方向如图中箭头所示。在电源前端有一 U 形止位槽，同机箱中的螺柱相配合，可以阻止电源装配到正确位置后继续前进，避免损坏电源连接器或者与电源配合的印制电路板及其上面的重要零件。

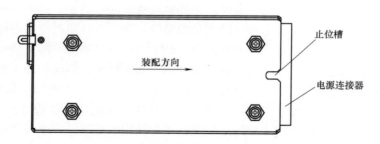

装配方向

止位槽

电源连接器

图 2-40 服务器电源止位槽

2.2.14 防止零件欠约束和过约束

空间上任何一自由物体共有 6 个自由度，分别是 3 个沿着 x、y、z 坐标轴移动的自由度和绕着 3 个坐标轴转动的自由度，如图 2-41 所示。

1）完全约束：如果零件在 6 个自由度上均存在约束，称之为完全约束。

2）欠约束：如果零件在 1 个或 1 个以上的自由度上不存在约束，称之为欠约束。

3）过约束：如果零件在 1 个自由度上有 2 个或者 2 个以上的约束，称之为零件过约束。

产品设计需要避免零件欠约束和过约束，只有当零件完全约束时，零件才能在产品中正确的装配以及行使应有的功能。

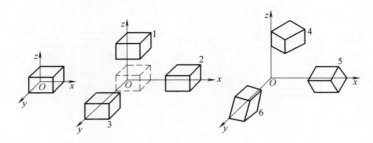

图 2-41　零件的 6 个自由度

1. 避免零件欠约束

如果零件欠约束，那么在零件装配好后，零件会在欠约束的自由度方向上出现不该有的运动，妨碍零件功能的实现。

值得注意的是，如果零件尺寸比较大，那么零件的约束需要尽量覆盖零件的整个范围，而不仅仅是在某一个角落对零件进行约束。

2. 避免零件过约束

零件都通过了检查，尺寸都在公差范围之内，为什么还是装配不上？

——迷茫的工程师

零件发生过约束，要么零件很难进行装配，要么产生装配质量问题，或者装配好之后零件之间存在应力。

如图 2-42 所示，在原始的设计中，零件 A 与零件 B 在 x 方向上有两个约束，因此零件在 x 方向上过约束。由于零件制造公差的存在，此时很容易发生第一个柱子插入到第一个孔后，第二个柱子很难插入到第二个孔中，而且由于无法判定哪一个柱子与孔决定了零件 A 的位置，很难通过尺寸管控来提高产品装配质量。在改进的设计中，零件 A 的第二个孔为长圆孔，避免了在 x 方向过约束，零件 A 能够轻松地插入到零件 B 中；同时，零件 B 的第一个柱子和零件 A 的第一个孔决定了零件 A 的位置，通过管控相应的尺寸就能够轻松地管控零件 A 的位置。

其他常见的零件过约束设计及其改进的设计如图 2-43 所示。

当零件之间通过多个螺钉固定时，产品设计工程师常发现最后几个螺钉与螺钉孔总是没有对齐，很难把螺钉固定上。在这种情况下，可以把一个螺钉孔设计为小孔（即孔的直径比螺钉直径稍大），另外一个孔设计为长圆孔（即孔的直径与小孔直径一样大，长度稍长，需要注意的是长圆孔的长度方向平行于小孔与长圆孔之间的直线），其余的均是大孔（即孔的直径比螺钉直径大得多），如图 2-44 所示。其中小孔与长圆孔起着定位的作用，而大孔的设计则避免了零件过约束。这既保证了零件的装配位置精度，又保证了零件的顺利装配。不过这样的设计需要在零件装配时指明固定螺钉的顺序，小孔先固定，然后是长圆孔，最后是其他的大孔。

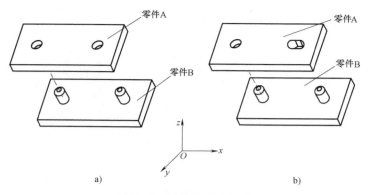

图 2-42　避免零件过约束

a）原始的设计　b）改进的设计

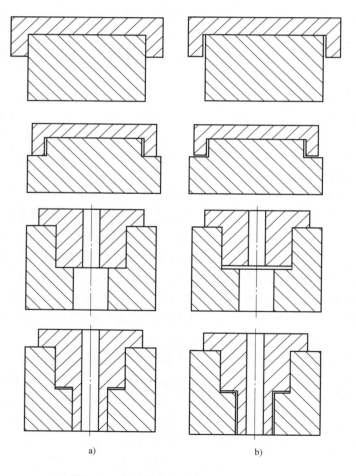

图 2-43　常见零件过约束及改进的设计

a）原始的设计　b）改进的设计

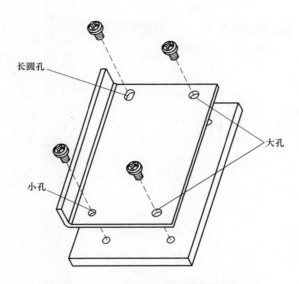

图 2-44　多个螺钉固定时螺钉孔的设计

2.2.15　宽松的零件公差要求

人们常常误以为严格要求零件公差就可以提高产品质量，而为了提高产品质量，唯一的途径是通过对零件公差做出严格的要求。事实上，严格的零件公差只能表示单个的零件生产质量高，并不一定表示产品质量高，产品质量只能通过产品装配才能体现出来。但是，零件公差越严格，零件制造成本就越高，产品的成本就越高。严格的零件公差要求意味着：

➢ 更高的模具费用。

➢ 更精密的设备和仪器。

➢ 额外的加工程序。

➢ 更长的生产周期。

➢ 更高的不良率和返工率。

➢ 要求更熟练的操作员和对操作员更多的培训。

➢ 更高的原材料质量要求及其产生的费用。

在传统机械加工过程中，零件的公差与成本的关系如图 2-45 所示，可以看出，零件的公差要求越高，零件的成本就越高。

同样的道理，零件之间的产品装配公差越严格，装配质量管控要求越高、装配不良率越高、装配效率越低，装配成本就越高。

因此，在满足产品功能和质量的前提下，面向装配的产品设计应当允许宽松的零件公差要求和产品装配公差要求，从而降低产品的制造成本。

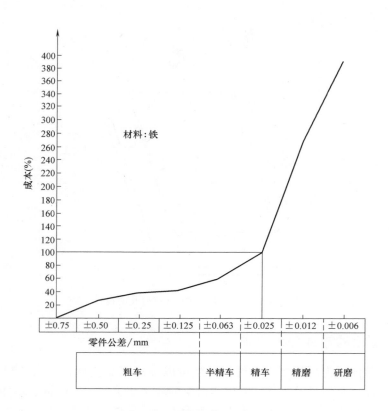

图 2-45　公差与成本的关系

注：该图取自参考文献【7】。

那么，如何进行产品设计才能使得产品装配允许宽松的公差要求呢？

1. 设计合理的间隙

设计合理的间隙，防止零件过约束，避免对零件尺寸的不必要的公差要求。不合理的零件间隙设计会带来对零件不合理的公差要求。在产品的装配关系中，有些情况下零件之间平面与平面是接触、紧贴在一起的，此时平面与平面之间不应该有间隙。而在另外的一些情况之下，平面与平面之间需要设计一定的间隙，防止装配干涉或者产品装配尺寸超出规格。如果间隙设计得过小或者没有间隙，为了避免零件的干涉和保证装配尺寸，就必须对相关的零件尺寸提出严格的公差要求，参见 2.2.14 中关于过约束的讨论。至于多大的间隙是合理的，可以通过第 7 章的公差分析计算出来，一般来说，在不影响产品功能和质量的情况下，间隙尽可能地大。

一个合理间隙设计的例子如图 2-46 所示；当通过螺钉固定几个零件时，中间零件的螺钉孔稍微扩大，保证该零件与螺钉有一定的间隙，从而可以避免对该零件螺钉孔不必要的严格的公差要求。

2. 简化产品装配关系

简化产品装配关系，减少尺寸链的数目从而减少累积公差。在同一个尺寸链中，尺寸数目越多，最终所带来的产品的累积公差就越大。如果因为产品质量和功能的要求，产品的累积公差不能大于一定数值，那么就不得不对尺寸链中的尺寸进行比较严格的公差要求。因此，对于那些重要的装配尺寸，在产品最初设计阶段就要重点加以关注，简化产品的装配关系，避免重要装配尺寸涉及更多的零件，从而减少尺寸链中尺寸的数目，达到减少

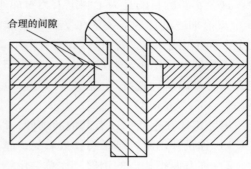

图 2-46　合理的间隙设计

累积公差的目的，于是就能够允许零件有宽松的公差要求。

3. 使用定位特征

在零件的装配关系中增加可以定位的特征，如图 2-37 所示的定位柱等。定位特征能够使得零件准确地装配在产品之中，产品设计只需要对定位特征相关的尺寸公差进行制程管控，对其他不重要的尺寸就可以允许宽松的公差要求。

4. 使用点或线与平面配合

当两个零件之间通过平面与平面配合并具有相对运动关系时（可以是装配过程中的相对运动，也可以是使用过程中的相对运动），可以使用点或线与平面配合的方式代替平面与平面的配合方式，避免平面的变形或者平面较高的表面粗糙度值阻碍零件的顺利运动，从而可以不对零件的平面度和表面粗糙度提出严格的公差要求，继而允许宽松的公差，如图 2-47 所示。

a)　　　　　　　　　　　　　　b)

图 2-47　使用点或线与平面配合

a）原始的设计　b）改进的设计

2.2.16　防错的设计

可能出错的事情，就会出错（If anything can go wrong, it will）。

——墨菲定律

墨菲定律

爱德华·墨菲是一名工程师，他曾参加美国空军于 1949 年进行的 MX981 实验。这个实验的目的是为了测定人类对加速度的承受极限，其中一个实验项目是将 16 个火箭加速度计悬空装置在受试者上方，当时有两种方法将加速度计固定在支架上，而不可思议的是，竟然有人有条不紊地将 16 个加速度计全部装在错误的位置。于是墨菲得出了著名的论断："如果有两种选择，其中一种将导致灾难，则必定有人会做出这种选择"，后来演变为"可能出错的事情，就会出错（If anything can go wrong，it will）"。

墨菲定律在生活中还有其他的延伸，以下仅供娱乐：

1）你携伴出游，越不想让人看见，越会遇见熟人。

2）你有两把相似的钥匙，你总会用错误的一把钥匙去开门。

3）你若帮助了一个急需用钱的朋友，那他一定会记得你——在下次他急需用钱的时候。

4）你早到了，会议却取消。你准时到，却还要等。迟到了，那就是真的迟到了。

5）另一排总是动得比较快。你换到另一排，你原来站的那一排，就开始动得比较快了。你站的越久，越可能是站错了排。

6）你买入一只股票，股票就一直下跌。你把股票抛了，股票却扶摇直上。

防错法：

防错法（mistake-proof，error-proof）是指通过产品设计和制造过程的管控来防止错误的产生。日本丰田公司第一次提出了防错的概念。我国台湾称之为防呆法，顾名思义，就是一个呆子来装配也不会产生错误。

防错法能够达到以下目的：

1）减少错误、提高产品利润率。

2）减少时间浪费、提高生产效率。

3）减少由于检查而导致的浪费。

4）消除返工及其引起的浪费。

5）提高产品质量和可靠性。

6）提高产品使用人性化、消费者满意度和产品信誉。

防错的设计意味着：

➢ 不需要注意力——即使疏忽也不会发生错误。

➢ 不需要经验和知觉——外行人也可以做。

➢ 不需要专门知识——谁做都不会出错。

➢ 不需要检查——第一次就把事情做好。

在产品进行装配时，如果零件存在着一个以上的装配位置（即零件在多个位置都可以装配），但是只有一个正确位置，传统的方法是通过装配过程的管控和对操作人员的培训来指导操作人员把零件装配到正确位置。但是，残酷的事实告诉人们，在某一天，零件终将会被装配在错误的位置，这可能仅仅是因为操作人员的一次心不在焉。试想，一个操作人员每天进行同样的装配工作上百次、上千次甚至上万次，如果产品设计不能提前预防装配错误的发生，那么就算是万分之一的概率，操作人员稍微不留神，错误就发生了。因此，产品设计必须进行防错的设计，提前预防装配过程中可能发生的错误。

生活中防错设计的典型例子：

USB 接口是计算机中最常用的一种接口方式，广泛应用于数码相机、数码摄像机、移动硬盘、U 盘、鼠标和键盘等与计算机的连接。USB 的接口设计是一种典型的防错设计。只有当 USB 插头插入方向正确时，USB 插头才能够插入到计算机的 USB 接口中；当 USB 插头插入方向不对时，USB 接口中孔槽的不对称设计会阻止 USB 设备的进一步插入。USB 接口和 USB 插头的设计如图 2-48 所示。

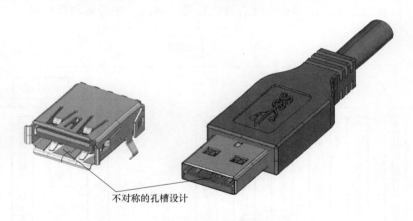

不对称的孔槽设计

图 2-48　USB 接口及 USB 插头

那么，USB 的接口设计是一个理想的防错设计吗？平均下来，笔者每天会使用 USB 接口两到三次，但是并不是每次的使用心情都是愉快的。根据 USB 接口中孔槽的不对称防错设计，在 USB 插头接触到 USB 接口之前，USB 插头有两种插入方向，一种是正确的方向，USB 插头和 USB 接口中的不对称孔槽刚好对应，USB 插头能够顺利插入到 USB 接口中。另外一种是错误的方向，USB 插头和 USB 接口中的不对称孔槽不对应，USB 接口阻止了 USB 插头的插入，此时必须调整 USB 插头的插入方向。理论上来说，每次插入 USB 都有 50% 的可能性插入方向不对，而每次当笔者感觉到插入方向不对时，不得不放下手中的工作，把全部注意力放在 USB 上，仔细看清楚 USB 插头孔槽的位置和 USB 接口中孔槽的位置，再对齐，USB 设备才能插入成功。相信很多读者都有这样的体会，期望着 USB 接口的设计也像电脑的耳机接口一样，我们闭着眼睛、漫不经心地就可以把 USB 设备插入到计算机中，这才是人性化的设计。

因此，USB 的接口设计是一个好的防错设计，但不是最理想的防错设计，因为它不人性化。换句话说，最理想的防错设计不但能够防止错误的发生，还能够防止你产生错误的念头。

在面向装配的产品设计中，防错的设计不仅仅是满足产品制造过程中防错的要求，还需要满足消费者使用产品过程中的防错要求。消费者使用产品的过程也是产品装配过程的一部分，更为重要的是，消费者对于防错的要求更高，不但要做到防错，还需要做到使用人性化。因为不可能去教育消费者"你应该这样做""你应该那样做"，作为很多产品（比如电脑、电视机、空调等）的消费者，他们根本不会花时间去阅读产品使用手册。

防错的设计可以分为设计防错和制程防错，如图 2-49 所示。传统的防错设计关注的是产品的装配阶段。为此，企业不得不花费大量的人力和物力来培训操作人员和花费大量的金钱来购买自动化设备。而面向装配的产品设计优先考虑产品的设计防错，只有当设计防错很难实现或者代价高的时候，才考虑制程防错。

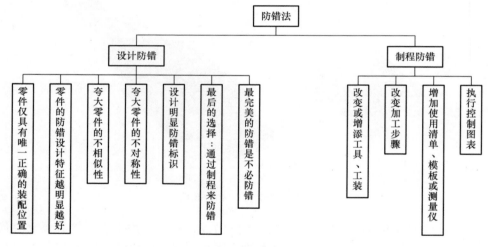

图 2-49　防错法的分类

本书将重点介绍设计阶段的防错。

防错设计的对象包括两种：

➢ 单个零件本身的防错，即零件在正确的装配位置旋转一定角度后，例如 90°、180°等，零件是否还可以继续装配。如上文所说的 USB 接口的防错。

➢ 零件与零件之间的防错。一个零件在产品中应当只能在一个装配位置进行装配，如果一个零件在另外一个装配位置也可以进行装配，那就会带来装配错误问题。

1. 零件仅具有唯一正确的装配位置

任何一个零件在产品装配中只能具有唯一正确的装配位置，只有当零件装配位置正确的时候，零件才能被固定。如果零件有多个装配位置，产品或者零件上应当具有特征来阻止零件被装配到错误的位置。上文说到的 USB 接口就是一个例子，USB 接口有且只能有一个正确的装配位置，当 USB 插头插入方向不对时，USB 接口上的不对称孔槽就会阻止 USB 插头的继续插入。

在三维设计软件中，把零件绕着零件中心轴旋转 90°、180°，进行简单的装配过程模拟就能够判断零件是否具有唯一正确的装配位置。

在产品设计中，最容易发生的装配错误是零件由两个点固定时。如图 2-50 所示，零件 A 通过两个螺钉固定在零件 B 上。原始设计中，在进行实际的装配时，零件 A 有图 2-51 所示的 4 种可能的装配位置，显然这很容易引起装配错误；在改进的设计中，零件 A 增加了两个凸台，零件 B 增加了一个凸台，使得零件 A 不可能装配到图 2-51b、c、d 所示的错误位置，零件 A 仅具有唯一正确的一个装配位置。

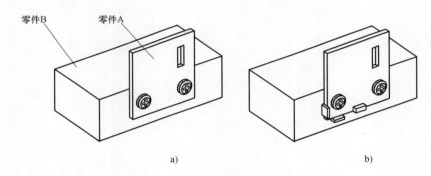

图 2-50　零件两点固定时的防错设计

a）原始的设计　b）改进的设计

非对称的孔、槽和凸台等是常用的防错设计特征，如图 2-49 所示的 USB 接口设计、图 2-50 所示的凸台防错以及图 2-53 所示的 PS/2 接口防错设计。

如图 2-52 所示，零件与零件之间通过不相同的形状特征来进行防错。

2. 零件的防错设计特征越明显越好

在允许的情况下，零件的防错特征需要设计得越明显越好。非对称的孔、槽和凸台越不对称越好。PS/2 接口的防错设计不是一个很好的防错设计，正是因为其防错特征不够明显。

在 USB 接口出现之前，PS/2 接口是键盘和鼠标的通用接口。如图 2-53 所示，PS/2 接口和 PS/2 插头的防错设计具有两个防错特征：其一是 PS/2 接口中长方形的孔与 PS/2 插头中间的长方形柱子；其二是 PS/2 接口四周不对称的三个孔与 PS/2 插头四周的三个金属凸起。只有当以上两个防错特征一一对齐时，PS/2 插头才能正确插入。

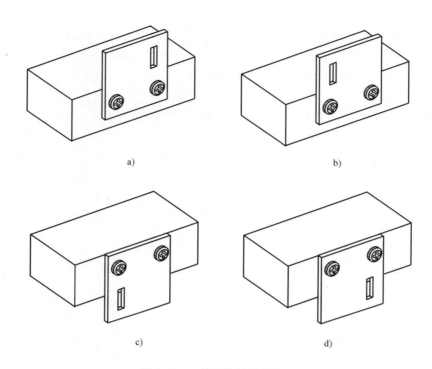

图 2-51 4 种可能的装配位置

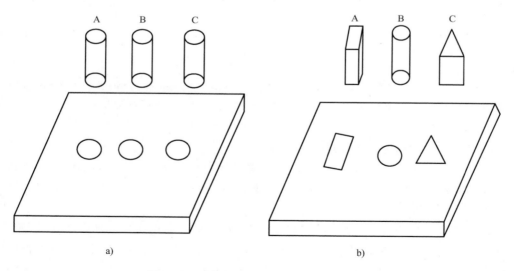

图 2-52 零件与零件之间的防错特征设计

a）原始的设计 b）改进的设计

但是，两个防错特征尺寸都比较小，在实际操作过程中要对齐非常困难，必须把 PS/2 插头和接口完全对齐，才能保证正确插入，稍有偏差都不能成功。PS/2 接口的这种使用只有用"痛苦"来形容，使用过 PS/2 接口的键盘和鼠标的读者一定对此深有体会。因此，PS/2 的防错设计不是一个理想的防错设计。

图 2-54 显示了电脑中常见的 4 种接口防错特征的明显程度。从左至右分别为 PS/2、视频接口、USB、电源接口，防错特征的明显程度从左至右逐步增加，PS/2 的防错特征最不明显，装配最困难；电源接口的防错特征最明显，装配最容易。

3. 夸大零件的不相似处

尽量合并相似的零件。针对相似的零件，在进行防错设计时，尽量把他们合并成一个零件，参见 2.2.1 节合并相似的零件。

长方孔

不对称的孔

图 2-53　PS/2 接口及 PS/2 插头

如果在产品装配的生产线上，有两个相似的零件需要装配在不同的位置实现不

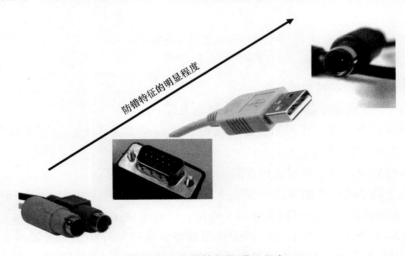

防错特征的明显程度

图 2-54　防错特征的明显程度

同的功能，它们的唯一判别方式是零件料号，那么这就存在着两个零件互相装错位置的风险。如果操作人员不仔细查对零件的料号，很容易误把一个零件当成另外一个零件，产生装配错误，带来返工，造成时间和成本的浪费。如果当零件的固定不可拆卸时，如焊接、铆合、热熔等，这会造成整个产品的报废，带来更大的成本损失。

针对相似的零件，如果不能合并成一个零件，则夸大零件的不相似处。

在 2.2.1 节中讨论了如何把相似的零件合并成一个零件，对于相似的零件，最理想的防错设计是把它们合并成一个零件。如果不能，则需要把零件的不相似处设计得很明显，尽量使得两个零件看上去完全不一样，这就可以避免在装配过程中，零件被错误地装配到其他位置。如图 2-55 所示，如果 2.2.1 节中的两个零件不能合并成一个零件，那么就需要把这两个零件设计得明显不同，使得操作人员能够很清楚地认识到两个零件的区别，从而避免产生装配错误。

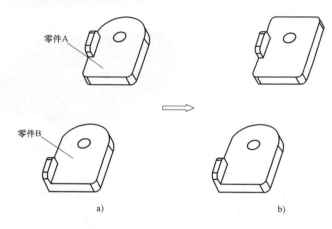

图 2-55　夸大零件的不相似处
a）原始的设计　b）改进的设计

4. 夸大零件的不对称性

完美的零件是完全对称的零件，这是因为：

➤ 零件完全对称，任何角度都可装配，可以减少操作人员的装配调整时间，减少产品整体装配时间。

➤ 零件完全对称，可以进行盲装，大幅提高装配效率。

➤ 有关消费者操作的零件如果完全对称，消费者操作时根本无须仔细对齐和调整即可正确操作到位，可提高使用人性化，提高用户体验度。

如图 2-56 所示，人们日常生活中使用的音频接口和音频插头在轴线上是完全对称的，因此把音频插头插入到音频接口中，无论插头怎么旋转，都不会插错，而且插入时不需调整对齐，使用非常人性化。

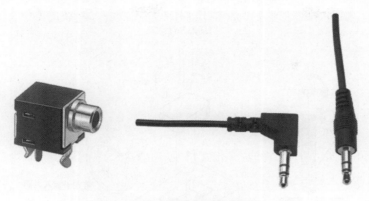

图 2-56　音频接口及音频插头

最好的防错设计是根本不需要防错，这是防错设计的最高境界。完全对称的零件符合这样的要求，产品设计时根本不需要担心防错问题。

在前面一节讲述的 USB 接口一例中，USB 接口因为其不对称性使得其操作非常不方便、不人性化。最新的 USB 3.1 Type C 的设计（见图 2-57）考虑到了这一点，从 USB 的对称性入手，将 USB 的接口设计得上下都对称，正反一样，正反插都能保证有效连接，解决了原来的"USB 永远插不对"的问题，提高了使用人性化。

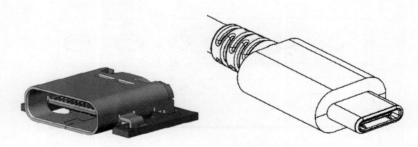

图 2-57　USB 3.1 Type C 的对称性设计

如果零件无法做到完全对称，则应该提高零件的对称度，零件的对称度包括两种，如图 2-58 所示。

➤ α 对称度：α 对称度指零件垂直于零件装配时插入方向轴的首尾对称角度。

➤ β 对称度：β 对称度指零件绕着零件装配时插入方向轴的对称角度。

图 2-59 显示了各种零件的 α 和 β 对称度，从左至右零件的综合对称度从低至高，零件的装配效率也从低至高。

图 2-60 所示为一个零件的 β 对称度从低到高的实例，很显然，零件的装配效率随着 β 对称度的提高而逐渐提高。

a）操作人员抓取零件后，需要很多调整，仔细对齐对应零件上的槽，才能装

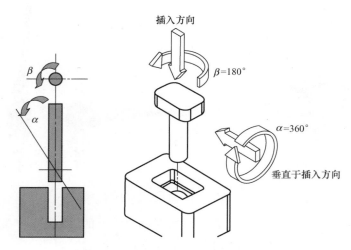

图 2-58　零件的 α 和 β 对称度的定义

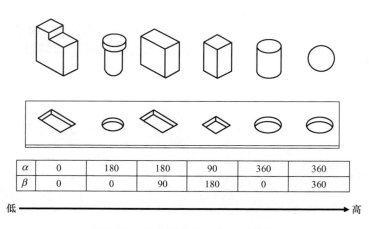

| α | 0 | 180 | 180 | 90 | 360 | 360 |
| β | 0 | 0 | 90 | 180 | 0 | 360 |

低 ━━━━━━━━━━━━━━━━━━━━━━━━━━▶ 高

图 2-59　各种零件的 α 和 β 对称度

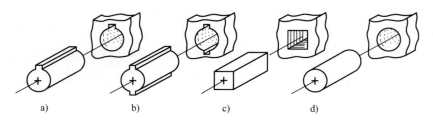

图 2-60　提高零件的 β 对称度

a）需要很多调整　b）需要较多调整　c）不需要太多调整　d）不需要调整

配到位。

b）操作人员抓取零件后，需要较多调整，仔细对齐对应零件上的槽，才能装配到位。

c）操作人员抓取零件后，不需太多的调整对齐，即可装配到位。

d）操作人员抓取零件后，不需调整，直接插入对应零件的孔中，即可装配到位。

图 2-61 所示为一些具体的提高零件 α 和 β 对称度的实例。

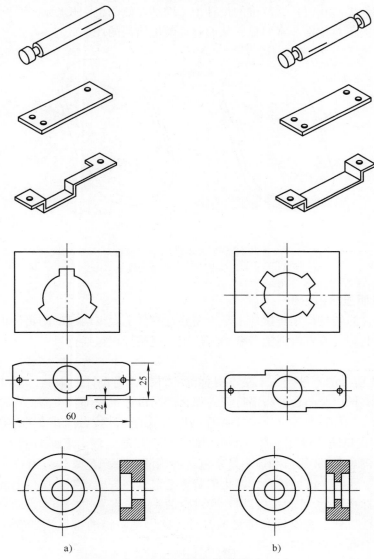

a)   b)

图 2-61   提高零件对称度的实例

a）原始的设计   b）改进的设计

零件如果存在微小的不对称性:

➢ 容易装错。

➢ 需仔细对齐,增加装配时间,降低装配效率。

如果零件因为设计限制无法做到对称,则需要夸大零件的不对称性,零件的不对称性越明显越好。

如图 2-62 所示,在原始的设计中,零件左右两侧凸台的高度一侧为 4mm,一侧为 5mm,相差 1mm,但这是零件的功能要求,无法更改,零件相对于两孔中心连线的对称性无法获得;在改进的设计中,增加左侧凸台的长度,夸大零件的不对称性,零件的不对称性非常明显,从而避免装配错误的产生。

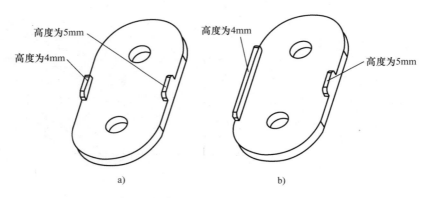

图 2-62 夸大零件的不对称性

a)原始的设计 b)改进的设计

5. 设计明显防错标识

如果零件防错特征很难设计,至少需要在零件上做出明显的防错标识,以指导操作人员的装配,或者告诉消费者如何使用,这些标识包括符号、文字和鲜艳的颜色等。

图 2-63 所示的零件是一个左右对称的零件,因为设计的限制,零件无法添加不对称的孔、槽以及凸台等防错特征,那么产品设计工程师至少需要在零件上添加明显的标识(例如符号或文字)来指导操作人员的装配或者消费者的使用。

PS/2 的接口防错设计也是一个典型的颜色防错的实例。鼠标的 PS/2 接口和插头是绿色,键盘 PS/2 接口和插头是紫色,使用同一种颜色来告诉消费者哪一个接口该插鼠标、哪一个该插键盘,防止消费者把鼠标插头插到键盘接口上或者把键盘插头插到鼠标接口上。同时,在鼠标和键盘插头上分别有鼠标和键盘的符号,在电脑上相应的接口处也有鼠标和键盘的符号,这也是防错的特征。当然这些符号太小,不容易引起消费者的注意。

需要注意的是,这一类的防错特征不是理想的防错设计方法,必须获得操作人

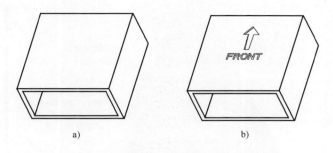

图 2-63　标识符号和文字防错

a）原始的设计　b）改进的设计

员或者消费者的注意才能够保证防错设计的成功，这不是防错设计的最佳方法。

6. 最后的选择：通过制程来防错

当通过产品设计进行防错造成产品成本高昂，甚至无法通过设计进行防错时，可以通过产品的制程管控来防错。当然，通过制程管控来防错是防错设计最后的选择。此时，产品设计工程师应当把防错的要求准确、清晰地告诉装配工程师。

制程防错的方法包括以下几种：

➢ 改变或增添工具、工装。

➢ 改变加工步骤。

➢ 增加使用清单、模板或测量仪。

➢ 执行控制图表。

7. 最完美的防错是不必防错

在上面的章节中讲述了多种防错方法，从产品的装配效率和装配质量等方面来看，不同的防错方法有着不同的级别，如图 2-64 所示。

在产品防错设计时，应尽量提高产品的防错级别，向着防错的最高级别"不必防错"靠近。

最完美的防错方法如下：

➢ 零件根本就不必防错。

➢ 装配效率高，装配质量高。

➢ 不仅仅可以阻止错误的产生，还可以阻止产生错误的念头。

➢ 真正地做到防呆的设计，就算一个真正的"呆子"来操作也不会发生错误。

➢ 最人性化的设计，具有高用户体验度的设计。

因此，对于防错设计的要求是：

➢ 不仅仅要做到防错，而且要做到最完美的防错！

➢ 如果无法实现完美的防错，也需要尽量提高防错的级别！

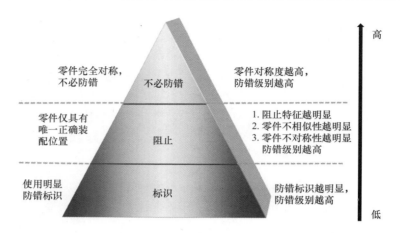

图 2-64　防错级别金字塔

2. 2. 17　装配中的人机工程学

人机工程学是从人的能力、极限和其他生理及心理特性出发，研究人、机、环境的相互关系和相互作用的规律，以优化人、机、环境以及提高整个系统效率的一门科学。

在产品设计中，产品设计工程师必须考虑人的生理和心理特性，使得操作人员更容易、更方便、更有效率地进行操作，提高装配的效率，同时提高装配过程中的安全性、降低操作人员的疲劳度和压力、增加操作人员的舒适度。

对于面向装配的人机工程学，产品设计时必须考虑到以下各个方面。

1. 避免视线受阻的装配

在产品的每一个装配工序中，操作人员应当可以通过视觉对整个装配工序过程进行掌控，需要避免发生操作人员视线被阻挡的情况，或者操作人员不得不弯下腰、偏着头或者仰着脖子等非正常方式才能看清楚零件的装配过程，甚至通过触觉来感受装配过程、通过反复的移动调整才能对齐到正确的位置，这样的装配效率非常低，而且容易出现装配质量问题。

如图 2-65 所示，原始的设计中视线被阻挡，很难进行固定螺钉的装配；改进的设计中操作人员能够对整个操作过程进行掌控，螺钉的装配非常顺利。当然，原始的设计还有一个装配问题，就是上节所述的"为辅助工具提供空间"。

如之前所述，为了帮助零件能够自动对齐到正确位置，在零件上增加导向特征，导向特征必须设置在操作人员容易看见的位置。如图 2-66 所示，零件 A 具有两个导向柱，零件 B 具有两个相应的导向孔。在原始的设计中，零件 A 放在零件 B 上面进行装配，在把导向柱和导向孔对齐时，操作人员的视线很容易被零件 A 本身所阻挡；在改进的设计中，零件 A 放在零件 B 的下面，操作人员对零件的对齐过程一目了然，两个零件很容易装配。

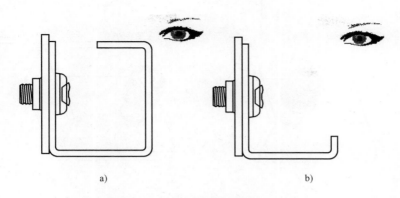

图 2-65　避免视线受阻的装配（一）

a）原始的设计　b）改进的设计

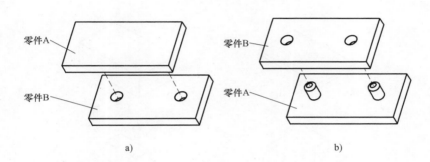

图 2-66　避免视线受阻的装配（二）

a）原始的设计　b）改进的设计

一般来说，较小的零件是放在较大的零件上进行装配的。如果把较大的零件放在较小的零件之上进行装配，较小零件的视线就完全被较大零件阻挡，操作人员不得不通过多次的调整才能对齐，装配效率很低。

2. 避免装配操作受阻的装配

在进行装配操作时，操作人员会有诸如抓取零件、移动零件、放置零件、固定零件等动作。产品设计应当为这些动作提供足够的操作空间，避免受到阻碍，从而造成装配错误其至造成装配无法进行。

例如，为了产品拆卸和装配的方便，手拧螺钉应用于经常需要拆卸的产品中，但是手拧螺钉的周围需要保证足够的空间，否则操作人员（或者用户）在拆装产品时，手很容易被周围的零件阻碍，造成手拧螺钉无法正常拧紧或拧松，同时可能造成操作人员的手受到伤害。一般来说，手拧螺钉的圆心周围至少保证有 25mm 的空间，以保证手拧螺钉的正常拧紧或拧松，如图 2-67 所示。

在开阔的空间装配，操作人员的装配操作不容易受阻，装配效率高，装配时不容易出现质量问题，如图 2-68 所示。

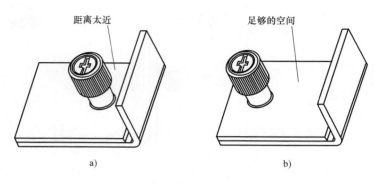

图 2-67 避免装配操作受阻的装配

a）原始的设计 b）改进的设计

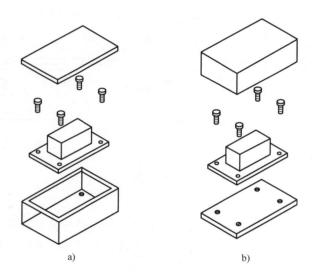

图 2-68 在开阔的空间装配

a）原始的设计 b）改进的设计

3. 避免操作人员（或消费者）**受到伤害**

在产品装配过程中必须保障操作人员（或消费者）的安全，不正确的产品设计很可能给操作人员（或消费者）的人身造成伤害。例如，钣金机箱中如果有锋利的边、角，就很容易刮伤操作人员（或消费者）的手指，造成伤害。因此，对于机箱中操作人员（或消费者）容易接触的边、角，在产品设计时必须增加压飞边工序，以保障操作人员（或消费者）的安全。

4. 减少工具的使用种类，避免使用特殊的工具

装配线上工具的种类过多会增加装配的复杂度，同时会造成操作人员使用错误

的工具，引起产品装配错误。例如，一个产品中设计 M3、M4 和 M5 等不同种类的螺钉，这就要求产品装配线上使用不同种类的螺钉旋具，这往往不利于提高装配效率和装配质量。

特殊的工具会增加装配线的复杂度，同时操作人员熟悉特殊的工具也需要一定的时间。例如，产品设计中，除非客户指明要求，否则不必使用 Torx 螺钉，使用普通的 Philips 十字螺钉即可，因为 Torx 螺钉需要专用的螺钉旋具。

5. 设计特征辅助产品的装配

操作人员的推、拉、举、按等施力动作都有一定的极限，当产品的装配所需操作人员的施力超出极限或者容易造成操作人员疲劳时，应当通过产品设计减少产品装配过程中所需的施力，辅助产品的装配。

内存是电脑中必不可少的一个重要零件。因为内存形状的关系，在拆卸时操作人员或消费者只能通过手指抓住内存来施力，这很容易造成手指的酸痛，甚至无法拔出内存。为解决这个问题，在内存连接器的两侧增加两个可以旋转的把手，通过往下按动把手，把力转化为向上的拔出力，从而很简单顺利地把内存拔出，完成拆卸动作，如图 2-69 所示。利用把手的结构，内存的装配也相当简单，只需把内存往下施力即可固定。

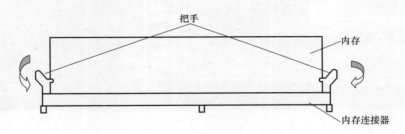

图 2-69　利用把手辅助产品的装配

2.2.18　线缆的布局

1. 减少线缆的种类和数量

线缆用于产品中传输电力或信号，将产品中各种零部件连接在一起，是大多数产品中不可或缺的一部分。在产品设计时，需要考虑尽量减少线缆的种类和数量，因为过多的线缆种类和数量会带来以下问题：

➢ 增加成本。线缆的成本比较高，特别是一些传输信息的线缆。

➢ 带来电磁辐射和散热问题。

➢ 增加装配的复杂度，使得产品装配效率低，容易出现质量问题。

➢ 增加产品维修难度。

工程师可以通过产品内部结构优化，使用板对板连接、合并印制电路板等方法来减少线缆的种类和数量，如图 2-70 所示。

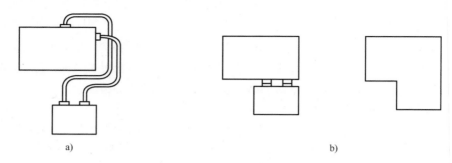

图 2-70 减少线缆的种类和数量
a）原始的设计 b）改进的设计

如图 2-71 所示，在原始的设计中，两个印制电路板通过一个线缆连接。通过优化，将两个电路板合并为一个电路板，避免了线缆的使用。

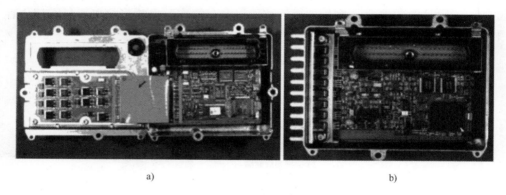

图 2-71 合并印制电路板减少线缆
a）原始的设计 b）改进的设计

2. 合理的线缆布局

现代化的产品倾向于在有限的空间内集成更多的功能，于是产品的内部空间变得异常拥挤，而产品中的线缆经常需要从产品的一端布置到产品的另一端，非常耗费时间和精力，同时线缆的存在容易干扰风流，影响产品内部散热效果，而且线缆也容易带来电磁辐射的问题。

如图 2-72 所示，一个普通的台式机机箱内部包含了电源线、光驱线、硬盘数据线、主板数据线、前置 USB 接口线等，非常复杂。如果在产品设计之初不对线缆的走向和布局进行规划，那么机箱内部肯定乱成一团，更不用谈计算机的散热效果及其带来的电磁辐射问题。

因此，在产品的设计阶段，产品设计工程师需要规划线缆的走向和布局，同时

图 2-72　台式机机箱内部线缆布局

通过简化产品结构，减少线缆的种类、数量和长度，优化线缆的走向和布局，从而可以大幅提高产品装配效率、避免线缆引起的机箱散热或电磁辐射问题。

如图 2-73 所示，通过合理布局电路板中连接器的位置，可以优化线缆的布局，减少线缆的长度。

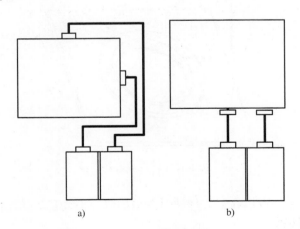

图 2-73　合理的线缆布局
a）原始的设计　b）改进的设计

在线缆的走线方向上，可通过线夹、束线带（见图 2-74），或者零部件上的特征来辅助控制线缆的走线。

另外，工程师应当在产品三维图中完整绘制出线缆及其走向。

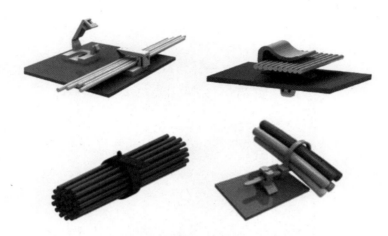

图 2-74　使用线夹或束线带控制线缆走向

3. 对线缆进行保护

在线缆走向周围需要防止零件锋利的边、角刮伤线缆。线缆被刮伤容易造成短路，进而损坏产品中的电子元器件。例如电脑机箱一般由钣金件组成，在线缆的走向上钣金件需要压飞边或反折压平或加上塑胶护线套，以保证线缆不被刮伤。

如图 2-75 所示，在钣金件上线缆通过处反折压平对线缆进行保护。

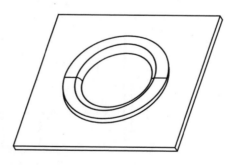

图 2-75　钣金件反折压平对线缆进行保护

如图 2-76 所示，可以在钣金件缺口上添加线缆护线套对线缆进行保护。

4. 对线缆的防错

线缆的防错需要考虑以下两方面的内容：

➢ 单个线缆的连接器需要防错，使得线缆只有一个正确的插入方向，避免线缆插反。

➢ 各种线缆的连接器接口设计应当不同，以防止线缆插错。

具体的线缆防错设计参见 2.2.16 节。

图 2-76　线缆护线套

5. 为线缆的装配提供足够的空间

线缆往往是产品最后组装的零部件，在这个时候，产品的其他内部零件已经组装好，很容易造成线缆的组装空间有限，造成线缆无法装配。

第3章　塑胶件设计指南

3.1　概述

3.1.1　塑胶的概念

塑胶的定义（美国塑料工业协会）：塑胶主要由碳、氧、氢和氮及其他有机或无机元素所构成，成品为固体，在制造过程中是熔融状的液体，因此可以藉加热使其熔化、加压力使其流动、冷却使其固化，而形成各种形状，此庞大而变化多端的材料族群称为塑胶。

塑胶零件（简称塑胶件，下同）广泛应用于现代生活中的每一个领域，如家用电器、仪器仪表、电线电缆、建筑器材、通信电子、汽车工业、航天航空、日用五金等。

近年来，随着塑胶工业的飞速发展和塑胶性能的不断提高，塑胶件得到了更为广泛的应用，塑胶件正在不同的领域替代传统的金属零件，一个设计合理的塑胶件往往能够替代多个传统金属零件，从而达到简化产品结构、节约制造成本的目的。

3.1.2　塑胶的优缺点

理解塑胶的优缺点对正确使用塑胶具有非常大的帮助。

1. 塑胶的优点

（1）可制造几何形状复杂的零件　塑胶件允许较大的设计自由度，能够设计成复杂的几何形状。利用塑胶的这一特点，使得塑胶件可以合并周围的金属或其他零件，减少零件数量，简化产品结构，使得产品制造和装配工艺变得简单，降低产品成本。

（2）易于加工、易于制造　即使塑胶件的几何形状相当复杂，但只要能从模具中脱模，都比较容易制造，因此其效率远胜于金属机械加工等制造工艺。特别是通过注射成型加工的塑胶件，仅仅经过一道工序，即可制造出很复杂的成品。

（3）可根据需要随意着色　利用塑胶可任意着色的特性，可制造出五光十色、透明美丽的零件，可提高其商品价值，并给人一种明快的感觉。例如，iPhone 5C的塑胶外壳就包括白色、粉色、黄色、蓝色、绿色五种颜色。

（4）可制造轻质高强度的产品　与金属、陶瓷零件相比，塑胶质量轻、比重低（塑胶密度 $0.9 \sim 2 g/cm^3$，铝 $2.7 g/cm^3$，铁 $7.9 g/cm^3$），故可制造轻质高强度零件，特别是填充玻璃纤维或碳纤维后，更可提高其强度。

（5）不易腐蚀、不生锈　相对于金属，塑胶一般耐各种化学药品的腐蚀，而且不容易生锈。

（6）不易传热、保温性能好　由于塑胶比热容大，热导率小，不易传热，故其保温及隔热效果良好。

（7）优良的绝缘性　塑胶具有优良的绝缘性。但如果在塑胶中填充金属粉末或碎屑加以成型，也可制成导电良好的产品。

（8）减振、消音性能优良，透光性好　塑胶具有优良的减振、消音性能；有些塑胶（例如 PMMA、PS、PC 等）可制作透明的塑胶件（例如镜片、标牌、罩板等）。

（9）产品制造成本低　塑胶原料本身虽然不那么便宜，但其加工效率高，同时可以通过合并四周零件，简化产品；另外塑料易于加工，设备费用比较低廉，所以能降低产品成本。

2. 塑胶的缺点

（1）耐热性差、易于燃烧　这是塑胶最大的缺点。与金属和玻璃零件相比，其耐热性较差，温度较高时就会变形，而且易于燃烧，燃烧时多数塑胶能产生大量的热、烟和有毒气体；即使是热固性塑胶，超过 200℃ 时也会冒烟，并产生剥落。

（2）高低温条件下易失效　在高温和低温条件下，塑胶件在机械应力或化学攻击下非常容易变得脆弱而发生失效。

（3）机械强度较低　常见的塑胶件其机械强度远低于同体积的金属件，特别是薄壁型塑胶件，这种差别尤为明显。

（4）长期受力下易变形　塑胶在常温下和低于其屈服强度的应力下长期受力，会出现永久形变。

（5）易受某些溶剂及药品的腐蚀　一般来说，塑胶不容易受化学药品的腐蚀，但有些塑胶这方面的性质特别差。例如 PC、PBT 在潮湿的环境中容易发生水解使得力学性能降低，在受力的情况下因为破裂而失效。

（6）耐久性差、易老化　塑胶无论是强度、表面光泽或透明度，都不耐久，在载荷长期作用下有蠕变现象。另外，大多的塑胶均怕紫外线照射，在光、氧、热、水及大气环境作用下易老化。

（7）易受损伤、也容易沾染灰尘及污物　塑胶件的表面硬度都比较低，容易受损伤；另外，由于是绝缘体，易带静电，因此容易沾染灰尘。

（8）尺寸稳定性差　与金属相比，塑胶收缩率很高，故难于保证尺寸精度。在使用期间受潮、吸湿或温度发生变化时，尺寸易随时间发生变化。

3. 塑胶件替代金属件

与金属件相比，塑胶件具有以下优势：

➤ 更多的设计自由度。塑胶件几何形状可以设计得很复杂。

➤ 有机会与周围的零件合并，简化产品结构。

➤ 更少的装配工序。

➢ 避免或减少二次加工，例如昂贵的机械加工。

➢ 重量轻。

➢ 降低产品成本。

➢ 适用于多数的化学和腐蚀性环境。

➢ 着色容易，避免零件的二次着色。

➢ 不导电性，优良的绝缘体。

➢ 低的热传导性。

正因为塑胶件比金属件有如此多的优势，在电子电气、汽车、建筑、机械设备、新能源、交通等多个行业，使用塑胶件代替金属件已成为国际流行趋势。而随着塑胶行业的发展，现有塑胶材料的性能不断改进和提高，同时新型高性能的塑胶材料正不断被研发出来，使得塑胶的使用在以往不可能使用塑胶的某些领域正在变成可能。在很多企业内部，使用塑胶件代替金属件被列为降低产品成本的关键策略。

（1）汽车行业　随着社会及科技的发展，消费者对汽车提出了更高的要求，如轻型、节能、美观、安全、环保等。而塑胶件由于具有优良的性能、低廉的价格、简单的加工工艺，在和金属材料的竞争中，取得越来越明显的优势。

在汽车中，小到踏板、门手柄、入口集管，大到车身板材，甚至发动机等都可以用塑胶替代各种昂贵的有色金属和合金材料，不仅可以提高汽车造型的美观与设计的灵活性，降低零部件加工、装配与维修的费用，同时还可以降低汽车的能耗。

美国通用公司做过一个测试，在一个汽车零部件的制造过程中，原本需要38个金属零件，成本高达75美元，而如果采用了塑胶件，把所有零部件整合成2个零件，成本仅需30美元，缩短了85%的装配时间，并且具有高达99%的合格率。这得益于工程塑胶的生产工艺可以整合零件、二次加工成本低、设计周期短、质量好、生产率高。塑胶件代替金属件是用户需求、节能减排、市场竞争的需要。

（2）光伏产业　在光伏产业中，由于汇流箱用于户外等恶劣环境下，对箱体抗腐蚀性、使用寿命、抗冲击、耐候性，以及对箱体内元器件的防护等级等做出了苛刻的要求。相比金属箱体，塑胶箱体的抗腐蚀性是金属的2倍，使用寿命是金属的2~3倍，耐候性能也超过金属箱体，防护等级比金属箱体提高22%，可达IP67。目前，塑料汇流箱在欧美发达国家光伏产业中的使用比例已达53%。

（3）医疗器材　在价格高昂的医疗仪器和多用途的手术设备中，塑胶件正不断替代不锈钢和其他金属，塑胶件的设计灵活性和加工方便性使得医疗企业能够更快地把新产品推向市场。

3.1.3　注射成型

塑胶件的加工方法有很多，包括注射成型、挤出成型、压延成型、吹塑成型、吸塑成型和压缩成型等。

注射成型（Injection Molding）是最常用的塑胶件制造方法。用注射成型方法加工的塑胶件，不仅可以形成复杂的结构，而且零件精度高、质量好，生产效率也高。

塑胶注射成型是将熔融塑胶材料挤压进入模穴，制作出所设计形状的塑胶件的一个循环制程。塑胶注射成型是一种适合高速、大批量生产、精密组件的加工制造方法，它将粒状塑胶料在料筒内融化、混合、移动，再于模穴内流动、充填、凝固，其动作可以区分为塑胶粒之塑化、充填、保压、冷却、顶出等阶段的循环制程。

一个典型的注射成型机如图 3-1 所示，主要包括模具系统、射出系统、油压系统、控制系统和锁模系统 5 个单元。

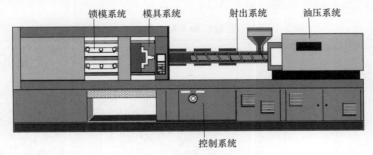

图 3-1　注射成型机

3.2　塑胶材料的选择

3.2.1　塑胶材料的分类

塑胶材料可分为两大类，分别是热固性塑料和热塑性塑料。

1. 热固性塑料

热固性塑料其分子结构呈线形或支链形结构，在第一次加热时可以软化流动，加热到一定温度，产生化学反应交联固化而变硬，但这种变化不可逆，再次加热时，已不能再变软流动。正是借助这种特性进行成型加工，利用第一次加热时的塑化流动，在压力下充满型腔，进而固化成为确定形状和尺寸的零件。

2. 热塑性塑料

热塑性塑料是一类应用最广的塑料，以热塑性树脂为主要成分，并添加各种助剂而配置成塑料。其分子结构呈线形或支链形结构，在一定的温度条件下，塑料能软化和熔融成任意形状，冷却固化后形状不变。这种状态可多次反复而始终具有可塑性，这种反复只是一种物理变化。

本书讨论的是热塑性塑料。

热塑性塑料可进一步进行分类，其分类方法主要有两种，一种是按照塑胶材料的分子结构分类；一种是按照塑胶材料的应用领域分类。

（1）热塑性塑料按照塑胶材料的分子结构进行分类

1）无定形塑料：无定形塑料是指分子相互排列不呈晶体结构而呈无序状态的塑料。无论在熔融状态还是在固态，无定形塑料的分子排列均呈无序状态。在熔融状态下，当温度降低时，无定形塑料开始呈现橡胶态，随着温度继续降低至玻璃化转变温度之下，呈现玻璃态。

2）半结晶塑料：半结晶塑料是指在固态下，部分分子相互排列呈规则晶体结构的塑料，这部分晶体结构相对密度较高、更紧密。结晶形成于塑料从熔融状态凝结成固态过程中，结晶度则取决于塑料的分子结构和成型条件。无定形塑料和半结晶塑料有着截然不同的性能，见表3-1。

表3-1　无定形塑料和半结晶塑料的性能特点

材料特性 ＼ 塑料分类	无定形塑料	半结晶塑料
分子结构		
常见塑料	PC、PPO、ABS、PMMA、PVC、PEI 等	POM、PET、PBT、PA、PPS、PEEK 等
比重	较低	较高
拉伸强度	较低	较高
拉伸模量	较低	较高
延展性	较高	较低
抗冲击性	较高	较低
最高使用温度	较低	较高
收缩率和翘曲	较低	较高
流动性	较低	较高
耐化学性	较低	较高
耐磨性	较低	较高
抗蠕变性	较低	较高
硬度	较低	较高
透明性	较高	较低
加玻璃纤维补强效果	较低	较高

（2）热塑性塑料按照塑胶的应用领域进行分类

1）通用塑料：通用塑料指综合力学性能较低、不能作为结构件，但成型性好、价格便宜、用途广、产量大的塑料，包括 PE、PP、EEA、PVC，广泛应用于薄膜、管材、鞋材、盆子、桶、包装材料等。

2）普通工程塑料：普通工程塑料指综合力学性能中等、在工程方面用于非承载方面用途的材料，如 PS、HIPS、ABS、AAS、ACS、MBS、AS、PMMA 等，广泛应用于各种产品的外壳和壳体类。

3）结构工程塑料：结构工程塑料指综合力学性能较高、在工程方面用作产品结构件、可以承受较高载荷的材料，如 PA、PPO、POM、PC、PBT、PET 等，广泛应用于各种产品的外壳和壳体类。

4）耐高温工程塑料：耐高温工程塑料是指在高温条件下仍能保持较高力学性能的塑料，耐高温和高刚度，如 PI、PPS、PSF、PAS、PAR 等，广泛应用于汽车发动机部件、油泵和气泵盖、电子电器仪表用高温插座等。

5）塑料合金：塑料合金是指利用物理共混或化学接枝的方法而获得的高性能、功能化、专用化的一类新材料，如 PC/ABS、PC/PBT、PC/PMMA 等。广泛用于汽车、电子、精密仪器、办公设备、包装材料、建筑材料等领域，能改善或提高现有塑料的性能并降低成本，塑料合金已经成为塑料工业中最活跃的品种之一。

6）热塑性弹性体：热塑性弹性体（Thermoplastic Elastomer，TPE）是物理性能介于橡胶和塑料之间的一类高分子材料，它既具有橡胶的弹性，又具有塑料的易加工性。TPE 的应用领域涉及汽车、电子、电气、建筑、工程及日常生活用品等多方面，其使用的最终形态包括各种护套、管材、电线电缆、垫片、零配件、鞋件、密封条、输送带、涂料、油漆、粘合剂、热熔胶、纤维等。

7）改性塑料：改性塑料是指在塑胶原料中添加各种添加剂、填充料和增强剂（如玻璃纤维、导电纤维、阻燃剂、抗冲击剂、流动剂、光稳定剂等），使塑料具有高阻燃性、高机械强度、高冲击性、耐高温性、高耐磨性、导电性等性能，从而扩大塑料的使用范围。

玻璃纤维增强塑料（Fiberglass Reinforced Plastics，简称玻璃钢）就是一种典型的改性塑料，玻璃钢是在原有塑料（如 PC、PP、PA、PET、PBT）的基础上，加入玻璃纤维，复合而成的一种具有高强度、高性能的工程结构塑料。玻璃钢材料质轻、不生锈、结构整体成型成本低、自由设计度大，广泛应用于汽车、机械、电器、轮船、航空航天等领域，是替代传统金属材料的最好选择。

3.2.2 常用塑胶材料的性能

塑胶材料种类非常多，本节整理了常用的塑胶材料及其特性，以供产品设计工程师设计时参考选用，见表 3-2。

表 3-2 常用塑胶材料的性能及应用

塑胶材料	中文名	优点	缺点	典型应用
PVC	聚氯乙烯	具有不易燃性、耐气候变化性以及优良的几何稳定性，对氧化剂、还原剂和强酸都有很强的抵抗力	能够被浓氧化酸，如浓硫酸、浓硝酸所腐蚀，流动特性相当差，其工艺范围很窄	供水管道、家用管道、房屋墙板、商用机器壳体、电子产品包装、医疗器械、食品包装等
PS	聚苯乙烯	具有非常好的几何稳定性、热稳定性、光学透过特性、电绝缘特性以及很微小的吸湿倾向	能够被强氧化酸，如浓硫酸所腐蚀，并且能够在一些有机溶剂中膨胀变形	产品包装、家庭用品（如餐具、托盘）、透明容器、光源散射器、绝缘薄膜等
ABS	丙烯腈-丁二烯-苯乙烯共聚物	力学性能适中，易于印刷以及电镀等表面处理，流动性好，尺寸稳定性高，良好的壳体材料	易受溶剂影响而应力开裂，耐气候性差，不能承受较大载荷	汽车内饰件、电器外壳、手机、电话机壳体、旋钮、键盘等
PMMA	聚甲基丙烯酸甲酯（俗称有机玻璃或亚克力）	优良的光学特性及耐气候变化特性，能耐室外老化，暴晒而不影响它的透明度	表面硬度低，不耐划伤	汽车玻璃、信号灯设备、仪表盘、储血容器、影碟、灯光散射器、日用消费品（如饮料杯、文具等）
POM	聚甲醛（俗称赛钢）	表面硬度大、刚性好、耐磨性好、摩擦性能非常优异、耐疲劳强度高	不耐高温、热稳定性差、耐酸性差	齿轮、弹簧、轴承、轴套、连杆、叶轮、叶片等
PC	聚碳酸酯	具有高抗冲击强度、热稳定性、高光泽度、阻燃特性以及抗污染性、高尺寸稳定性	疲劳强度低、易应力开裂、耐磨性差、流动性较差、材料注射过程较困难	计算机组件、连接器、电器外壳、电器内部元件、镜片、车辆的前后灯、仪表板等。
PA	聚酰胺（俗称尼龙）	很好的机械强度和刚度，优异的耐磨性和自润滑性	尺寸精度差，热膨胀和吸水性对尺寸影响很大，耐酸性差，耐光性差，耐污染性差	机械凸轮、滑动机构以及轴承，汽车工业、仪器壳体以及其他需要有抗冲击性和高强度要求的产品
PBT	聚对苯二甲酸丁二醇酯	最坚韧工程热塑材料之一，有非常好的化学稳定性、机械强度、电绝缘特性	结晶收缩率大，尺寸稳定性差，易翘曲、对缺口敏感	齿轮、轴承、耐药品的工具外盖，要求耐冲击的防护面罩、水泵外盖

（续）

塑胶材料	中 文 名	优　点	缺　点	典 型 应 用
PPO	聚苯醚	耐高温、高刚度、抗蠕变性能高、介电性能优良	不耐气候，易因受紫外线的照射而变色，流动性差，难加工	适于制作耐热件、绝缘件、减摩耐磨件、传动件、医疗器械零件和电子设备零件
PC/ABS	聚碳酸酯和丙烯腈-丁二烯-苯乙烯共聚物和混合物	具有 PC 和 ABS 两者的优点，例如 ABS 的易加工特性和 PC 的优良机械特性和热稳定性		计算机和商用机器的壳体、电器设备、草坪和园艺机器、汽车零件（仪表板、内部装修以及车轮盖）
PC/PBT	聚碳酸酯和聚对苯二甲酸丁二醇酯的混合物	较高的表面硬度，较高的刚度和韧性，有较高的抗高温变形能力，也有较高的抗应力开裂能力		齿轮箱、汽车保险杠以及要求具有抗化学反应和耐腐蚀性、热稳定性、抗冲击性及几何稳定性的产品

3.2.3　塑胶材料的选择原则

塑胶材料在产品中的成功应用离不开以下 4 大方面：

1）塑胶材料的选择。

2）塑胶件的设计。

3）塑胶模具的设计。

4）注射成型工艺的管控。

其中塑胶材料的选择和塑胶件的设计是属于产品设计工程师的职责，本章将做详细的阐述。塑胶模具的设计和注射成型工艺的管控属于模具工程师和注射成型操作人员的职责，产品设计工程师不必精通注射模具和注射工艺的每一个细节，但至少需要了解和熟悉，特别是与塑胶件质量、成本等相关的知识。

非常重要的一点是，这 4 大方面并不是孤立存在的，而是需要有机的结合成一个整体，产品设计工程师、模具工程师、注射模具工艺人员以及塑胶原料供应商技术工程师组成一个团队，进行充分有效地沟通与合作，才能确保塑胶材料在产品中的成功应用。其中，塑胶材料供应商技术工程师的作用常常被忽略，他们是塑胶材料的专家，对塑胶材料本身的性能、应用和优缺点等非常了解，他们能对塑胶材料选择和塑胶件设计提出有用的建议。因此，在产品开发时，越早让塑胶原料供应商技术工程师介入越好。

塑胶材料众多，性能各异，合适塑胶材料的选择变得非常困难。一般来说，塑胶材料的选择通常是沿用以往产品所用过的材料（不求有功，但求无过），或者由塑胶材料供应商、模具制造商推荐，但这样的选择往往不是最优选择。塑胶材料的选取不仅仅要求产品设计工程师全面了解塑胶材料的性能参数，而且还需要考虑产品的载荷状况、应用环境、功能、外观、装配和成本等因素。

塑胶材料的选取必须在产品设计初期就确定下来，因为塑胶材料的性能差异可能会造成塑胶件的设计完全不同，这包括壁厚大小、加强筋厚度、螺钉配合孔大小以及装配工艺选择等的不同；另外，塑胶材料收缩率的不同也使得同一套注射模具加工不同塑料其尺寸存在差异，一旦注射模具开始加工，更换塑胶材料的可能性就变得非常小。

1. 塑胶件载荷状况

选取塑胶材料时，产品设计工程师应当仔细分析零件在实际应用场合承受载荷的情况，包括载荷的大小、类型和时间，然后对比塑胶材料的物理特性，选取合适的材料。五种典型的载荷条件及工程师应考虑的塑胶材料特性见表 3-3。

表 3-3　典型的载荷条件及应考虑的塑胶材料特性

载 荷 条 件	应考虑的塑胶材料特性
短期载荷	应力-应变行为
长期载荷	蠕变
反复性载荷	疲劳强度
高速和冲击性载荷	抗冲击强度
极端温度下的载荷	热应力-应变行为

2. 产品使用环境

产品使用环境包括环境温度和接触介质。塑胶材料只能在一定的温度范围内保持性能，低于或者超过该温度范围，塑胶件在机械应力或化学攻击下就非常容易变得脆弱而发生失效，而且不同塑胶材料工作温度范围也不一样。

如图 3-2 所示，相对于 23℃ 的环境温度，在 80℃ 环境温度下某品牌 POM 的拉伸强度大幅下降。因此必须明确产品使用环境的温度，包括最高和最低的工作温度，以及长期的工作温度等。在考虑温度时，还需要考虑产品在装配、后处理、运输时的环境温度。

塑胶材料的选取也要考虑产品在制造和使用环境中可能接触的各种化学介质，例如脱模剂、冲压油、脱脂

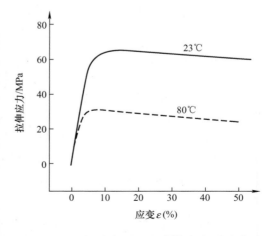

图 3-2　POM 在不同温度下的拉伸应力-应变曲线

剂、润滑油、清洗剂、印刷染料、粘合剂等，另外还需考虑水、雨水、紫外线、砂对塑胶材料的影响。合理的选择塑胶材料，确保与环境兼容。

3. 价格

在产品设计中，成本永远都是非常重要的一个因素，塑胶材料的选取需要考虑到材料的价格，在满足产品应用要求的条件下，尽量选取价格比较便宜的塑胶材料。图 3-3 所示为常见塑胶材料的价格对比。需要注意的是，由于塑胶材料的密度不同，在对比塑胶件成本时不仅仅是对比原材料价格，还需要对比密度。

4. 装配要求

塑胶材料的选取需要考虑到零件是通过什么方式装配到产品之中的，根据产品的装配要求选用合适的材料。有的塑胶材料适合于胶粘连接，有的适合超声波焊接，而卡扣的连接则要求塑胶材料具有足够的强度、弹性和尺寸稳定性。例如，某产品上下盖要求用超声波焊接装配，上盖的

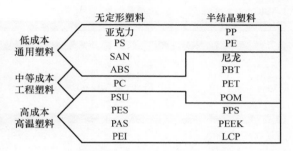

图 3-3 常见塑胶材料的价格对比

塑胶材料已经选定为 ABS，那么下盖的塑胶材料应当与 ABS 具有较好的超声波焊接熔合性能，可以为 ABS 或 PMMA 等。

5. 尺寸稳定性

在选择塑胶材料时，应根据零件和产品的尺寸稳定性要求来选取合适的塑胶材料。无定形塑料的尺寸稳定性好，如 PC；半结晶塑料由于收缩率大、易翘曲等原因会造成尺寸稳定性差，如 PA66。

6. 外观

零件是否有透明度的要求、是否需要咬花、是否需要电镀、表面粗糙度是否有要求等，这些外观要求都会影响到塑胶材料的选择。

7. 安全规范

塑胶材料选择时考虑产品是否需要满足某种安全规范或某种认证的要求，比如 3C 认证、FDA、USDA、UL 等；同时也要考虑产品是否需要满足 UL94 阻燃等级的要求，阻燃等级分为 5VA、5VB、V-0、V-1、V-2、HB。不同的塑胶材料具有不同的阻燃等级，甚至同一种塑胶材料因为材料等级不同，其阻燃等级也不同。

3.3 塑胶的性能参数

理解塑胶性能参数对塑胶材料的选择、塑胶件的设计以及塑胶件的使用至关重要。塑胶性能参数包括物理性能参数、力学性能参数、热性能参数、环境性能参

数、电性能参数、阻燃性能参数等。

塑料性能参数的获得主要有两个途径，其一是通过互联网上的免费数据库，例如 https：//www.ulprospector.com、http：//www.matweb.com、http：//www.campusplas-tics.com，通过这些网站可获得大多数塑料的基本物性表，如图 3-4 所示。利用物性表，可进行塑胶材料性能对比，进而对塑胶材料进行选择。

LEXAN* 141 Resin
聚碳酸酯
SABIC Innovative Plastics Asia Pacific

IDES | Prospector

产品说明		
Nonhalogenated. 10.5 MFR.		
总体		
材料状态	• 已商用：当前有效	
供货地区	• 亚太地区	
性能特点	• 无卤	
汽车要求	• FORD WSK-M4D761-A	
加工方法	• 注射成型	

物理性能	额定值 单位制	测试方法
比重		ASTM D792
--	1.20 g/cm³	
--	1.19 g/cm³	
特定体积	0.835 cm³/g	ASTM D792
熔流率 (300°C/1.2 kg)	11 g/10 min	ASTM D1238
收缩率 - 流动 (3.20 mm)	0.50 到 0.70 %	Internal Method
吸水率		ASTM D570
24 hr	0.15 %	
平衡, 23°C	0.35 %	
平衡, 100°C	0.58 %	
机械性能	**额定值 单位制**	**测试方法**
抗张强度 [2]		ASTM D638
屈服	62.1 MPa	
断裂	68.9 MPa	
伸长率 [2]		ASTM D638
屈服	7.0 %	
断裂	130 %	
弯曲模量 [3] (50.0 mm 跨距)	2340 MPa	ASTM D790
弯曲强度 [3] (屈服, 50.0 mm 跨距)	96.5 MPa	ASTM D790
抗泰伯磨耗 (1000 Cycles, 1000 g, CS-17 转轮)	10.0 mg	ASTM D1044
冲击性能	**额定值 单位制**	**测试方法**
悬壁梁缺口冲击强度 (23°C)	800 J/m	ASTM D256
无缺口悬臂梁冲击 (23°C)	3200 J/m	ASTM D4812
装有测量仪表的落锤冲击 (23°C, Energy at Peak Load)	63.8 J	ASTM D3763
落锤冲击 (23°C)	169 J	ASTM D3029
拉伸冲击强度 [4]	578 kJ/m²	ASTM D1822
硬度	**额定值 单位制**	**测试方法**
洛氏硬度		ASTM D785
M 计秤	70	
R 计秤	118	
热性能	**额定值 单位制**	**测试方法**
热变形温度		ASTM D648
0.45 MPa, 未退火, 6.40 mm	138 °C	
1.8 MPa, 未退火, 6.40 mm	132 °C	
维卡软化温度	154 °C	ASTM D1525 [5]
线形膨胀系数 - 流动 (-40 到 95°C)	0.000068 cm/cm/°C	ASTM E831
比热	1260 J/kg/°C	ASTM C351
导热系数	0.27 W/m/K	ASTM C177
电气性能	**额定值 单位制**	**测试方法**
体积电阻率	> 1.0E+17 ohm-cm	ASTM D257
介电强度 (3.20 mm, in Air)	15 kV/mm	ASTM D149

图 3-4　塑胶物性表

LEXAN* 141 Resin
聚碳酸酯
SABIC Innovative Plastics Asia Pacific

2012年4月5日

电气性能	额定值 单位制	测试方法
介电常数		ASTM D150
50 Hz	3.17	
60 Hz	3.17	
1 MHz	2.96	
耗散因数		ASTM D150
50 Hz	0.00090	
60 Hz	0.00090	
1 MHz	0.010	

可燃性	额定值 单位制	测试方法
UL 阻燃等级 (0.711 mm)	HB	UL 94
Radiant Panel Listing (UL)	YES	

UL746	额定值 单位制	测试方法
RTI Str	130 °C	UL 746
RTI Imp	130 °C	UL 746
RTI Elec	130 °C	UL 746
相比耐漏痕电起痕指数(CTI) (PLC)	PLC 2	UL 746
高电压电弧起痕速率 (HVTR) (PLC)	PLC 2	UL 746
热丝引燃 (HWI) (PLC)	PLC 2	UL 746
高电弧燃烧指数(HAI) (PLC)	PLC 1	UL 746
室外适用性	f2	UL 746C

光学性能	额定值 单位制	测试方法
折射率	1.586	ASTM D542
透射率 (2540 µm)	88.0 %	ASTM D1003
雾度 (2540 µm)	1.0 %	ASTM D1003

注射	额定值 单位制	
干燥温度	121 °C	
干燥时间	3.0 到 4.0 hr	
干燥时间，最大	48 hr	
建议的最大水分含量	0.020 %	
建议注入量	40 到 60 %	
螺筒后部温度	271 到 293 °C	
螺筒中部温度	282 到 304 °C	
螺筒前部温度	293 到 316 °C	
射嘴温度	288 到 310 °C	
加工（熔体）温度	293 到 316 °C	
模具温度	71.1 到 93.3 °C	
背压	0.345 到 0.689 MPa	
螺杆转速	40 到 70 rpm	
排气孔深度	0.025 到 0.076 mm	

备注
[1] 一般属性：这些不能被视为规格。
[2] 类型 1, 50 mm/min
[3] 1.3 mm/min
[4] Type S
[5] 标准 B (120°C/h)，压力2 (50N)

图 3-4 塑胶物性表（续）
注：图中的术语"比重"已不再使用，文中均使用了"密度"一词

其二是同塑胶原材料的供应商联系或者在其官网上搜索，获取更专业的性能文档。国际著名的塑胶原材料供应商，如 Sabic、Bayer、DSM 等均在其官网上提供有旗下塑胶原材料专业性能文档供下载，这些文档不但包括最基本的物性表，还包括非常有价值的文档，如该原料塑胶件设计指南、注射工艺指南以及具体的应用场合推荐等。

3.3.1 物理性能

1. 密度

密度是影响塑胶件材料成本的一个关键因素。塑胶件的材料成本等于塑胶件重量（包含流道、浇口等重量）与塑料单价的乘积，而塑胶件的重量等于塑料的密度与塑胶件的体积之积。塑料密度越大，在同等体积下，塑胶件越重。在选择塑胶材料时，并不应只对比塑胶材料的单价，还需要对比塑胶材料的密度。例如，从表面上看，使用 20 元/kg 的塑料代替 25 元/kg 的塑料似乎是一个正确的选择；但如果考虑到前者密度是 $1.57g/cm^3$，而后者的密度是 $1.09g/cm^3$，那么这就是一个非常错误的决定。

另外，密度在产品减重和在产品向轻型化发展的过程中扮演着非常重要的角色。在汽车工业中，塑胶替代金属的一个主要优势是重量的减轻可以带来燃油的节省，钢铁的密度是 $7g/cm^3$ 左右，铝的密度是 $2.7g/cm^3$，而塑料的密度大多介于 1 和 $2g/cm^3$ 之间。在航空航天领域，密度显得更为重要。工程师在选择材料时注重的是强度重量比。在高端市场，密度使得碳纤维塑料比玻璃纤维塑料更具有优势，即使碳纤维塑料更昂贵。例如，含有 40%（质量分数）碳纤维的加强 PC 比相同含量的玻璃纤维加强 PC 轻约 7%，但其刚度比后者大 50%，强度大 25%。

2. 熔流率

熔体流动速率（简称熔流率），也指熔融指数，是在标准化熔融指数仪中于一定的温度和压力下，塑料熔料在 10min 内通过测试机的小孔所流出的塑料的质量，单位为 g/10min。较高的熔流率表明塑料流动阻力小及黏度低。

熔流率具有以下意义：

➢ 熔流率可以用于判断同种塑料不同批次之间是否存在差异。如果不同批次之间的熔流率显著不同，则说明塑料的配方或者工艺发生了改变，意味着塑料品质不稳定。

➢ 熔流率可以用于判断塑料在注射过程中是否发生降解。如果熔流率发生了显著的变化，则说明塑料在注射过程中可能因为注射温度过高等原因而发生了降解。

➢ 熔流率可以用于判断塑料在使用环境中是否因为化学攻击等原因而发生降解。如果熔流率发生了显著的变化，则说明塑料在使用环境中可能因为化学攻击等原因而发生了降解。

➢ 熔流率的大小并不能作为判定不同塑料在模具中流动性好坏的依据。

3. 收缩率

塑胶件在模具中成型，冷却后脱模的成品必有收缩现象，即成品小于模具型腔尺寸。收缩率指模具型腔尺寸 D_m 与产品尺寸 D_p 的差值与型腔尺寸 D_m 的百分比，如图 3-5 所示。模具工程师必须准确了解该参数以正确设计模具尺寸。

塑料的收缩率可以分为沿着熔料流动方向的收缩率和与熔料流动垂直方向的收缩率，如图 3-6 所示。

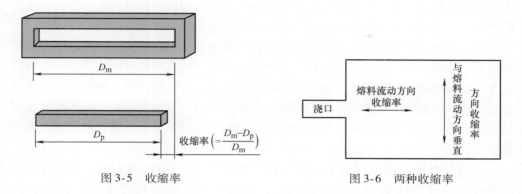

图 3-5　收缩率　　　　　　　　　　图 3-6　两种收缩率

对于给定的某种塑胶材料，收缩率还会受到塑胶件结构、零件壁厚、注射工艺、添加剂的种类以及浇口位置等的影响，例如：

➢ 孔、筋和类似的零件特征会把塑胶件限制在模具内，减小收缩率。

➢ 收缩率通常随壁厚的增加而增加。

➢ 收缩率通常随注射压力和保压压力的增加而减小。

➢ 离浇口位置越远，收缩率越大。

➢ 碳纤维和玻璃纤维填充剂有助于减小熔料流动方向上的收缩。添加碳纤维和玻璃纤维的塑胶件，其熔料流动方向上的收缩率要比流动垂直方向上的收缩率小两至三倍。

收缩率对产品设计的意义：

➢ 不同塑胶材料收缩率不同，半结晶塑料的收缩率通常大于无定形塑料，无定形塑料在熔料流动方向和垂直方向的收缩率较一致。收缩率大的塑料其尺寸稳定性较差，同时产品易变形翘曲。在选择材料时，如果产品功能结构对塑胶件有严格的公差要求，那么收缩率小的无定形塑料是一个更好的选择。

➢ 在产品设计时，对于收缩率大的塑胶件，应当考虑到其产品尺寸不稳定这一缺点，通过优化的产品设计来提高尺寸稳定性，减小变形翘曲。例如，某款 PBT 的收缩率较高，为 1.2% ~ 2.2%，在产品设计时就可以通过添加孔、筋或者类似特征，模具反补偿，或者注射加工时增加注射压力和保压压力等方法来提高产品尺寸稳定性，减小变形翘曲。

➢ 各种塑胶材料收缩率不同，对于相同尺寸的零件，其对应的模具型腔尺寸也就不同，这就决定了在产品开模前必须确定零件的材料选择。否则，一旦模具已经加工完成，此时再更换零件材料的话，零件尺寸就会存在较大的偏差。

3.3.2 力学性能

塑料的力学性能包括拉伸性能、弯曲性能、冲击性能、蠕变性能和抗疲劳性能等。塑料力学性能对于塑料的应用非常重要，常用于塑胶材料的选取、塑胶件性能的评估，以及预判在载荷下塑胶件的变形和应力大小等。

有一点需要强调的是，塑料的力学性能数据是由试样在实验室测试时获得的，不可直接用于实际使用中的塑胶件。实验室的测试环境与塑胶件的实际使用环境存在着一定的差别，例如温度、湿度和载荷加载速度等；同时试样与塑胶件也存在着差别，包括注射加工工艺参数和由条件的不同造成的力学性能差别。这些数据仅仅可用于对比，真实的塑胶件力学性能需要通过对塑胶件在真实使用环境中进行测试和验证获得。

塑料的力学性能可分为短期力学性能和长期力学性能。短期力学性能包括拉伸性能、弯曲性能和冲击性能等，长期力学性能包括蠕变性能、抗疲劳性能等。

1. 拉伸性能

拉伸测试是在规定的试验温度、湿度和拉伸速度下沿试样的纵轴方向施加拉伸载荷，如图 3-7 所示，直至试样被拉断。记录拉伸载荷的大小和试样的变形大小，可将其转化为应力-应变曲线，如图 3-8 所示。

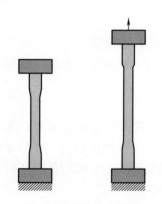

图 3-7　拉伸性能测试

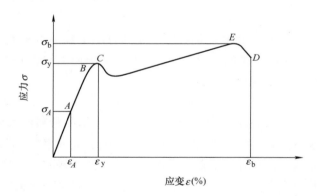

图 3-8　塑料拉伸应力-应变曲线

应力 σ 是指试样在单位初始横截面上承受的拉伸载荷。应变 ε 是指试样在应力作用下产生的尺寸变化与原始尺寸之比。应力和应变的大小见式（3-1）和式（3-2）。

$$\sigma = \frac{F}{A_0} \tag{3-1}$$

$$\varepsilon = \frac{L - L_0}{L_0} \tag{3-2}$$

式中　　F——拉伸载荷；

A_0——试样原始横截面积;

L_0——试样原始尺寸;

L——试样在应力作用下变形后的尺寸。

塑料的拉伸应力-应变曲线记录了塑料在应力-应变行为中的几个转折点:

A 点为比例极限点,从原点到 A 点的区域内,应力和应变成线性关系,曲线从 A 点开始偏离线性行为。

B 点为塑料的弹性极限点,它是塑料承受应变而仍能够恢复变形的最大限度。假如应变超过弹性极限,并且继续增加,则塑料可能发生屈服现象而无法恢复原形,或者可能发生破坏。

C 点为塑料的屈服点,延展性好的塑料在屈服点之后会继续变形,但应力不再增加。

D 点为断裂点,测试样件在此断裂。

(1) 弹性模量(Tensile Modulus) 塑料弹性模量的值为图 3-8 所示塑料拉伸应力-应变曲线中原点到 A 点的斜率,其计算见式(3-3)。弹性模量用于对比不同塑料的刚度大小和进行相关力的计算,弹性模量表征材料抵抗变形的能力,弹性模量越大,塑料越不容易变形,刚度越大。相对于金属和其他材料,由于黏弹性特点,塑料弹性模量的测试不够准确。

$$E = \frac{\Delta\sigma}{\Delta\varepsilon} = \frac{\sigma_A}{\varepsilon_A} \tag{3-3}$$

(2) 拉伸屈服强度(Tensilestrength at yield) 拉伸屈服强度 σ_y 对应塑料拉伸应力-应变曲线中屈服点 C 点的应力,这是塑料能够承受较小永久变形的最大应力。σ_y 越大,说明塑料强度较大;相反则说明塑料强度较小。

(3) 拉伸屈服伸长率(Elongation at yield) 拉伸屈服伸长率 ε_y 对应塑料拉伸应力-应变曲线中屈服点 C 点的应变,这是塑料能够承受较小永久变形的最大应变。ε_y 越大,说明塑料韧性和弹性较大;相反则说明塑料脆性大。

(4) 拉伸断裂强度(Tensile strengthat break) 拉伸断裂强度 σ_b 对应塑料拉伸应力-应变曲线中断裂点 D 点前 E 点的应力,这是塑料发生断裂前能够承受的最大应力。σ_b 越大,说明塑料强度较大;相反则说明塑料强度较小。

(5) 拉伸断裂伸长率(Elongation at break) 拉伸断裂伸长率 ε_b 对应塑料拉伸应力-应变曲线中断裂点 D 点的应变,这是塑料断裂时所能承受的最大应变。ε_b 越大,说明塑料韧性和弹性较大;相反则说明塑料脆性较大。

(6) 拉伸极限强度(Tensile ultimate strength) 拉伸极限强度又称为抗张强度,是在拉伸测试中试样断裂前所能承受的最大应力。一般来说,脆性塑料极限强度对应于断裂点的应力;韧性材料对应于屈服点 C 点或断裂点 D 点前 E 点的应力。

表 3-4 列出了常见塑料的拉伸极限强度、拉伸断裂伸长率以及拉伸模量。

表 3-4　常见塑料的拉伸极限强度、拉伸断裂伸长率以及拉伸模量

塑 料 类 型	拉伸极限强度/MPa	拉伸断裂伸长率（%）	拉伸模量/GPa
ABS	40	30	2.3
ABS +30%（质量分数）玻璃纤维	60	2	9
POM	60	45	2.7
POM +30%（质量分数）玻璃纤维	110	3	9.5
亚克力	70	5	3.2
PA6	70	90	1.8
PAI	110	6	4.5
PC	70	100	2.6
HDPE	15	500	0.8
PET	55	125	2.7
PI	85	7	2.5
PI +30%（质量分数）玻璃纤维	150	2	12
PP	40	100	1.9
PS	40	7	3

2. 弯曲性能

弯曲性能的测定是在规定的试验条件下，对试样施加一静止弯曲力矩，直至试样断裂或者外侧纤维应变达到 5%，如图 3-9 所示。

（1）弯曲模量（Flexural Modulus）　弯曲模量是指在弯曲应力-应变曲线中塑料弹性区域内的应力与应变的比值，用于衡量塑料在抵抗弯曲载荷时的刚度。

（2）弯曲强度（Flexural Strength）　弯曲强度是指在弯曲测试中外侧纤维承受的最大应力。常见塑料的弯曲强度和弯曲模量见表 3-5。

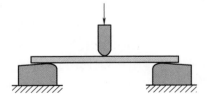

图 3-9　弯曲性能的测定

表 3-5　常见塑料的弯曲强度和弯曲模量

塑 料 类 型	弯曲强度/MPa	弯曲模量/GPa
ABS	75	2.5
ABS +30%（质量分数）玻璃纤维	120	7
POM	85	2.5
POM +30%（质量分数）玻璃纤维	150	7.5

（续）

塑 料 类 型	弯曲强度/MPa	弯曲模量/GPa
亚克力	100	3
PA6	85	2.3
PAI	175	5
PC	90	2.3
HDPE	40	0.7
PET	80	1
PI	140	3
PI＋30%（质量分数）玻璃纤维	270	12
PP	40	1.5
PS	70	2.5

3. 冲击强度

冲击强度定义为试样承受冲击载荷时单位截面积所吸收的能量，是衡量材料韧性的一种指标，是选择塑料时一个非常重要的参数。

冲击强度用于衡量塑料吸收、分散外部冲击能量的能力。塑料的冲击性能测试数据在一些场合非常关键，但测试数据与实际的零件性能表现往往存在着偏差，这是因为试样几何形状、厚度、应力集中点、内应力、环境温度和冲击速度等都会影响冲击性能。因此，有多种不同的冲击性能测试方法以对应不同的应用环境。

应用最为广泛的冲击性能测试方法是 Izod 冲击测试方法或者悬臂梁冲击测试方法（ASTM D256，D4812 或 ISO 180），它的原理是让摆锤落下撞击单边固定的有缺口试样（缺口正对着摆锤），如图 3-10 所示，然后计算其所消耗的能量。试样通过悬臂梁支撑，缺口正对摆锤。试样的厚度、试样是否有缺口、测试环境温度需要记录在测试结果中。

第二种冲击性能测试方法是 Charpy 冲击测试方法或简支梁冲击测试方法（ISO 179），与悬臂梁冲击测试方法的不同在于试样的支撑和摆放位置，如图 3-10 所示，简支梁冲击测试是试样两端均支撑，缺口背对摆锤。

试样的厚度和缺口半径影响上述两种测试的结果。对于一些塑料，超过某厚度（称为关键厚度）后，试样厚度的增加反而会降低冲击强度。温度也会影响冲击强度，多数塑料在低温下冲击强度大幅降低。

尖锐的缺口半径也会降低冲击强度。有些塑料，例如 PC、PBT 和尼龙等，对缺口的应力集中非常敏感，在没有缺口时冲击强度表现非常好，但是在有缺口之后，其强度就会迅速下降。如图 3-11 所示，冲击测试结果显示，将缺口半径从 0.127mm 增加到 0.254mm，PC 试样的悬臂梁冲击强度提高了 4 倍。

因此，在塑胶件零件设计中，避免缺口或尖角非常重要，特别是在塑胶件需承

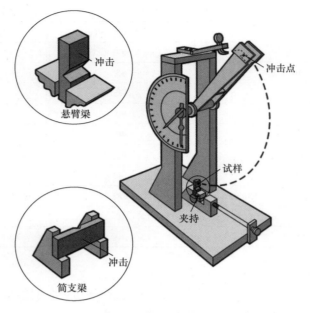

图 3-10 冲击性能测试

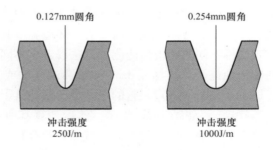

图 3-11 缺口圆角对冲击强度的影响

受较高冲击载荷的应用环境中。例如，各种电子消费类产品在运输和使用过程中可能会发生与其他物体发生撞击或者跌落到地面等情况，此时产品中的塑胶件必须保证圆角的设计，避免应力集中，提高冲击强度，否则一旦发生上述情况，就会在缺口或尖角的地方发生断裂，造成产品失效。

冲击强度往往与拉伸模量一起来决定塑料的基本性能。一般来说，塑料具有高冲击强度的同时具有大的拉伸模量，则说明该塑料具有较强韧性；塑料具有高冲击强度和低的拉伸模量，则说明该塑料延展性好，柔韧性好；塑料具有低冲击强度和高的拉伸模量，则说明该塑料脆性较大。

4. 蠕变性能

蠕变是指塑料在恒定载荷作用下，变形随时间而增大的过程。不论施加载荷的大小，只要持续地施加一定量载荷在塑料上，塑料就会连续地变形，如图 3-12 所示，这种长时间、永久性的变形称为蠕变。如果塑胶件需要承受长期载荷，则必须通过蠕变数据进行计算分析，确保塑胶件不会在产品使用寿命周期内因为蠕变产生过量变形、破裂和屈服。

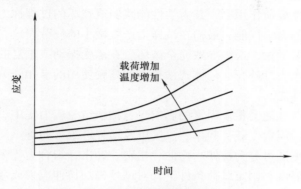

图 3-12　典型的蠕变曲线

蠕变测试是对试样施加拉伸或弯曲载荷，测定试样在不同时期内产生的应变。与塑料蠕变性能相关的因素包括：

➤ 环境温度会影响蠕变，温度越高，产生的蠕变变形就越大，如图 3- 12 所示。

➤ 载荷大小会影响蠕变，载荷越大，产生的蠕变变形就越大，如图 3- 12 所示。

➤ 只要施加载荷的时间过久，就可能发生破坏，称为应力开裂。

➤ 内应力（残留应力）也应该与外应力一并考虑。

蠕变的另一种表现方式是蠕变应力-应变曲线，如图 3-13 所示。从图 3-13 可以看出，假如变形量固定，则抵抗变形的应力会随着时间而递减，这被称为应力松弛，应力松弛是蠕变的一种推论现象。

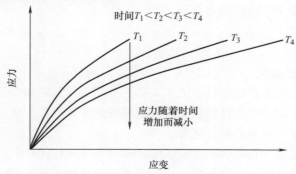

图 3-13　蠕变应力-应变曲线

对于产品设计，如果塑胶件需要承受长期的固定变形，应力松弛是一个非常重要的考虑因素。因为应力松弛，随着时间的推移，承受长期固定变形的塑胶件会出现保持力或弹力降低的情况，造成产品失效。

5. 抗疲劳性能

塑料在周期性载荷作用下，其力学性能减弱或破坏的过程称为疲劳。疲劳使塑料不能发挥固有的力学性能，最初在试样上产生微小的疲劳裂纹，在周期性载荷的作用下，裂纹逐渐增大，最终导致完全破坏。在承受振动或重复的变形下工作的塑胶件，例如铲雪车头灯外壳、一体式沙拉钳和高频使用的卡扣开关等，要求塑料具有较好的抗疲劳性能。

塑料的抗疲劳性能受很多因素的影响，包括缺口、应力集中、内部缺陷、表面划伤、粗糙、环境因素、载荷频率、温度以及增强纤维方向等。

塑料的疲劳测试可分为拉伸、弯曲、扭转、冲击、组合力等多种试验方法。在固定频率、固定温度和固定载荷条件下，对试样施加拉伸应力或弯曲应力、扭转应力、冲击应力、组合应力等，记录载荷的次数和对应的应力大小，直至疲劳破坏，可得到疲劳 S-N 曲线，如图 3-14 所示。疲劳破坏可分为两种，一种是试样在测试中断裂为两部分；另一种是塑料的刚度降低到规定的值，这是因为有些材料当裂纹出现后，裂纹发展很慢，到完全断裂，还需要很多的循环次数。

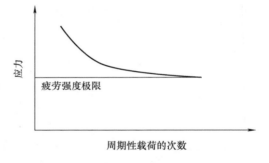

图 3-14 疲劳 S-N 曲线

从疲劳 S-N 曲线可以看出，随着周期性载荷次数的增加，造成塑胶件因疲劳而破坏所需的应力会降低。许多材料存在一特定的疲劳强度极限，超过疲劳强度极限，塑料就会因为周期性载荷造成疲劳而破坏。通过 S-N 曲线可对比不同塑料的抗疲劳性能，也可以预测塑胶件在周期性载荷作用下的使用寿命。

3.3.3 热性能

1. 载荷热变形温度

与金属不同，大多数的塑料不能在高温下长期工作。在高温下，塑胶件的力学性能会大幅降低，使得塑胶件发生变形、破裂等，导致产品失效。产品的使用环境温度要求通常限制了塑料材料的选择。

载荷热变形温度（Deflection Temperature Under Load，DTUL）是衡量塑料在载荷作用下短期耐热性的主要指标之一，在考虑安全系数的前提下，塑胶件的短期使用最高温度应低于 DTUL10℃左右，以确保塑胶件不会因为温度过高而发生变形。

DTUL 也称为"Heat Deflection Temperatures"或 HDT，即热变形温度。

DTUL 测试是把塑料试样放在跨距为 100mm 的支座上，将其放在一种合适的液体传热介质中，并在两支座的中点处，对其施加特定的静弯曲载荷（0.45MPa 或 1.8MPa），形成三点式简支梁式静弯曲，在等速升温条件下，试样在载荷下弯曲变形达到 0.25mm 时的温度，为载荷热变形温度，如图 3-15 所示。

在 DTUL 测试中，载荷大小、升温速度的快慢、试样的厚度和注射条件显著影响着 DTUL 值。通常在加入纤维增强后，塑料的 DTUL 会上升，因为纤维增强可以大幅提升塑料的机械强度，以致在升温的弯曲测试时，出现 DTUL 急剧升高的现象。

表 3-6 列出了常见塑料的两种 DTUL 值。

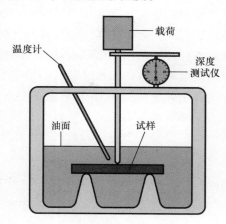

图 3-15 DTUL 测试

表 3-6 常见塑料的热变形温度值

塑 料 类 型	0.45MPa 下的 DTUL/℃	1.8MPa 下的 DTUL/℃
ABS	98	88
ABS + 30%（质量分数）玻璃纤维	150	145
POM	160	110
POM + 30%（质量分数）玻璃纤维	200	190
亚克力	95	85
PA6	160	60
PA6 + 30%（质量分数）玻璃纤维	220	200
PC	140	130
HDPE	85	60
PET	70	65
PET + 30%（质量分数）玻璃纤维	250	230
PP	100	70
PP + 30%（质量分数）玻璃纤维	170	160
PS	95	85

2. 热膨胀系数

热膨胀系数（Coefficient of Linear Thermal Expansion，CLTE）是塑料加热时尺寸膨胀的比率，单位为 cm/(cm·℃)，CTLE 用于计算塑胶件因为温度增加而导致的尺寸变化。

塑料的热膨胀系数比金属大 5~10 倍，温度变化对于塑胶件尺寸和机械性质会造成比较大的影响，所以塑胶件设计时必须考虑到塑胶件应用环境的最高温度和最低温度。如果使用热膨胀系数较大的塑胶件与金属件紧密结合，在使用温度范围较大的情况下或者产品尺寸较大的情况下，强度较差的塑胶件会因热膨胀或收缩产生变形甚至破坏。图 3-16 所示为一个盒体，上盖为塑胶件，底座为金属件，为避免二者热膨胀系数不同造成塑胶件变形甚至破坏，可将塑料上的两个螺纹孔一个设计为圆孔，另外一个设计为长圆孔，以吸收塑胶件的膨胀或收缩。

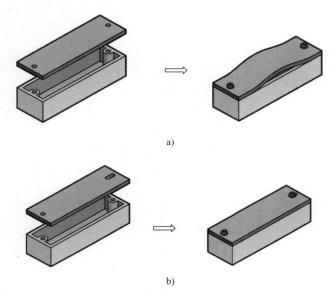

a)

b)

图 3-16　考虑到热膨胀系数差异的设计
a）原始的设计　b）优化的设计

3. 维卡软化温度

维卡软化温度（Vicat Softening Temperature，VST）是将塑料试样放于液体传热介质中，在一定的载荷和一定的等速升温条件下，试样被 $1mm^2$ 的压针头压入 1mm 时的温度。

维卡软化温度是评价塑料耐热性能，反映塑料在受热条件下物理力学性能的指标之一。塑料的维卡软化温度虽不能直接用于评价材料的实际使用温度，但可以用来指导材料的质量控制。维卡软化温度越高，表明材料受热时的尺寸稳定性越好，热变形越小，即耐热变形能力越好，刚度越大，模量越高。

3.3.4 环境性能

在选择塑料材料时，需要特别注意塑胶件在加工过程、装配过程以及最终使用中的环境，因为环境中的化学物质、水、光照等可能影响塑料的力学性能和电气性能，错误的材料选择会造成塑料在环境中发生降解而失效。

1. 吸水性

吸水性是指塑料能吸收水分的性质。大多数塑料都具有一定的吸水性，吸水性的大小取决于塑料的分子结构、填充物和添加剂。

吸水性会造成塑料的物理性能发生变化。例如，有些 PA 吸收大量水气后，体积会发生膨胀，PA 每吸收 1%（质量分数）的水，体积和线性尺寸会分别增加 0.9% 和 0.3%，如果 PA 与其他金属零件进行紧配合连接，PA 的膨胀有可能造成连接失效。吸水后，塑料的韧性增加而刚度降低，其他力学性能和电性能也会随着吸水量的增加而发生急剧变化。不过这些过程是可逆的，一旦塑料被烘干，这些物理和力学性能又会回到原点。

在一定条件下，有些塑料会因为吸水而导致力学性能的降低，这一过程被称为水解。水解是指塑料的高分子链与水发生化学反应，分子量减小，塑料发生降解。降解的程度取决于一系列因素，包括暴露在水中或水气中的时间、暴露的类型（间隔的或持续的）、环境温度、载荷的大小，以及水中是否有其他化学物质例如氯或洗涤剂等。长时间暴露在高温、高湿的环境中和承受较高的载荷会加剧水解的发生。由于影响水解的因素众多，塑胶件必须进行实际的环境测试，确保塑胶件的使用。吸水性较高，容易发生水解的塑料包括 PC、PA、PET 和 PBT 等。

另外，塑料在注射过程之前如果吸收了较多的水气而未做烘干处理，在成型过程中会发生降解，降低力学性能。所以，塑料的注射过程工艺处理必须遵循塑料原料供应商的建议。

2. 耐化学性

塑料的耐化学性是指塑料耐酸、碱、盐、溶剂和其他各种化学物质的能力。耐化学性是一个非常复杂的话题，因为其受到多种因素的影响，包括化学物质的种类及其密度、暴露的时间、温度、以及载荷的大小等。

化学攻击的类型与塑料及其接触的化学物质有关。在一些场合，化学攻击会导致高分子链随着时间的推移而发生断裂，以及分子量减小和物理性能降低。在另外一些场合，化学攻击会导致应力开裂，即在由注射工艺或载荷作用产生的应力集中处塑胶件发生开裂，这种开裂最终会导致机械失效。当塑料受到较弱的溶剂攻击时，塑胶件会发生膨胀和力学性能的变化。

在塑胶件设计时，需要全方位考虑塑胶件在使用环境中可能会遇到的各种化学物质，无论这种化学物质是有意还是无意存在于环境之中。同时，也需要考虑塑胶件在注射过程和装配过程中可能遇到的各种化学物质，包括切削油、脱模剂、清洁溶液、印刷染料、油漆、粘合剂和润滑剂等。

在公开的资料中，可以看到各种塑料的耐化学性能表。在使用这些性能表时需要格外小心，因为不同公司生产的塑料其配方不同，有可能使用了其他的添加剂或杂质而造成化学攻击。

较高的温度和较高的化学物质含量会加剧化学攻击：一种在常温下能够承受10%浓度的某种化学物质攻击的塑料并不一定能够承受在66℃下5%浓度的该种化学物质的攻击。

3. 耐候性

在室外使用的塑料会受到室外气候的考验，如光照、冷热和风雨等，这些会造成塑料的老化。紫外线辐射是塑料老化的关键因素，它会造成塑料脆化、褪色、强度下降、表面破裂和粉化等。

不同塑料的耐候性不同，同一种塑料的不同等级其耐候性也不同。有些塑料存在着耐候性等级，耐候性等级中额外添加了抗 UV 添加剂。另外，同一种塑料的不同颜色其耐候性也存在差异。

塑料是否具有耐候性，是否可以在室外使用，其测试方法可参考 UL746，测试结果可以在材料的 UL 黄卡中查询，具体细节见 3.3.6 节。

3.3.5 阻燃性

UL94 阻燃等级是应用最广泛的塑料阻燃性能标准，它用来评价塑料在被点燃后熄灭的能力。根据燃烧速度、燃烧时间、抗滴能力以及滴珠是否燃烧可有多种评判方法，每种被测塑料根据颜色或厚度都可以得到许多值。当选定某种塑料时，其UL 阻燃等级应满足塑料零件壁的厚度要求。UL 阻燃等级应与厚度值一起报告，只报告 UL 阻燃等级而没有厚度是不够的。

根据 UL94 标准判定材料的阻燃性水平，按照 HB、V-2、V-1、V-0 的顺序，阻燃性依次增大，如图 3-17 所示。一般说的难燃材料指的是 V-0 级的材料。除了传统的评价方法之外，还设定了上一级的 5V 评价。作为定位，阻燃性顺序依次为V-0、5VB、5VA。由于 5V 评价的试验方法与传统相比有些不同，所以 UL 黄卡中像"V-0、5VA"的表述就表示进行了两个试验。

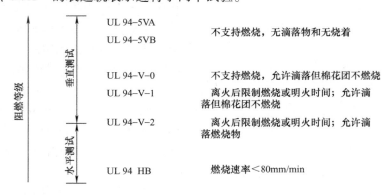

图 3-17　UL 阻燃等级

　　除了少数的塑料本身具有阻燃性以外，多数的塑料都需要添加阻燃剂来满足 UL 阻燃等级的要求，但阻燃剂会造成塑料成本的增加，会带来注射问题，以及造成塑料力学性能降低，所以在设定塑料阻燃等级要求时需要避免过高的阻燃等级要求。另外一些情况下，如果产品需要在市场销售之前必须获得相关认证，而认证明确规定了塑料的阻燃等级，则塑料的选择必须遵循这一要求。

3.3.6　UL746

　　UL746 是美国 UL 公司针对材料性能的一系列测试标准，包括 UL746A：材料短期性能试验，如 CTI、HWI、HAI 等；UL746B：材料长期性能试验，如 RTI；UL746C：电气设备中使用的高分子材料的评价。

1. 相对温度指数

　　塑料长期暴露在高温环境中，随着时间的推移会降低塑料的力学性能和电性能。相对温度指数（Relative Temperature Index，RTI），也被称为长期使用温度，是指塑料在不承受额外载荷的情况下，所能达到的长期使用温度。超过塑料的长期使用温度，高温会使得塑料的一些关键性能参数显著降低，例如拉伸强度、冲击强度和介电强度等。

　　RTI 需要在美国 UL 公司进行认证测试，塑料通过 UL 认证，将获得 UL 颁发的黄卡，在 UL 黄卡中将会显示下面三个参数：

　　RTI Elec：表示该塑料在此温度（RTI）下使用 10 万 h（11.4 年）电气性能将下降至 50%。

　　RTI Imp：表示该塑料在此温度（RTI）下使用 10 万 h（11.4 年）冲击力学性能将能至少保持初始值的 50%。

　　RTI Str：表示该塑料在此温度（RTI）下使用 10 万 h（11.4 年）非冲击力学性能将能至少保持初始值的 50%。

2. 相比耐漏电起痕指数

　　相比耐漏电起痕指数（Comparative Tracking Index，CTI）是表示材料耐漏电性的指标。在对绝缘物表面施加电压的状态下，将电解液滴落于电极间的塑料试样表面，记录发生漏电破坏的电压。按照耐压值从 0 ~ 5 进行分级。数字越小，耐漏电性越高。

3. 高伏特电弧起痕速率

　　高伏特电弧起痕速率（High Voltage arc Tracking Rate，HVTR）是在 5200V 电压下，单位时间塑料试样在移动的电极棒下产生电弧碳化痕迹的距离。以数值分级，数值越小，电弧碳化痕迹行进速度就越慢。

4. 热丝引燃

　　热丝引燃的发火性（Hot Wire Ignition，HWI）是将镍丝缠绕在塑料试样上，从中通以规定电流，按照到开始燃烧的时间，对材料阻燃性分级。到开始燃烧的时间 1 ~ 2min 者为 1 级，到开始燃烧的时间 7 ~ 15s 者为 4 级。级别的数字越大，材料越容易燃烧。

5. 高电弧燃烧指数

高电弧燃烧指数（High current Arc Ignition，HAI）是高电流电弧在塑料试样旁边飞过，根据到燃烧为止所需要的飞过次数，对材料阻燃性分级。级别数字越小，材料越容易燃烧。

6. 室外实用性

室外实用性有两种耐候性等级（f1）和（f2）。（f1）表示适合"紫外线暴露试验"和"水暴露试验和浸渍试验"两者，而（f2）则表示只适合其中一种试验。"紫外线暴露试验"的条件是在双灯式封闭型碳弧下暴露720h，或在氙弧下暴露1000h，在这些条件下阻燃性等级保持不变则为合格。原则上试验后的拉伸强度、弯曲强度、拉伸冲击强度、悬臂梁冲击强度、简支梁冲击强度等都保持在70%以上。在"水暴露试验和浸渍试验"中，在70℃下用热水处理7天后阻燃性等级应保持不变。此外还应使拉伸强度、弯曲强度、拉伸冲击强度、悬臂梁冲击强度、简支梁冲击强度等都保持在50%以上。

3.3.7　电性能

1. 介电强度

介电强度又称为击穿强度，是指塑料在被击穿前所能承受的最大电压，一般以单位厚度塑料被击穿时的电压数表示。介电强度最能体现塑料的绝缘性能，通常介电强度越高，塑料的绝缘质量越好。

2. 体积电阻

将单位体积塑料试样置于两平行电极板之间，施加电压，测得流过试样内部的电流，按照欧姆定律，用电压除以电流，即可得到塑料的体积电阻。

体积电阻也是衡量塑料绝缘性能的指标之一。塑料通常具有优良的绝缘性能，其体积电阻至少大于$10^8 \Omega \cdot cm$。塑料的体积电阻容易受温度和湿度的影响，随着温度和湿度的增加而减小。

3. 表面电阻

在塑料试样的同一表面上放置两个电极，施加电压，测得流过表面的电流，同理，可得到塑料的表面电阻。

表面电阻由于衡量塑料的表面绝缘性能，同体积电阻一样，表面电阻越高，塑料的绝缘性能越好。

3.4　设计指南

零件设计必须满足来自于零件制造端的要求，对通过注射加工工艺而获得的塑胶件也是如此。在满足产品功能、质量以及外观等要求下，塑胶件设计必须使得注射模具加工简单、成本低，同时零件注射时间短、效率高、零件缺陷少、质量高，这就是面向注射加工的设计。本节将详细介绍塑胶件设计指南，使得塑胶件设计是面向注射加工的设计。

由于注射加工涉及注射模具的制作，面向注射加工的设计显得更为重要。注射模具的制作和修改费时费力，在塑胶件的成本中，注射模具的成本占有很大的比例，一套模具的成本少则上万元，多则几十万元。当注射模具制造完成后，如果零件设计发生修改，注射模具就需要做相应的修改，这势必会带来模具成本的上升。而有些时候因为模具结构的关系，注射模具无法进行修改，只能重新设计制造一副新的模具，那么带来的成本和时间上的损失就更无法衡量了。

另外，在本章的第一节中介绍了很多塑胶件相对于金属件的优势，在很多行业出现了塑胶件代替金属件的趋势。但一旦在产品中使用塑胶件代替金属件，在产品设计时就不能以金属件的思维来设计塑胶件，一方面，因为塑胶件和金属件的制造工艺不同，继而对零件带来不同的设计要求。另一方面，塑胶不是金属，各种塑胶性能覆盖范围远高于其他类工程材料，在塑胶中添加玻璃纤维、碳纤维等添加剂可从根本上改变塑胶的性能，但对于普通的大多数塑胶来说，相对金属还有很多缺点。例如，相对于金属，塑胶具有：

➢ 更低的机械强度，如图 3-18 所示。

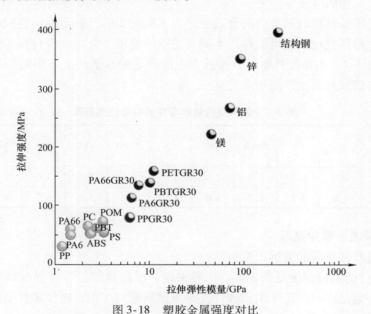

图 3-18　塑胶金属强度对比

➢ 更低的密度。
➢ 更低的环境使用温度。
➢ 更低的热传导性。

> ➤ 更低的导电性。

> ➤ 更大的热膨胀系数。

> ➤ 载荷作用下更大的应变。

在产品设计时，必须时时刻刻考虑到塑胶件相对金属件的这些缺点，并通过设计优化来弥补塑胶的这些缺点。

3.4.1 零件壁厚

在塑胶件的设计中，零件壁厚是首先要考虑的参数，零件壁厚决定了零件的力学性能、零件的外观、零件的可注射性以及零件的成本等。可以说，零件壁厚的选择和设计决定了零件设计的成功与失败。

1. 零件壁厚必须适中

由于塑胶材料的特性和注射工艺的特殊性，塑胶件的壁厚必须在一个合适的范围内，不能太薄，也不能太厚。壁厚太薄，零件注射时流动阻力大，塑胶熔料很难充满整个型腔，不得不通过性能更高的注射设备来获得更高的充填速度和注射压力。壁厚太厚，零件冷却时间增加（据统计，零件壁厚增加 1 倍，冷却时间增加 4 倍），零件成型周期增加，零件生产效率低；同时过厚的壁厚很容易造成零件产生缩水、气孔、翘曲等质量问题。

不同的塑胶材料对塑胶件的合适壁厚有不同的要求，甚至不同塑胶材料生产商生产的同一种塑胶材料也可能存在不同合适壁厚要求。常用塑胶材料零件的合适壁厚范围见表 3-7。当塑胶件壁厚值接近表中的合适壁厚值的上下限时，产品设计工程师应当向塑胶材料生产商征求意见。

表 3-7　常用塑胶材料零件的合适壁厚范围　　　（单位：mm）

壁厚＼材料	PE	PP	Nylon	PS	AS	PMMA	PVC	PC	ABS	POM
最小	0.9	0.6	0.6	1.0	1.0	1.5	1.5	1.5	1.5	1.5
最大	4.0	3.5	3.0	4.0	4.0	5.0	5.0	5.0	4.5	5.0

2. 尽量减小零件壁厚

决定塑胶件壁厚的关键因素包括：

1）零件的结构强度是否足够。一般来说，壁厚越厚，零件强度越好。但零件壁厚超过一定范围时，由于缩水和气孔等质量问题的产生，增加零件壁厚反而会降低零件强度。

2）零件成型时能否抵抗脱模力。零件太薄，容易因顶出而变形。

3）能否抵抗装配时的紧固力。

4）有金属嵌件时，嵌件周围强度是否足够。一般金属嵌件与周围塑胶材料收缩不均匀，容易产生应力集中，强度低。

5）零件能否均匀分散所承受的冲击力。

6）孔的强度是否足够，孔的强度容易因为熔接痕影响而降低。

7）在满足以上要求的前提下，而且注射成型不会产生质量问题，塑胶件零件壁厚应尽量做到最小，因为较厚的零件壁厚不但会增加材料成本、增加零件重量，同时会延长零件成型的周期，从而增加生产成本。图 3-19 所示为某款 ABS 塑料零件壁厚与冷却时间的关系。

为了保证和提高零件强度，产品设计工程师往往倾向于选择较厚的零件壁厚。事实上，通过选择较厚零件壁厚来保证和提高零件强度不是最好的方法。零件强度的提高可以通过添加加强筋、设计曲线或波浪形的零件剖面等来获得，这不但可以减少零件的材料浪费，也缩短了零件注射成型的周期。

3. 零件壁厚均匀

最理想的零件壁厚分布是在零件的任一截面上零件厚度均匀一致。不均匀的零件壁厚会引起零件不均匀的冷却和收缩，从而造成零件表面缩水、内部产生气孔、零件翘曲变形、尺寸精度很难保证等缺陷。

常见塑胶件均匀壁厚设计的范例如图 3-20 所示。

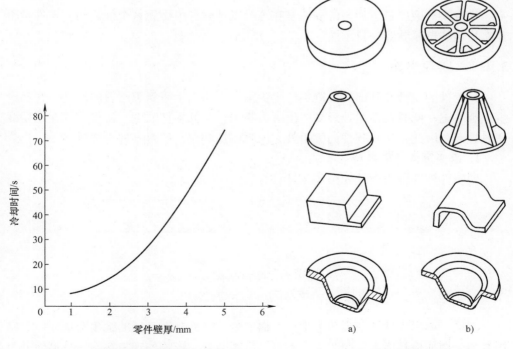

图 3-19　零件壁厚与冷却时间的关系

图 3-20　零件壁厚均匀

a）原始的设计　b）改进的设计

如果零件均匀壁厚不可能获得，那么至少需要保证零件壁厚处与壁薄处有光滑的过渡，避免零件壁厚出现急剧的变化。急剧变化的零件壁厚影响塑胶熔料的流动，容易在塑胶背面产生应力痕，影响产品外观；同时易导致应力集中，降低塑胶件的强度，使得零件很难承受载荷或外部冲击。

四种零件壁厚不均匀处的壁厚设计如图 3-21 所示。最差的壁厚设计见图 3-21a，零件壁厚出现急剧变化；较好的壁厚设计见图 3-21b 和 3-21c，壁厚壁薄处均匀过渡，一般来说，过渡区域的长度为厚度的 3 倍；最好的壁厚设计见图 3-21d，不但零件壁厚光滑过渡，而且在零件壁厚处使用了掏空的设计，既可以保证零件不发生缩水，又可以保证零件强度。

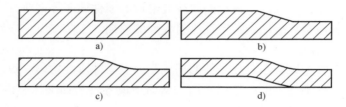

图 3-21　零件壁厚不均匀处光滑过渡
a）最差的设计　b）较好的设计（一）　c）较好的设计（二）　d）最好的设计

检查零件壁厚是否均匀的方法是在三维设计软件中做无数个剖截面，零件是否具有均匀的壁厚就会一目了然。

3.4.2　避免尖角

塑胶件的内部和外部需要避免产生尖角，尖角会阻碍塑胶熔料的流动，容易产生外观缺陷；同时在尖角处容易产生应力集中，降低零件强度，使得零件在承受载荷时失效。因此，在塑胶件的尖角处，应当添加圆角，使得零件光滑过渡。

1. 避免零件外部尖角

塑胶件外部圆角设计如图 3-22 所示。

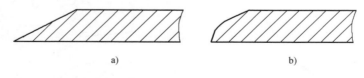

图 3-22　避免外部尖角
a）原始的设计　b）改进的设计

当然，避免零件外部尖角也不可一概而论。零件分型面处的圆角会造成模具结构复杂，增加模具成本，同时零件上容易出现断差，影响外观。在零件分型面处直角的设计较好，如图 3-23 所示。

2. 避免在塑胶熔料流动方向上产生尖角

在塑胶件塑胶熔料流动方向上避免产生尖角，如图 3-24 所示，图中箭头的方向为塑胶熔料的流动方向。在原始的设计中，尖角易导致零件在注射过程中产生困气，局部的高温造成塑胶分解，在零件表面产生外观缺陷，同时尖角容易产生内应力；在改进的设计中，通过设计的优化避免尖角的产生，保证塑胶熔料的流动顺畅。

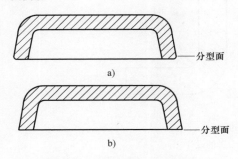

图 3-23　避免分型面上的圆角

a）原始的设计　b）改进的设计

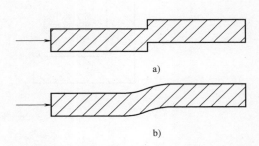

图 3-24　避免在塑胶熔料方向上产生尖角

a）原始的设计　b）改进的设计

3. 避免零件壁连接处产生尖角

应力集中是塑胶件失效的主要原因之一，应力集中降低了零件的强度，使得零件很容易在冲击载荷和疲劳载荷作用下失效。

应力集中大多发生在零件尖角处。塑胶件应当避免尖角的设计，在尖角的地方添加圆角，以减小和避免应力集中的发生。零件尖角容易出现在零件主壁与侧壁连接处、壁与加强筋连接处、壁与支柱连接处等。

零件内部圆角与应力集中系数的关系如图 3-25 所示。其中 T 为零件壁厚，R 为零件内圆角，p 为零件承受的载荷。

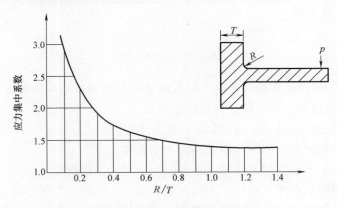

图 3-25　零件应力集中系数

由图 3-25 可见，当 $R < 0.3T$ 时，应力急剧升高；当 $R > 0.8T$ 时，则基本没有应力集中现象发生。

一般来说，零件截面连接处内部圆角 R 为 $0.5T$，外部圆角为 $1.5T$，既保证了零件的均匀壁厚，又减少了零件连接处应力集中，如图 3-26 所示。当然，圆角也不可太大，否则容易使得零件局部壁厚太厚，造成缩水。

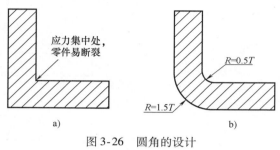

图 3-26　圆角的设计

a）原始的设计　b）改进的设计

3.4.3　脱模斜度

塑胶材料从熔融状态转变为固体状态将产生一定量的尺寸收缩，零件因此而围绕凸模和型芯产生收缩而包紧。为了便于塑胶件从模具中顺利脱模，防止脱模时划伤零件表面，与脱模方向平行的零件表面一般应具有合理的脱模斜度，如图 3-27 所示。

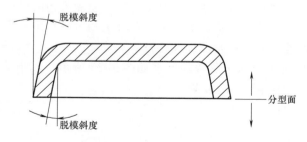

图 3-27　脱模斜度

塑胶材料、零件的形状和厚度、模具的表面处理和顶出机构等决定了脱模斜度的大小，零件脱模斜度大小的设计原则如下。

1）零件若无特殊要求，脱模斜度一般取 $1° \sim 2°$。

2）对于收缩率大的塑胶件应选用较大的脱模斜度。

3）尺寸精度要求高的零件特征处应选用较小的脱模斜度。

4）凸模侧脱模斜度一般小于凹模侧脱模斜度，以利于零件脱模。

5）塑胶件壁厚较厚时，成型收缩增大，因此脱模斜度应取较大值。

6）咬花面和复杂面脱模斜度应取较大值，咬花的大小决定脱模斜度的大小。

7）对于玻璃纤维增强塑料，脱模斜度宜取较大值。

8）脱模斜度的大小与方向不能影响产品的功能实现。例如，两个零件具有运动关系时，需要考虑配合处的脱模斜度大小和方向，否则会影响产品功能实现。某电器产品上按钮与面板的结构剖面图如图 3-28 所示，按钮的功能是触发电器开关。产品设计要求按钮在运动过程中不会被面板卡住，否则按钮不能触发开关，以至于不能正确行使功能，同时要求按钮在运动过程中不会左右摇晃，手感好。这就要求按钮的运动路线是垂直的直线运动，按钮与面板的配合面处必须保证上下间隙一致。在原始的设计中，因为面板脱模斜度方向的错误，按钮与面板配合面处上侧间隙大、下侧间隙小，按钮在运动方向上始终只是依靠很小的一个平面与面板接触导向，于是按钮在按动过程中会摇摇晃晃，严重时会使得按钮卡在面板中造成按钮不能触发开关；在改进的设计中，面板脱模斜度方向修改，按钮与面板配合面处上侧和下侧间隙始终一致，按钮的运动路线是垂直的直线运动，按钮手感好，也不会发生按钮被面板卡住而失效的状况。

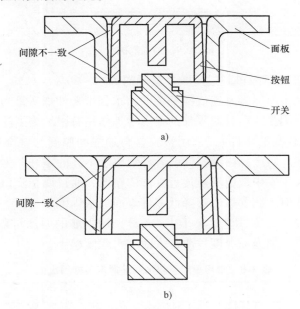

图 3-28 考虑到零件运动关系的脱模斜度设计
a）原始的设计 b）改进的设计

9）零件某些平面因为功能需要可以不设置脱模斜度，但模具则需设计侧抽芯结构，模具结构复杂，成本高。

10）在零件功能和外观等允许情况下，零件脱模斜度应尽可能大。较小的脱模斜度会增加零件在顶出过程中表面划伤及损坏的可能性；同时，较小的脱模斜度要求模具表面抛光处理或复杂的模具顶出机构，增加模具成本。

3.4.4 加强筋的设计

加强筋是塑胶件设计中必不可少的一个特征，用于提高零件强度、作为流道辅助塑胶熔料的流动，以及在产品中为其他零件提供导向、定位和支撑等功能。加强筋的设计参数包括加强筋的厚度、高度、脱模斜度、根部圆角以及加强筋与加强筋之间的间距等，如图 3-29 所示。

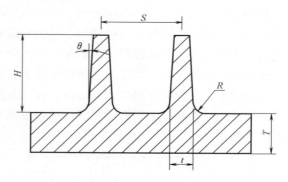

图 3-29 加强筋的设计

1. 加强筋的厚度不应该超过塑胶件壁厚的 50%~60%

加强筋的厚度太厚，容易造成零件表面缩水和带来外观质量问题。加强筋的厚度太薄，零件注射困难，而且对零件的强度增加作用有限。为了防止零件表面缩水（特别是外观要求较高的零件），常用塑胶材料加强筋厚度与壁厚比值不应该超过表 3-8 所示的数值。对产品内部零件或者外观要求不高的零件，为了提高强度，加强筋的厚度可以大于表中数值甚至接近零件的壁厚，通过调整浇口的位置让加强筋靠近浇口和调整注射工艺参数能够降低零件表面缩水程度。

对于薄壁塑胶件（零件厚度小于 1.5mm），加强筋的厚度可以超过表中比值、甚至等于零件壁厚。加强筋厚度越薄，表面缩水程度越小。

表 3-8 常用塑胶材料加强筋厚度与壁厚比值

塑 胶 材 料	最小的缩水	较小的缩水
PC	50%	66%
ABS	40%	60%
PC/ABS	50%	50%
PA	30%	40%
PA（玻璃纤维增强）	33%	50%
PBT	30%	50%
PBT（玻璃纤维增强）	33%	50%

2. 加强筋的高度不能超过塑胶件壁厚的 3 倍

为了提高零件的强度，加强筋的高度越高越好。但加强筋的高度太高，零件注射困难，很难充满，特别是当加强筋增加脱模斜度后，加强筋的顶部尺寸变得很小时。加强筋的高度一般不超过塑胶件壁厚的 3 倍，即 $H \leqslant 3T$。

3. 加强筋根部圆角为塑胶件壁厚的 0.25 ~ 0.50 倍

如上一节所述，加强筋的根部需要增加圆角避免应力集中以及增加塑胶熔料流动性，圆角的大小一般为零件壁厚的 0.25 ~ 0.50 倍，即 $R = 0.25T ~ 0.50T$。

4. 加强筋的脱模斜度一般为 0.5° ~ 1.5°

为了保证加强筋能从模具中顺利脱出，加强筋需要一定的脱模斜度，一般为 0.5° ~ 1.5°，斜度太小，加强筋脱模困难，脱模时容易变形或刮伤；斜度太大，加强筋的顶部尺寸太小，注射困难，强度低。

5. 加强筋与加强筋之间的间距至少为塑胶件壁厚的 2 倍

加强筋与加强筋之间的间距至少为塑胶件壁厚的 2 倍，以保证加强筋的充分冷却，即 $S \geqslant 2T$。

6. 加强筋设计需要遵守均匀壁厚原则

加强筋设计需要遵守均匀壁厚原则。加强筋与加强筋连接处、加强筋与零件壁连接处添加圆角后，很容易造成零件壁厚局部过厚。

如图 3-30 所示，加强筋与加强筋连接处增加圆角后会造零件壁厚局部过厚，容易造成零件表面缩水。此时可在局部壁厚处做挖空处理，保持零件均匀壁厚，避免零件表面缩水的发生。

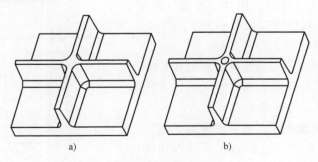

a)   b)

图 3-30　避免局部厚度过厚

a）原始的设计　b）改进的设计

7. 加强筋顶端增加斜角避免困气

加强筋顶端应避免直角的设计，在注射过程中，直角的设计很容易造成顶端困气，带来注射困难和产生注射缺陷。如图 3-31 所示，可以在加强筋顶端增加斜角或圆角避免零件困气问题的产生。

8. 加强筋方向与塑胶熔料流向一致

加强筋方向应与塑胶熔料流动方向一致，确保熔料的流动顺畅，提高注射效率，避免产生困气等注射缺陷，如图 3-32 所示。

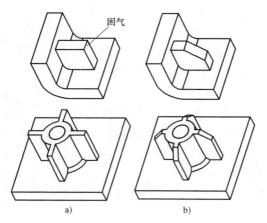

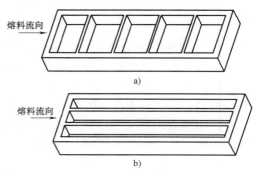

图 3-31　加强筋顶端增加斜角
a）原始的设计　b）改进的设计

图 3-32　加强筋方向与塑胶熔料流向一致
a）原始的设计　b）改进的设计

3.4.5　支柱的设计

支柱在塑胶件中用于产品中零件之间的导向、定位、支撑和固定等。支柱的设计参数包括支柱的外径、内径、厚度、高度、根部圆角和脱模斜度等，如图 3-33 所示。

1. 支柱的外径为内径的 2 倍

2. 支柱的厚度不超过零件壁厚的 0.6 倍

为避免零件表面缩水和产生气孔，支柱的厚度不应该超过零件壁厚的 0.6 倍。

3. 支柱的高度不超过零件壁厚的 5 倍

支柱太高，脱模斜度的存在会使得顶部尺寸小，导致零件注射困难；如果保证顶部尺寸，又会造成支柱底部太厚，造成零件表面缩水和产生气孔。因此，支柱的高度一般不超过零件壁厚的 5 倍，即 $h \leqslant 5T$。

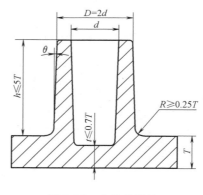

图 3-33　支柱的设计

4. 支柱的根部圆角为零件壁厚的 0.25 ~ 0.50 倍

如上一节所述，为了避免零件应力集中和使得塑胶熔料的流动顺畅，支柱的根部圆角为零件壁厚的 0.25 ~ 0.50 倍，即 $R = 0.25T ~ 0.50T$。

5. 支柱根部厚度为零件壁厚的 0.7 倍

为避免外观表面缩水缺陷的产生，支柱的根部厚度可设计为不大于零件壁厚的 0.7 倍，即 $t \leqslant 0.7T$。

6. 支柱的脱模斜度

一般来说，支柱内径的脱模斜度为 0.25°，外径的脱模斜度为 0.50°。但支柱也可以不用脱模斜度，在模具中使用套筒来脱模，但模具费用稍高。

7. 支柱与零件壁的连接

避免孤零零的支柱设计，通过加强筋把支柱与零件壁连接成一个整体，增加支柱的强度，并使得塑胶熔料的流动更加顺畅，如图 3-34 所示。

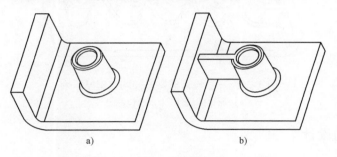

图 3-34　支柱与零件壁的连接
a）原始的设计　b）改进的设计

8. 单独支柱四周添加加强筋

当支柱远离浇口时，在支柱上很容易产生熔接痕，熔接痕会降低支柱的强度。当支柱是自攻螺钉支柱时，由于强度不足，支柱常常会在径向力作用下而发生破裂，对固定金属嵌件的支柱也是如此。因此，需要在单独的支柱四周添加加强筋，增加支柱的强度，同时在加强筋与支柱的连接处添加一定的圆角。

单独支柱的加强筋补强设计如图 3-35 所示。

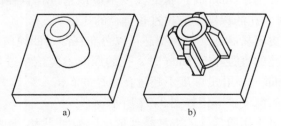

图 3-35　支柱四周添加加强筋
a）原始的设计　b）改进的设计

9. 支柱设计需要遵守均匀壁厚原则

避免支柱过于靠近零件壁。当支柱过于靠近零件壁时，容易造成局部壁厚过厚，导致零件表面缩水和产生气泡。支柱设计应当遵守均匀壁厚原则，如图 3-36 所示。

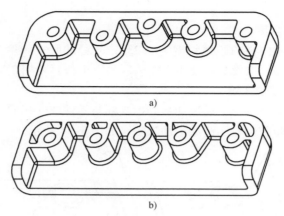

图 3-36 支柱设计需要遵守均匀壁厚原则

a）原始的设计　b）改进的设计

3.4.6 孔的设计

1. 孔的深度尺寸推荐

塑胶件的孔、槽以及凹坑是通过模具上的型芯而成型的。型芯是模具上凸起的部分，型芯尺寸影响着模具的寿命和零件的质量等。在零件注射过程中，过高过长的型芯承受着较高的塑胶熔料冲击力，很容易引起型芯的位置移动，从而造成孔槽等尺寸误差大，或者在长期的冲击力之下，型芯容易发生折断而降低使用寿命。因此，塑胶件的孔、槽以及凹坑等相关尺寸设计必须保证合适型芯的尺寸，从而保证模具寿命和提高零件质量等。

塑胶件上常见的孔大致可以分为不通孔、通孔和阶梯孔 3 种。

当不通孔的直径小于 5mm 时，孔的深度不应该超过孔直径的 2 倍；当不通孔的直径大于 5mm 时，孔的深度不应超过孔直径的 3 倍。

通孔比不通孔更容易制造，因为型芯可以分布在凸、凹模两侧，通孔的深度可以适当加大。当通孔的直径小于 5mm 时，孔的深度不应该超过孔直径的 4 倍；当通孔的直径大于 5mm 时，孔的深度不超过孔直径的 6 倍。

不通孔和通孔的深度推荐值如图 3-37 所示。

如果孔太深，可以用阶梯孔的方法替代成型，如图 3-38 所示。

2. 避免不通孔底部太薄

不通孔底部厚度至少应当大于不通孔直径的 0.2 倍，如图 3-39a 所示。底部太薄，不通孔强度低，同时背面容易产生外观缺陷。如果底部太薄，则可以考虑使用图 3-39b 所示的方法增强不通孔的强度。

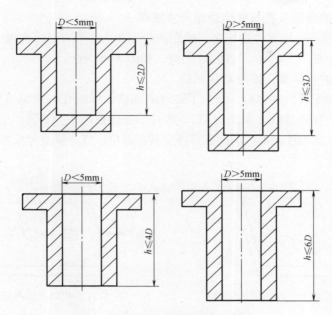

图 3-37　不通孔和通孔的深度

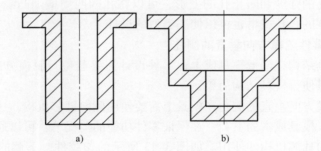

图 3-38　利用阶梯孔代替深孔

a）原始的设计　b）改进的设计

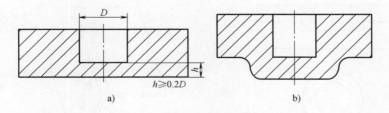

图 3-39　避免不通孔底部太薄

a）避免孔底部太薄　b）孔底部增强

3. 孔与孔的间距及孔与零件边缘尺寸推荐

孔与孔之间、孔与零件边缘之间的距离应至少大于孔径或零件壁厚的 1.5 倍以上，即 $S \geqslant 1.5t$ 或 $1.5d$，取二者的最大值，如图 3-40 所示。

4. 零件上的孔尽量远离受载荷部位

由于孔去除了零件的材料，降低了零件的强度；同时孔的周围（特别是有很多孔时）很容易产生熔接痕（见图 3-41），零件的强度被进一步降低。塑胶零件常常因为过多的孔而造成强度降低。因此在零件受载荷部位。应尽量避免放置太多的孔。

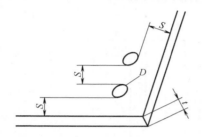

图 3-40 孔间距和孔与边缘的距离

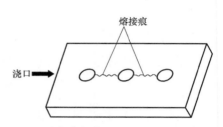

图 3-41 孔周围易产生熔接痕

5. 在孔的边缘增加凸缘以增加孔的强度

为了增加孔的强度和防止孔的变形，可以在孔的四周增加凸缘（见图 3-42），对需要增加强度的长孔或槽也可以使用类似的设计。

6. 避免与零件脱模方向垂直的侧孔

为简化模具结构，降低模具成本，零件设计需要避免与脱模方向垂直的侧孔。孔的设计应尽量使得模具结构简单。

与零件脱模方向垂直的侧孔在模具上需要使用侧向抽芯机构，这会增加模具的复杂程度，造成模具成本的上升。在保证零件功能的前提下，可以通过设计优化来减少和避免侧向抽芯机构的使用。如图 3-43 所示的塑胶件，下侧的孔需要侧向抽芯机构，模具结构复杂；而上侧的孔由于设计优化则可以直接脱模，不需要侧向抽芯机构，模具结构简单。

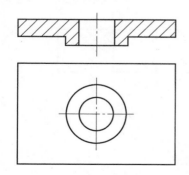

图3-42 孔周边增加凸缘以增加强度

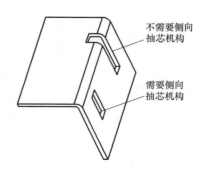

图 3-43 避免与零件脱模方向垂直的侧孔

7. 长孔的设计避免阻碍塑胶熔料的流动

长孔是指长而窄的孔。长孔的方向应该与塑胶熔料的流动方向一致，避免垂直于流动方向，以免阻碍塑胶熔料的流动，长孔的设计如图 3-44 所示。

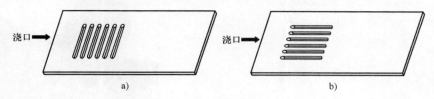

图 3-44 长孔方向与塑胶熔料流动方向一致
a）原始的设计 b）改进的设计

8. 风孔的设计

由于散热的需求，产品中常需要设计风孔。在一般情况下，风孔为圆孔时模具型芯为圆柱形，加工容易，模具成本低。

过多的风孔设计会造成零件强度降低，可以通过增加前几节所述的加强筋或凸缘等方法来增加风孔处零件的强度。

3.4.7 提高塑胶件强度的设计

塑胶件强度永远是产品设计工程师关心的一个主题。与金属零件相比，塑胶件强度一般比较低，但通过合理的零件设计，塑胶件强度可以大幅度提高，从而可以扩大塑胶件的应用范围。

1. 通过增加加强筋而不是增加壁厚来提高零件强度

零件设计时可以通过增加壁厚的方法来提高零件强度，但这往往是不合理的。零件壁厚增加不仅会增加塑胶件重量，而且容易使零件产生缩水、气泡等缺陷，同时增加注射生产时间，降低生产效率。为提高零件的强度，正确的方法是增加加强筋、而不是增加零件壁厚。增加加强筋既能提高零件强度，又可以避免零件发生缩水、气泡等缺陷以及生产效率较低等问题。当然，加强筋设计时相关尺寸必须遵循加强筋的设计原则，过厚的加强筋厚度也会造成零件缩水、气泡等缺陷的产生。

两种增加零件强度 2 倍的方法如图 3-45 所示。其一是增加壁厚，其二是保持壁厚不变、增加加强筋。为达到零件强度增加 2 倍的目的，增加零件壁厚的方法需要增加 25% 的零件体积，而通过增加加强筋的方法仅仅需要增加 7% 的零件体积。由此可以看出，增加加强筋是提高零件强度最好的方法。

图 3-46 所示为通过增加加强筋来提高座椅的强度。

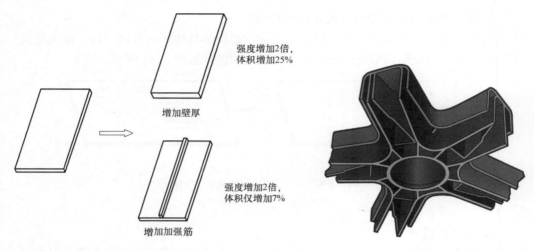

图 3-45　零件强度增加 2 倍的方法对比

图 3-46　通过增加加强筋来提
高座椅的强度

2. 加强筋方向需要考虑载荷方向

需要注意的是，加强筋只能加强塑胶件一个方向的强度。加强筋方向需要考虑载荷方向，否则加强筋不能增加零件抵抗载荷的能力，如图 3-47 所示。

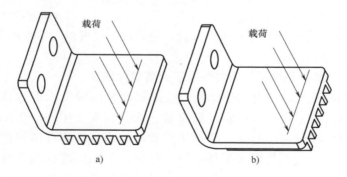

图 3-47　加强筋方向需要考虑载荷方向
a）原始的设计　b）改进的设计

如果零件承受的载荷是多个方向的载荷或者扭曲载荷，可以考虑增加 X 形加强筋或者发散形加强筋来提高零件强度，如图 3-48 所示。在日常生活中，塑胶凳子的背面常是通过 X 形加强筋或者发散形加强筋来提高零件强度的。

3. 多个加强筋常比单个较厚或者较高的加强筋好

多个加强筋的设计对零件强度的提高比单个较厚或较高的加强筋效果好，同时避免了零件表面缩水或者加强筋顶端注射不满等质量问题。因此，当单个加强筋的高度太高或者厚度太厚时，可以用两个较小的不高不厚的加强筋来替代，如图 3-49 所示。

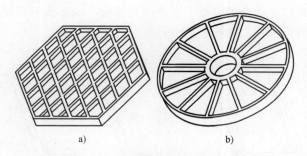

图 3-48 X 形加强筋和发散形加强筋

a) X 形加强筋 b) 发散形加强筋

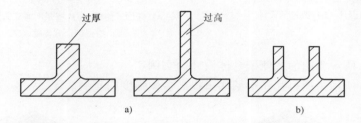

图 3-49 使用多个加强筋替代单个较厚或者较高的加强筋

a) 原始的设计 b) 改进的设计

4. 通过设计零件增强剖面形状提高零件强度

通过设计零件增强剖面形状可以提高塑胶件的强度，常见的零件增强剖面包括 V 形、锯齿形和圆弧形，如图 3-50 所示。这种方法的**缺点**是零件不能提供一个平整的平面，在某些情况下不能使用。

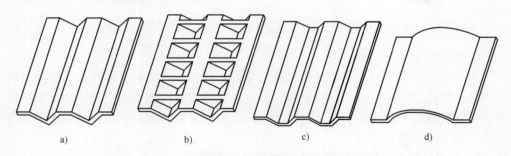

图 3-50 常见零件增强剖面

a) V 形（一） b) V 形（二） c) 锯齿形 d) 圆弧形

5. 增加侧壁和优化侧壁剖面形状来提高零件强度

避免平面型塑胶件设计，平面型的塑胶件强度非常低，可以通过四周增加侧壁来提高零件的强度，如图 3-51 所示。

　　侧壁的形状可以是单纯的直壁，在条件允许时，曲面式侧壁或者带增强剖面式侧壁更能提高零件的强度，如图 3-52 所示。

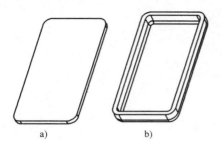

图 3-51　增加侧壁提高零件强度

a）原始的设计　b）改进的设计

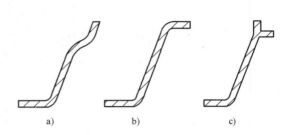

图 3-52　常见零件侧壁增强形状

a）曲面式侧壁　b）增强剖面式侧壁（一）

c）增强剖面式侧壁（二）

　　图 3-53 所示为曲面式侧壁盒体设计的实例。

　　图 3-54 所示为通过瓦楞形结构来提高盒体强度的实例。

图 3-53　曲面式侧壁盒体设计

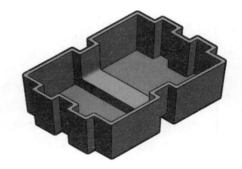

图 3-54　瓦楞形盒体设计

6. 避免零件应力集中

　　零件应力集中常发生于零件尖角处、零件壁厚剧烈变化处、零件孔、槽及金属嵌件处。零件应力集中会大幅降低零件的强度，使得零件在冲击载荷作用下发生失效。零件设计应当避免应力集中的发生。为防止零件应力集中，零件设计应严格遵循上述章节中的设计指南。

7. 合理设置浇口避免零件在熔接痕区域承受载荷

　　在零件注射过程中，塑胶熔料在经过孔、槽、支柱及零件尺寸较大处或者采用多个浇口时，塑胶熔料会有两个及两个以上的流动方向，当两个方向的塑胶熔料相遇时，在此区域会产生熔接痕。

　　零件熔接痕区域是零件强度最低的区域之一，是最容易发生失效的区域之一，因此必须合理设置浇口的位置和数量，以避免零件在熔接痕区域承受载荷。如

图 3-55 所示，在原始的设计中，浇口的位置使得熔接痕刚好处于零件所受载荷处，零件容易在载荷作用下失效；在改进的设计中，调整浇口的位置，使得熔接痕的位置避开零件所受载荷处，零件的可靠性大大增强。

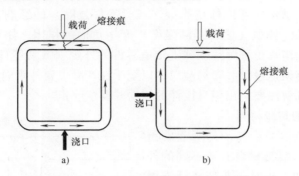

图 3-55 合理设置浇口，避免零件在熔接痕区域承受载荷
a) 原始的设计 b) 改进的设计

熔接痕的位置可以通过 Mold Flow 等模流分析软件来预测，产品设计工程师可以在零件开模时，要求模具供应商提供零件的模流分析报告，从而合理地选择浇口的位置和数量。

8. 其他强度增强相关因素

1) 玻璃纤维增强塑料常用来代替普通塑胶材料来提高塑胶件强度。需要注意的是，玻璃纤维增强塑胶只在玻璃纤维的方向上提高零件的强度。

2) 塑胶件承受压缩载荷的能力比承受拉伸载荷的能力强。

3) 在承受拉伸载荷时，设计一致的零件剖面以均匀分散载荷。

4) 避免零件承受圆周载荷。零件（如金属嵌件处）承受圆周载荷时，很容易发生破裂而失效。

5) 在承受冲击载荷时，保持零件剖面的完整性，避免在冲击载荷方向上零件剖面出现缺口和应力集中。

3.4.8 提高塑胶件外观质量的设计

在市场竞争日益激烈的今天，产品外观成为吸引消费者购买产品的重要因素之一。由于塑胶材料本身以及注射工艺的特性，塑胶件很容易产生缩水、气泡、熔接痕、困气、喷流等外观缺陷，严重影响零件的外观质量。塑胶件发生外观质量问题主要源于零件设计的问题、模具设计的问题以及零件注射过程中注射工艺参数不正确的问题。对产品设计工程师来说，首先需要从零件设计入手解决零件外观质量问题，特别是当零件是产品外观零件时更应如此，产品内部零件的外观要求则可以适当放宽。

从零件设计的角度上，除了零件设计需要满足上述章节的设计指南外，还可以从以下几个**方面来提**高塑胶件外观质量。

注：本书把**模具**设计中浇口的选择和布局、模具通风和模具顶出结构等归结于零件设计，并**不是说产品**设计工程师需要亲自进行模具设计，而是因为产品设计工程师必须了解**模具结构**对零件外观质量（或者零件强度）的影响，并检查零件模具结构是否对**产品的外**观（或者零件强度）产生负面的作用，如果有则要求改进模具的设计，**因为模具**工程师往往并不知道零件的外观（或者零件强度）的要求。例如，他们可能**错误地设计**和布局浇口，以至于在产品重要外观面出现熔接痕，此时产品设计工程师**就需要**指出模具设计的错误并要求改正。

1. 选择合适的塑胶材料

塑胶材料的选**取对**产品的外观起着重要的作用，不同的**塑胶**材料有着不同的外观质量表现。**例如，相对**于非玻璃纤维增强的材料，玻璃纤维增强的材料注射成型后一般外观质量比**较低**，而且容易翘曲。

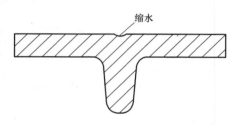

图 3-56 较厚的加强筋造成零件对应表面缩水

2. 避免零件外观表面缩水

零件表面缩水是**塑胶件**最容易发生的外观缺陷之一。缩水一般发生在零件壁厚较厚处所对应的零件外表面，例如加强筋、支柱与壁的连**接处**所对应的零件外表面，如图 3-56 所示。

1）通过设计**掩盖**零件表面缩水。在允许的情况下，可以通过 U 形槽、零件表面断差的设计以及表面**咬花**等方式来掩盖塑胶件表面缩水，如图 3-57 所示。

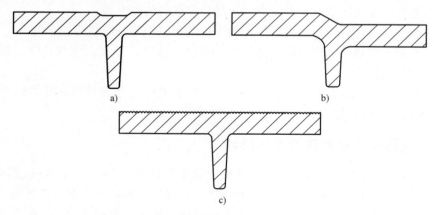

图 3-57 通过设计掩盖零件表面缩水

a）U 形槽 b）表面断差 c）咬花

2）"火山口"设计。支柱壁厚处或加强筋壁厚处局部去除材料（我国台湾地区称之为"火山口"），可以大幅降低零件外观缩水的可能性，如图 3-58 所示。当然，"火山口"设计会在一定程度上降低支柱或加强筋的强度。

3）合理设置浇口的位置。零件离浇口越远处，越容易**产生表面**缩水。对于零件重要外观表面对表面缩水要求高的区域，可以合理设计浇口**的位置**使其靠近该区域，减小零件表面缩水的可能性。同时，浇口的位置应使得**塑胶熔料**从壁厚处流向壁薄处，如图 3-59 所示。如果塑胶熔料从壁薄处流向壁厚处，**壁薄**处首先冷却凝固，壁厚处表面很容易产生缩水，内部则容易产生气泡。

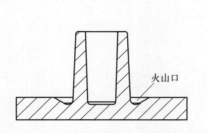

图 3-58　支柱和加强筋"火山口"设计

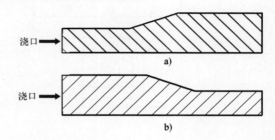

图 3-59　合理设置**浇口的**位置
a）错误的浇口位置　b）**正确的浇口位置**

3. 避免零件变形

零件变形不但会造成零件尺寸精度差，容易产生装配问题和**影响零件**功能的实现，同时也会影响零件的外观。零件发生变形的原因很多，主要**包括** 4 个方面：零件在塑胶熔料流向方向上和横截面方向上不同的收缩比、**零件不均匀**的冷却、零件壁厚不均匀，以及零件几何形状不对称等。

1）零件在塑胶熔料流向方向上和横截面方向上不同的收**缩比**。零件在塑胶熔料流向方向上和横截面方向上不同的收缩比造成了零件的变形，如图 3-60 所示。非玻璃纤维增强材料在塑胶熔料流动方向上收缩率比横截面方向**上大**，造成塑胶在塑胶熔料流动方向上收缩大，在横截面上收缩小，零件发生变形；而玻璃纤维增强材料则刚好相反，在塑胶熔料流动方向上收缩率比横截面方向上**小**，造成塑胶在塑胶熔料流动方向上收缩小，在横截面上收缩大，零件发生变形。

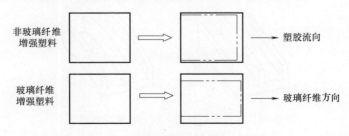

图 3-60　不同的收缩比造成零件变形

2）零件不均匀地冷却。零件在壁厚方向上不均匀地冷却会造成零件变形。不均匀地冷却一方面可能是因为注射模具水路设计不均衡造成的，另一方面**可能**是零件本身外侧的散热面积大于内侧的散热面积，外侧散热较快、冷却较快，而内侧散热较慢、冷却较慢（见图3-61），零件变形的方向总是朝着较热的零件面。

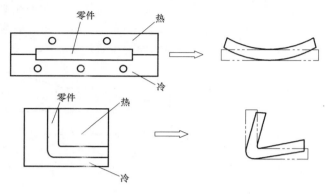

图3-61 零件不均匀的冷却造成零件变形

3）零件不均匀的壁厚造成变形。塑胶件收缩率随着零件壁厚的增加而增加，不均匀壁厚造成的收缩差异是热塑性塑胶件发生变形的主要原因之一。具体地说，塑胶件剖面壁厚的变化通常会引起冷却速率差异与结晶度差异，结果造成零件收缩差异与零件变形，如图3-62所示。

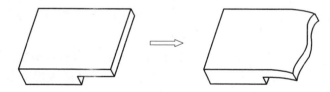

图3-62 零件不均匀的壁厚造成零件变形

4）零件不对称的几何形状造成零件变形。零件不对称的几何形状会导致冷却不均匀和收缩差异，造成零件变形，如图3-63所示。

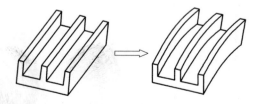

图3-63 零件不对称的几何形状造成零件变形

5）预测零件变形趋势，通过设计减小零件变形。前面讲述了零件变形的原因和方式，但这不是重点，产品设计的重点是预测零件的变形趋势并通过零件设计优化减少甚至避免零件变形的发生，如图3-64、图3-65所示。

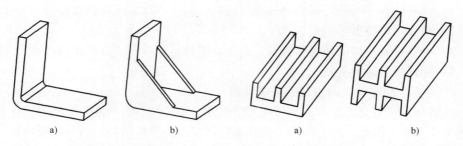

图 3-64　增加加强筋减小零件变形　　图 3-65　对称零件设计减小零件变形
　　a）原始的设计　b）改进的设计　　　　a）原始的设计　b）改进的设计

4. 外观零件间美工沟的设计

两个外观塑胶件之间配合时，因为零件制造误差和装配误差的存在，两个零件之间的间隙和断差（指一个零件的表面高于另外一个零件的表面）总是会存在的，这会影响产品的外观，如图 3-66a 所示。

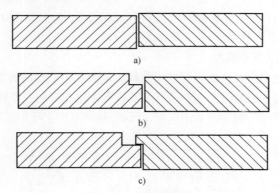

图 3-66　美工沟的设计
a）间隙和断差永远存在　b）美工沟的设计（一）　c）美工沟的设计（二）

通过美工沟的设计可以掩盖两个外观塑胶件之间的间隙，从而提高产品的外观质量。常用美工沟的设计有两种，如图 3-66b 和 3-66c 所示。美工沟的大小根据产品的尺寸而定，如电脑主机面板美工沟的大小为 0.5mm × 0.5mm。在两种美工沟设计中，第二种方法优于第一种。第一种美工沟的设计因为间隙的存在使得消费者有可能看到产品内部零件，同时没有防尘的作用。

当两个外观塑胶件之间的关系是前后或上下关系时，例如手机的上下盖，此时断差成为影响零件外观的一个因素。如果后面或下面的零件高于前面或上面的零件时，产品就会变得非常难看，因此在这种情况下美工沟设计时应当设计后面或者下面的零件低于前面或者上面的零件。

5. 避免外观零件表面出现熔接痕

熔接痕也是常见的塑胶件表面外观缺陷，需要避免。具体方法如下：

1）塑胶件表面咬花可以部分掩盖熔接痕，但并不能完全掩盖熔接痕。

2）喷漆可以**掩盖熔接痕**。

3）合理设置浇口的位置和数量，避免在零件重要外观表面产生熔接痕。

4）保证模具通风顺畅。

6. 避免外观零件表面出现断差或飞边

模具凸、凹模交汇处、型芯与型芯交汇处、型芯与凸、凹模交汇处等很容易出现断差或飞边。因此，产品设计工程师应当仔细检查模具结构中的分型面位置，避免在零件重要外观面出现断差或飞边，影响零件外观质量。

另外，应**避免**把顶出结构放置于零件的重要外观面处，这也会产生飞边。对于透明塑胶件更应当特别注意。

3.4.9 降低塑胶件成本的设计

1. 设计多功能的零件

注射模具通常比较昂贵，设计多功能的塑胶件，能够分担模具成本，从而降低零件开发成本；同时，由于塑胶件可以具有复杂形状和内部结构，一个塑胶件往往可以替代两个甚至多个传统工艺方法加工的零件，而多个塑胶件在有些时候也可以合并成一个塑胶件以节省成本。

例如，在电子电器产品中，合理的电缆线走向和固定对产品的散热和电磁干扰等至关重要。电缆线固定一般通过专用的束线带或线夹来完成，而在塑胶件中增加一些简单的特征即可实现电缆线的固定，如图 3-67 所示，从而减少束线带或线夹的使用。

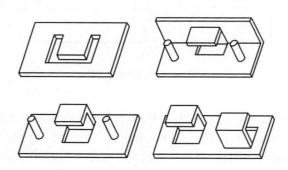

图 3-67　设计多功能塑胶件代替束线带或线夹

2. 降低零件材料成本

塑胶材料是石油工业的产品之一。随着石油资源储备的不断减少，塑胶材料的价格也在不断上涨。在前几年石油价格飙升的时候，塑胶材料价格的飙升甚至造成中国家电企业不得不提高家电产品的价格。

因此，在保证产品功能等的要求下，零件设计应尽可能使用较少的材料。较少的材料能够降低零件成本，同时避免零件注射时增加注射时间，从而增加注射成本。在减少零件材料的使用时，需要注意：

1）通过增加加强筋而不是增加壁厚的方法来提高零件的强度。

2）零件较厚的部分去除材料。

3. 简化零件设计，降低模具成本

在第 2 章面向装配的设计指南中讨论过 KISS 原则，KISS 原则也适用于单个零件的设计，塑胶件的设计也是越简单越好。复杂的塑胶件形状和结构不但会增加模具结构的复杂性，增加模具的成本，同时会影响零件的质量和性能。

塑胶件应尽可能地设计成多功能的零件，但多功能的零件并不意味着复杂的零件。如果塑胶件多功能的设计反而造成了产品整体成本的上升，这恰恰违反了塑胶件多功能的目的，因为塑胶件多功能的目的之一就是降低产品成本。

4. 避免零件严格的公差

影响塑胶件尺寸公差的因素见表 3-9。

表 3-9　影响塑胶件尺寸公差的因素

塑料特性	产品设计	模具设计	注射工艺
收缩率（各向同性和各向异性）	产品结构	模具精度	注射机性能
尺寸稳定性	壁厚	模具穴数	注射压力/速度
黏度	脱模斜度	流道系统	保持压力/速度
是否添加增强纤维	对称性	顶出系统	熔化温度和模具温度
	表面处理	冷却系统	夹紧力
	尺寸大小	模具设计/布局	重复生产能力

注射加工尺寸公差精度可分为三种等级：普通级注射、技术级注射和高精级注射，表 3-10 列出了三种等级的成本指数及其对注射加工的要求。

表 3-10　塑胶件尺寸公差三种等级

注射加工尺寸公差等级		普通级注射	技术级注射	高精级注射
成本指数		100	170	300
注射加工要求	模具精度要求	普通模具加工技术	要求模具加工尺寸有较高精度	高精度模具加工技术
	模具穴数要求	一模多穴	有些情况可以一模多穴	一模一穴
	注射成型工艺参数要求	注射成型工艺参数要求不严格	注射成型工艺参数要求较严格	注射成型工艺参数需严密监控
	废料使用	废料可再次使用	废料在一定范围内可再次使用	不可使用废料
	检验	偶尔检验	统计质量管控	统计工艺控制

可以看出，塑胶件尺寸公差越严格，对模具精度、模具穴数、注射成型工艺、

检验等要求就更高，塑胶件成本就越高。产品设计工程师应当意识到严格的塑胶件尺寸公差对塑胶件零件成本和模具成本的巨大影响。因此，在产品设计时，在保证零件功能等前提下，通过优化的产品设计，尽量避免使用严格的塑胶件尺寸公差。除了在第二章 2.2.15 节中提到的一些措施外，对于塑胶件，还有一些措施包括：

➢ 在尺寸精度要求较高的应用场合，选择收缩率低的塑料。

➢ 模具型腔与嵌件、斜销和滑块等配合处存在着额外的对齐误差，避免在该区域提出严格的公差要求。

➢ 预测塑胶件翘曲变形区域，避免在该区域提出严格的公差要求；通常可通过增加加强筋等方式来降低翘曲变形。

5. 零件设计避免倒扣

倒扣是指零件无法正常脱模的特征，例如位于模具开模方向上侧的开口和侧面的凸台等。在模具中，倒扣是通过侧向分型与抽芯机构来实现的，而侧向分型与抽芯机构是模具中比较复杂的结构之一，同时也是增加模具成本的一个重要因素。常用的侧向分型与抽芯机构包括斜销和滑块。

为降低模具成本，零件设计避免倒扣是一个重要的手段。

（1）有些外侧倒扣可以通过重新设计分型面来避免　如图 3-68 所示，重新设计分型面可避免零件外侧倒扣而不能顺利脱模。

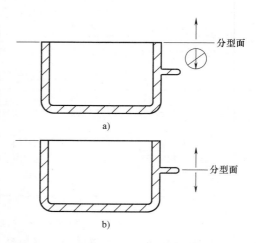

图 3-68　重新设计分型面避免零件倒扣
a）零件不能脱模　b）零件顺利脱模

（2）重新设计零件特征避免零件倒扣　很多零件倒扣特征可以通过特征的优化设计而去除，从而避免使用侧向抽芯机构，降低零件模具成本，如图 3-69 所示。

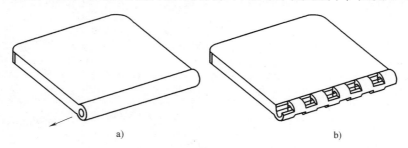

图 3-69　重新设计零件特征避免零件倒扣
a）铰链口倒扣，需要侧向抽芯机构　b）铰链口可以顺利脱模

如图 3-70 所示，原始的设计中，零件存在倒扣，需要通过斜销或滑块等侧向抽芯结构来脱模；通过零件特征的重新设计，可以避免使用侧向抽芯机构，在改进的设计中提供了四种方法，见图 3-70b、c、d 和 e。

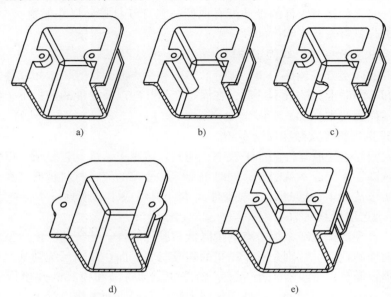

图 3-70　重新设计零件特征避免零件倒扣

a）原始的设计　b）改进的设计（一）　c）改进的设计（二）
d）改进的设计（三）　e）改进的设计（四）

6. 降低模具修改成本

当一副塑胶件注射模具制造完成后，再进行模具修改的成本非常高，不正确的塑胶件设计往往会增加模具修改次数，提高模具成本，从而增加零件和产品的成本。因此，塑胶件的设计需要尽量减少甚至避免模具的修改。

（1）零件的可注射性设计　塑胶件设计的时候应当充分考虑零件的可注射性。零件可注射性好，零件注射成型后质量高，模具修改次数就少，模具修改费低。如果塑胶件设计不考虑零件的可注射性，零件可注射性差，零件注射成型后质量低，模具修改次数多，模具修改费用就高。因此，塑胶件设计必须遵循本章所涉及的塑胶件设计指南。

（2）减少产品设计修改次数　当然，模具修改还可能是因为塑胶件在整个产品中不能实现其应有的功能，因此在模具开发之前，产品设计工程师需要通过 CAE 分析和运动仿真、样品制作等手段来完善和优化零件的设计，确保零件设计万无一失后，再进行模具的设计和开发，从而减少模具制造完成后的产品设计修改。

（3）避免添加材料的模具修改 模具去除材料比较容易，修改费用低；模具添加材料比较复杂，修改费用高。因此，塑胶件的设计修改最好是使得模具去除材料而不是添加材料，那么塑胶件的设计修改就应当是添加材料，而不是去除材料。在零件设计时，如果对零件的设计没有把握，则可以对零件尺寸保留一定的余量，然后通过去除材料来验证零件的设计。

7. 使用卡扣代替螺钉等固定结构

塑胶件的固定方式包括卡扣、螺钉、热熔和超声波焊接等，卡扣能够快速装配和快速拆卸，同时卡扣的成本最低，在满足产品装配以及功能的前提下，使用卡扣能够降低零件的成本。

8. 合理选择模具穴数和流道系统

模具穴数影响塑胶零件的加工效率。模具穴数越多，模具越复杂，但塑胶件的加工效率越高，加工成本就越低，同时单个零件分摊的流道材料越低。在预期的塑胶件产能要求情况下，通过计算塑胶件成本（材料成本、模具成本分摊和加工成本），可合理选取模具穴数。

另外，合理选择流道系统也有助于降低塑胶件成本。传统的冷流道系统存在着流道材料耗损的缺点，特别是对于昂贵的塑胶材料。而热流道系统则基本不存在流道材料耗损，而且由于没有流道系统，塑件的冷却时间和模具的开模行程都可缩短，从而可以缩短成型周期，另外无须修剪浇口及回收加工浇道等工序，有利于生产自动化；但其缺点是价格较传统的冷流道模具贵。

9. 其他

1）零件外观装饰特征及零件上的文字和符号宜向外凸出，模具加工时为下凹，加工容易。

2）设计零件和模具使得浇口能够自动切除，或者把浇口隐藏在产品内部，避免对浇口的二次加工。把分型面隐藏在产品内部，避免对分型面的二次切除加工。

3.4.10 注射模具可行性设计

产品设计需要考虑注射模具结构的可行性和提高模具的使用寿命。

1. 卡扣等结构应为斜销（或滑块）预留足够的退出空间

卡扣等结构是塑胶件常用的一种装配方式，通过模具中的斜销（或滑块）侧向抽芯结构成型而成。斜销（或滑块）在零件脱模时有一个从卡扣中退出的行程，零件的设计需要为斜销（或滑块）的退出提够足够的运动空间，否则会出现斜销（或滑块）无法退出或者斜销（或滑块）在退出过程中与零件上其他特征（如支柱等）发生干涉的现象，如图3-71所示。

2. 避免模具出现薄铁以及强度太低的设计

在塑胶件中，如果两个特征距离非常近，那么在模具上相对应的部位就是一块薄铁，如图3-72所示，这容易造成模具强度低、寿命短，因此需要避免在模具上

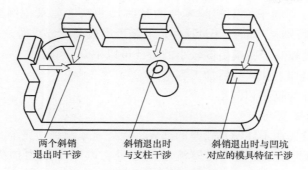

图 3-71 斜销应当有足够的退出空间

出现薄铁以及模具强度太低的零件设计。

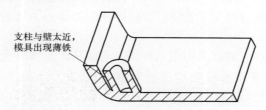

图 3-72 避免模具出现薄铁和模具强度太低

3.4.11 注射模具讨论要点

注射模具讨论是指产品设计工程师检查模具设计和模具结构并从产品设计的角度提出修改意见。一个优秀的产品设计工程师应当能够熟悉注射模具相关知识，清楚模具结构对产品的强度、功能和外观等方面产生的影响，并针对模具结构中分型面、浇口、推杆等设计做出正确的判断。

一般来说，在注射模具正式开始加工之前，模具供应商应当提供模具的设计图样，包括分型面、浇口、顶针等设计和模流分析（Mold Flow）报告，如果模具相关设计影响了零件强度、功能和外观等，产品设计工程师应要求模具供应商修改模具设计，否则，当模具加工完成后才发现问题，再来修改模具就耗费时间和金钱了。以下是注射模具讨论要点。

1. 分型面的设计

分型面（Parting Line）是注射模具凸模和凹模的分界线，分型面的选择一般需要注意以下几点：

1）不得位于外观明显位置而影响产品外观质量。

2）尽量避免倒扣的产生，简化模具结构，降低模具成本。

3）便于零件脱模，一般应使得零件开模后零件留在凸模侧，因为在凸模侧设置脱模机构较容易。

4）分型面应有利于保证塑胶零件的某些尺寸精度要求，例如同心度、同轴度、平行度等，特别是产品设计对这些尺寸精度有较高的要求时。

5）对于高度较高、脱模斜度较小的特征可以中间分型。

6）位于模具加工和产品后加工容易处。

7）方便零件的咬花和抛光。

2. 浇口的选择

1）浇口应设置在零件壁厚较厚的部分，保证充模顺利和完全。

2）浇口应设置在使塑料充模流程最短处，以减少压力损失、有利于模具排气。

3）浇口的位置决定了熔接痕的位置，可通过模流分析或经验判断产品因浇口位置而产生熔接痕处是否影响产品外观和功能，可加设冷料穴予以解决。

4）在细长型芯附近避免设置浇口，以防止塑胶熔料直接冲击型芯产生变形错位或弯曲。

5）大型或扁平产品建议采用多点进浇，以防止产品翘曲变形和缺料。

6）浇口尽量设置在不影响产品外观和功能处，可在边缘或底部处。对于透明的塑胶件更应当特别注意浇口位置的隐藏，否则浇口会严重影响产品的外观。

7）浇口尺寸由产品大小、几何形状结构和塑料种类决定，可先取小尺寸再根据试模状况进行修正。

8）一模多穴时相同的产品采用对称进浇方式，对于不同产品在同一模具中成型时优先将最大产品放在靠近主流道的位置。

3. 顶出系统的设计

1）为避免零件因顶出而变形，顶出机构应设置于零件强度较高的位置，如加强筋、零件边缘处等。

2）顶出力和位置应均衡设置，确保产品不变形、不顶破。

3）顶出机构须设置在不影响产品外观和功能处，对于透明的塑胶件更应该注意顶出机构及其位置的选择。

4）尽量使用标准件，安全可靠，有利于制造和更换。

3.5 塑胶件的装配方式

塑胶件的装配方式很多，常见的装配方式大致可以分为卡扣、机械紧固、热熔和焊接 4 大类，每一类装配方法有各自的优缺点，见表 3-11。产品设计工程师应当在产品设计的最初阶段就根据产品的装配要求和工厂现有装配设备和技术等选择合适的装配方式。

表 3-11　塑胶件装配方式优缺点对比

装 配 方 式	优　　点	缺　　点
卡扣	1. 成本低 2. 可以拆卸 3. 设计灵活 4. 快速装配和拆卸	1. 卡扣配合间隙的存在可能会使得固定不牢固和产生噪声 2. 不可用于有预紧力下的装配，长期受力下蠕变失效
机械紧固 （自攻螺钉、螺钉、螺柱、铆钉）	1. 稳健的设计 2. 可以反复拆卸	1. 支柱在扭力作用下破裂 2. 滑丝（自攻螺钉） 3. 成本中等
热熔	1. 强度较高 2. 无须额外零部件 3. 适合大批量、低成本生产	1. 不可拆卸 2. 零件热膨胀系数不同可能会造成连接松弛 3. 有些热熔方式外观不够漂亮
焊接 （超声波焊接、振动焊接）	1. 强度高 2. 没有蠕变问题	1. 需二次加工 2. 不可拆卸 3. 有些塑胶材料之间焊接性能差 4. 成本中等/较高

当然，塑胶件的装配方式可以是以上几种方式的组合，多种方式之间取长补短，会取得意想不到的效果。例如卡扣和螺钉的组合，不但保证了稳定的固定效果，同时装配简单、快速。

本节将讲述卡扣装配、机械紧固和热熔，超声波焊接将在 3.6 节讲述。

3.5.1　卡扣装配

客户要求采用无螺钉设计，于是我们使用卡扣装配，但做跌落测试时，卡扣断裂了，我们不知道该怎么办？

——迷茫的工程师

卡扣是塑胶件装配方式中最简单、最快速、成本最低及最环保的装配方式，卡扣装配时无须使用螺钉旋具，装配过程简单，只需一个简单的插入动作即可完成两个或多个零件的装配。

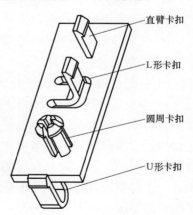

图 3-73　常用卡扣形状

1. 卡扣的分类

卡扣有多种分类方式。根据卡扣的形状，常用的卡扣可以分为直臂卡扣、L 形卡扣、U 形卡扣和圆周卡扣等，如图 3-73 所示。相对于直臂型卡扣，由于有效长度的增加，L 形和 U 形卡扣具有较大的弹性。

根据卡扣是否可以拆卸，卡扣分为可拆卸式卡扣和不可拆卸式卡扣，如图 3-74 所示。

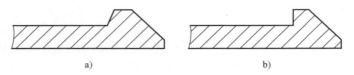

图 3-74　可拆卸式卡扣与不可拆卸式卡扣

a）可拆卸式卡扣　b）不可拆卸式卡扣

根据卡扣的截面是否变化，卡扣分为直臂卡扣和锥形卡扣，如图 3-75 所示。锥形卡扣是从卡扣的根部开始变细，与直臂卡扣相比，在卡扣根部厚度相同的情况下，锥形卡扣能有效地减小卡扣的应力以及允许更大的变形量。锥形卡扣的另外一个应用是，当直臂卡扣强度不够时，可以在其根部增加材料形成一个锥形卡扣来增加强度。

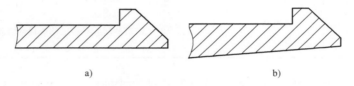

图 3-75　直臂卡扣与锥形卡扣

a）直臂卡扣　b）锥形卡扣

2. 卡扣设计注意事项

在进行卡扣设计之前，需要了解以下重要因素：

➢ 使用塑胶材料的力学性能。

➢ 要装配和拆卸的次数。

➢ 装配过程中卡扣能够承受的应力和应变。

➢ 装配后作用于卡扣的机械压力。

（1）卡扣的尺寸　卡扣的尺寸需要保证卡扣具有足够的强度和弹性，使得卡扣在装配或拆卸过程中不会发生折断而失效，因此合理的卡扣尺寸设计至关重要。一个典型的直臂卡扣尺寸设计如图 3-76 所示。

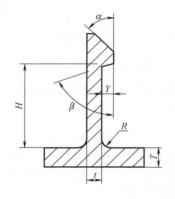

图 3-76　卡扣的尺寸

卡扣厚度 $t = (0.5 \sim 0.6)T$

卡扣的根部圆角半径最小值 $R_{min} = 0.5t$

卡扣的高度 $H = (5 \sim 10)t$

卡扣的装配导入角 $\alpha = 25° \sim 35°$

卡扣的拆卸角度 β：

$\beta \approx 35°$ 用于不需外力的可拆卸的装配

$\beta \approx 45°$用于需较小外力的可拆卸的装配

$\beta \approx 80° \sim 90°$用于需很大外力的不可拆卸的装配

卡扣的顶端厚度 $Y \leqslant t$

卡扣的厚度和高度是决定卡扣的强度和弹性的主要因素。卡扣厚度太薄则强度弱，卡扣不能承受较大的组装力；卡扣厚度太厚则卡扣没有弹性，会因为在装配过程中没有足够的偏移量而发生折断，同时卡扣对应的塑胶壁容易出现缩水缺陷。

不同的塑胶材料因为其弹性模量等参数不同，其卡扣的尺寸会有所不同，可以通过相关的公式计算出所需要的卡扣尺寸。当然，最好的办法是通过有限元分析来验证卡扣的尺寸设计是否满足受力需求。

（2）卡扣根部增加圆角避免应力集中　卡扣最常见的失效方式是由于卡扣根部与零件壁尖锐连接，从而导致卡扣根部应力集中，以至于在装配或拆卸过程中发生断裂。因此卡扣根部需要避免尖角，至少保证卡扣厚度一半大小的圆角，卡扣的根部圆角设计如图 3-77 所示。

（3）卡扣均匀分布　如果两个零件之间通过卡扣配合，那么卡扣需要均匀设置在零件的四周，以均匀承受载荷。如果零件容易发生变形，可以考虑让卡扣靠近零件容易变形的地方，如零件的角落处。

（4）使用定位柱辅助零件装配和保证装配尺寸精度　零件之间如果完全通过卡扣配合，由于卡扣尺寸精度较低，很难保证零件之间的装配精度要求，这是卡扣装配的缺点。此时，可以通过增加定位柱和定位孔来保证零件之间的装配尺寸和提高装配精度。

使用定位柱和定位孔还有另外两个好处。其一，在两个零件装配过程中，适当高度的定位柱和定位孔先于卡扣装配特征之间接触（也就是说，塑胶件上的定位柱高度高于卡扣的高度），可以为零件的装配过程提供导向，提高装配效率，此时定位柱的作用就起着导向的作用；其二，使用定位柱可以有效避免由于粗暴装配动作而发生的卡扣损坏。

定位柱的使用如图 3-78 所示。

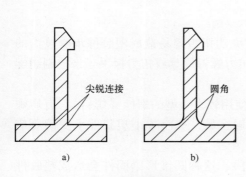

图 3-77　卡扣的根部圆角
a）原始的设计　b）改进的设计

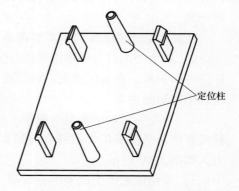

图 3-78　使用定位柱辅助卡扣装配

（5）卡扣设计避免增加模具复杂度　不合理的卡扣设计很容易增加注射模具的复杂度（见图3-79a），零件需要侧向抽芯机构，增加模具成本。适当的卡扣设计优化就能简化模具结构（见图3-79b）。在卡扣根部开孔就可避免倒扣，注射模具不需要侧向抽芯机构，简化了模具结构。

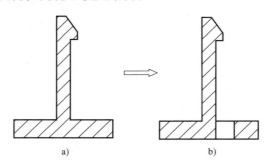

图 3-79　卡扣设计避免增加模具复杂度

a）卡扣倒扣，需要侧向抽芯机构　b）卡扣不需要侧向抽芯机构

（6）卡扣设计需要考虑模具修改的方便性　卡扣设计一般需要经过多次的设计修改（包括修改卡扣的长度、厚度、偏移量等）才能满足零件的装配要求，因此，卡扣的设计尺寸可以稍微偏小，而不是一次性地把卡扣的尺寸做足，为之后的模具修改提供方便。

3.5.2　机械紧固

1. 紧固件装配

塑胶件可以通过标准的螺栓、螺钉和螺母等通用紧固件来实现装配。由于紧固件由铁或铜等金属构成，强度较高，而相对来说，塑胶件强度较低，因此在使用紧固件进行塑胶件的装配时，需要避免塑胶件承受较大的压应力而发生变形甚至折断等问题。

在使用紧固件装配时，需要考虑到：

1）避免使用过大的扭矩来进行装配。过大的扭矩容易造成塑胶件承受过大的压应力而失效。在装配线上，可以通过使用扭力螺钉旋具或扭力扳手等来控制装配过程中扭矩的大小。

2）避免使用较小头型的螺栓（螺钉）。使用较大头型的螺栓（螺钉）、有肩螺栓或者使用垫圈来扩大塑胶件与紧固件的接触区域，从而减小塑胶件承受的压应力，如图3-80所示。

3）避免使用沉头或半沉头螺栓（或螺钉），这种圆锥形紧固件会造成塑胶件承受圆周应力而失效，如图3-81所示。

4）可以通过塑胶件的优化设计来避免塑胶件承受较大的应力，如图3-82所示。

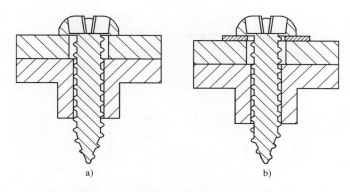

图 3-80　避免使用较小头型的螺栓（螺钉）

a）原始的设计　b）改进的设计

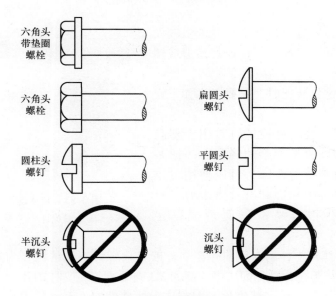

图 3-81　避免使用沉头或半沉头螺栓（螺钉）

2. 自攻螺钉

自攻螺钉（Self- tapping Screw）包括螺纹切削自攻螺钉（Thread- cutting Screw）和螺纹成形自攻螺钉（Thread- forming Screw），如图 3-83 所示。

螺纹切削自攻螺钉在螺纹尾端有一道或者多道切削口，使之在旋入塑胶件的过程中，在塑胶件上切削出配合的阴螺纹。螺纹切削自攻螺钉常用于脆性较大或比较坚硬的塑胶中，例如热固性塑胶和高填充（50% 以上）热塑性塑胶。

螺纹成形自攻螺钉在旋入塑胶件的过程中，通过强力在塑胶件上挤出配合的阴螺纹。螺纹成形自攻螺钉是大多数热塑性塑胶的最佳选择，但需要小心的是，在螺

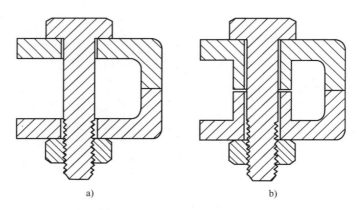

图 3-82　避免塑胶件承受较大的应力

a）原始的设计　b）改进的设计

纹成形自攻螺钉的旋入过程中，会产生较大的圆周应力，如果设计不当，很容易造成塑胶件破裂。

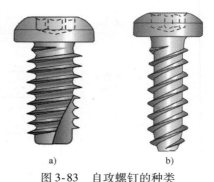

图 3-83　自攻螺钉的种类

a）螺纹切削自攻螺钉　b）螺纹成形自攻螺钉

使用自攻螺钉装配时，需要考虑如下设计原则：

（1）装配次数　自攻螺钉常用于塑胶件装配和拆卸次数不太多的场合。一般装配和拆卸次数不超过 3 次，可以使用自攻螺钉。当零件装配和拆卸次数太多时，自攻螺钉支柱孔很容易滑丝而造成固定失败。

（2）自攻螺钉支柱的内径和外径　一般自攻螺钉支柱的内径为螺钉公称直径的 0.8 倍，外径为公称直径的 2 倍，例如 M3 自攻螺钉，支柱内径为 2.4mm，外径为 6mm。支柱内径太小，螺钉拧入困难，支柱易破裂；而支柱内径太大，螺钉易滑丝，固定效果差。

支柱内径与塑胶材料和螺纹旋合长度有关系。对柔韧度高和不易碎的材料，支柱的内径可适当减小，反之则加大；如果螺纹旋合长度较长，支柱内径则可适当加大。

很多塑胶材料供应商和自攻螺钉厂商对于支柱的内径等相关尺寸有相应的推荐值。某自攻螺钉厂商对其生产的不同类型的自攻螺钉针对不同的塑胶材料所提供的支柱尺寸推荐值，如图 3-84 所示，其中 d 为螺钉的公称直径。当产品设计工程师对于支柱的内径等相关尺寸设计不是很明确时，可以向塑胶材料供应商和自攻螺钉厂商寻求帮助。

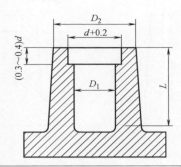

材料	支柱的内径 D_1			支柱的外径 D_2	最小螺纹旋合长度 L
	Plastite® 45	PT®	Dleta PT®		
ABS	0.80d	0.80d	0.86d	2.00d	2.00d
PA6	0.75d	0.75d	0.81d	1.85d	1.70d
PA-GF30	0.80d	0.80d	0.86d	2.00d	1.90d
PBT	0.75d	0.75d	0.81d	1.85d	1.70d
PBT-GF30	0.80d	0.80d	0.86d	1.80d	1.70d
PC	0.85d	0.85d	0.89d	2.50d	2.00d
PC-GF30	0.85d	0.85d	0.89d	2.20d	2.00d
PET	0.75d	0.75d	0.81d	1.85d	1.70d
PET-GF30	0.80d	0.80d	0.86d	1.80d	1.70d
POM	0.75d	0.75d	0.81d	1.95d	2.00d
PP	0.70d	0.70d	0.76d	2.00d	2.00d
PS	0.80d	0.80d	0.86d	2.00d	2.00d

图 3-84　某自攻螺钉厂商提供的支柱尺寸推荐值

（3）螺纹旋合长度不少于螺钉公称直径的 2 倍　螺纹旋合长度太小，螺钉抗拔出力小，固定效果差。自攻螺钉支柱的深度一般需要使得螺纹旋合长度不小于螺钉公称直径的 2 倍。

（4）支柱的深度　支柱的深度至少比螺钉长度大 0.5mm，同时，比螺钉长度大 0.5mm，防止螺钉顶部接触支柱根部，造成支柱根部损坏。

（5）支柱顶部增加斜角或沉孔　支柱顶部应当增加斜角或沉孔，如图 3-85 所示。斜角或沉孔具有导向作用，使得自攻螺钉拧入过程顺利，同时为塑胶屑提供空间，防止塑胶屑溢出，沉孔的尺寸可以参考图 3-84。

（6）支柱四周增加加强筋和圆角　自攻螺钉支柱最常见的失效模式是支柱不能承受自攻螺钉旋入过程中的圆周力而发生破裂，因此在支柱四周增加加强筋就非

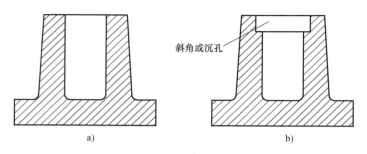

图 3-85　支柱顶部斜角或沉孔的设计

a）原始的设计　b）改进的设计

常必要。同时也应当在支柱与加强筋的连接处、支柱与主壁连接处增加一定的圆角以避免应力集中，提高支柱的强度，如图 3-86 所示。

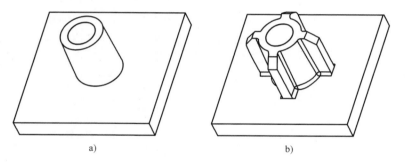

图 3-86　支柱四周增加加强筋

a）原始的设计　b）改进的设计

（7）合理的驱动扭矩　自攻螺钉在初次拧入支柱时，需要通过一定的驱动扭矩以驱动螺钉顺利的拧入支柱中。驱动扭矩过小则螺钉不易拧入，驱动扭矩过大则有可能造成支柱的破裂。具体驱动扭矩是多少，可以咨询自攻螺钉厂商、并同制造工程师一起通过多次调试来获得；同时，在装配过程中可用扭力螺钉旋具或电动螺钉旋具来控制和保证驱动扭矩的大小。

3. 埋入螺母

（1）埋入螺母的安装方式　当塑胶件需要多次拆卸时，使用自攻螺钉不是一个最佳选择，此时可以选择在塑胶件中埋入螺母，然后再使用螺钉固定。当然，埋入螺母的成本较高。根据埋入螺母的安装方式，埋入螺母可分为超声波螺母/热熔螺母、压入螺母、模内镶嵌螺母，如图 3-87 所示。

（2）安装方式对比　四种不同螺母安装方式的特点见表 3-12。

（3）螺母支柱设计指南　一般来说，螺母周围塑胶材料的厚度为螺母外径的 1/2 ~ 1 倍。如果螺母埋入支柱中，支柱的直径应至少是螺母直径的 2 倍，如

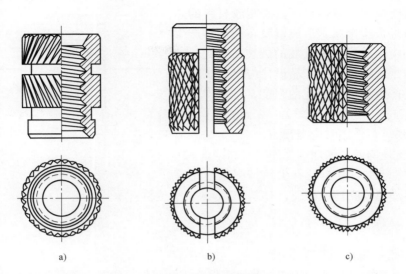

图 3-87 埋入螺母的种类

a）超声波螺母/热熔螺母 b）压入螺母 c）模内镶嵌螺母

图 3-88所示。较薄的壁厚和较小的支柱直径很容易影响螺母的使用性能。当产品设计工程师对支柱的尺寸设计不确定时，可以咨询螺母的厂商，很多厂商都会提供支柱的设计指南。

表 3-12 不同螺母安装方式对比

安装方式	定 义	优 点	缺 点
超声波	使用超声波设备，将超声波传至金属，经高速振动，使螺母直接埋入塑胶件内，同时将塑胶熔化，其固化后完成埋入	快速的螺母压入以及优良的螺母使用性能，不产生内应力或产生较小内应力	超声波设备比较昂贵，小批量生产时成本高
热熔	使用热熔设备，将螺母周围的塑胶件融化，固化后完成螺母的埋入	较好的螺母使用性能，不产生内应力或产生较小内应力	速度慢，效率低
压入	利用螺母的弹性，直接把螺母压入塑胶件相应的孔中，完成螺母的埋入	无设备费用或少量设备费用	有内应力产生
模内镶嵌	在注射模具型腔内放置螺母，注射时塑胶熔料将螺母镶嵌于其中	安装效果优良，使用性能好	难安装，增加注射周期，降低生产效率，容易造成模具的损坏，以及支柱易因内应力而破裂，是埋入螺母的最后选择

而对于模内镶嵌螺母，由于塑胶材料的热膨胀系数远大于金属，造成塑胶在冷却时产生较大的内应力，易导致支柱的破裂。因此，在选用模内镶嵌螺母时，产品设计应当注意减少内应力的产生和增加支柱的强度，避免支柱的破裂：

图 3-88 支柱的直径

1）螺母在使用时应当预热。

2）支柱的四周增加加强筋以提高强度。

3）螺母应当避免具有尖角，例如滚花等特征很容易造成支柱的破裂，对于 PC 等缺口敏感材料尤其如此。

3.5.3 热熔

1. 热熔的概念和原理

热熔是塑胶件与塑胶件或与其他零件，如金属件、印制电路板等进行装配的一种方法。热熔的原理：在塑胶件上有称为热熔柱的局部凸起，在需装配的零件上有对应的孔，热熔柱穿过孔，通过加热使热熔柱熔化再成型，从而将另一个零件紧固。根据加热方法的不同，热熔可分为热风热熔和脉冲热熔两种。

（1）热风热熔　热风热熔是通过热风机产生热风，热风将塑料上预留的热熔柱、肋、筋等加热到塑料玻璃化转化温度（T_g）之上使之软化，通过冷焊头对塑料施加压力使其再成型，然后冷却到 T_g 之下，从而形成对另一个零件的永久性固定，如图 3-89 所示。

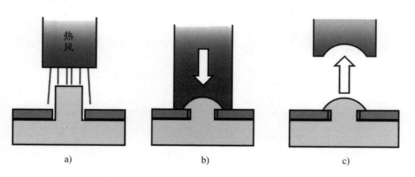

图 3-89　热风热熔的步骤

a）热风加热热熔柱　b）冷焊头对热熔柱施压成型　c）冷焊头离开

（2）脉冲热压　脉冲热压是利用变压器产生一个低电压的大电流，通过焊头令其迅速发热，热焊头将塑料加热到 T_g 之上使之软化，施加压力再成型，然后通过冷气将塑料冷却到玻璃化温度之下，从而形成对另一个零件的永久性固定，如图 3-90 所示。

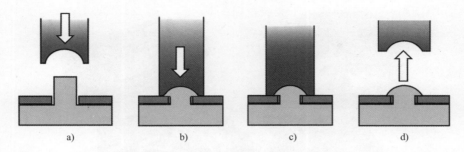

图 3-90　脉冲热熔的步骤

a）热焊头靠近热熔柱　b）焊头加热热熔柱并施压成型　c）冷却热熔柱和焊头　d）焊头离开

2. 热熔的优点

相对于其他塑料装配方法，热熔具有以下优点：

➤ 结构简单，仅仅利用塑料自身特性即可实现装配。

➤ 无须添加任何粘合剂、溶剂、填料，不需要额外的紧固件。

➤ 适用于塑胶件与其他不同材质之间的固定与装配。

➤ 通过使塑料加热软化的方式避免应力的产生。

➤ 大多数的热塑性塑料，包括 PC、ABS、PPO、PBT 以及玻璃纤维增强塑料（如 PA66＋30% 玻璃纤维）均可热熔；超声波热熔不能热熔玻璃纤维增强塑料。

➤ 玻纤增强塑料热熔时不会发生脆化。

➤ 由于是局部加热，不会对产品中的其他电子元器件造成损坏。

➤ 适用于长期振动工作环境下零部件的固定与装配。

➤ 生产效率高，可同时热熔多个点或者多个零件，例如在通信行业最多可一次性热熔 200 个点，适合大批量、低成本生产。

➤ 热熔加工过程无振动、无污染、无噪声，环保、节能、快速、高效。

正因为热熔的这些优点，热熔获得越来越多的关注，目前热熔广泛应用于汽车、通信、玩具、航空、医疗以及消费类电子等领域，如图 3-91 所示。

3. 热熔的类型

根据热熔柱形状的不同，热熔可分为以下类型。

（1）实心热熔柱热熔　实心热熔柱热熔是最常见的热熔类型。合理设计热熔柱可达到自动对齐并定位功能，简化装配工序，热熔过程简单高效。实心热熔柱尺寸一般不大于塑料壁厚的 2/3，最大不超过 3mm。尺寸过大一方面容易造成塑胶件表面缩水，另一方面会因为厚度过厚而不易加热软化，因此实心热熔柱热熔常用于对固定强度要求不高的场合。

按照成型铆头的形状，实心热熔柱热熔可分为半圆顶形铆头热熔和双半圆顶形铆头热熔两种。

图 3-91 热熔的应用案例

半圆顶形铆头热熔如图 3-92 所示，具有以下特点：

图 3-92 半圆顶形铆头热熔

a) 热熔前 b) 热熔后

➢ 适用于热熔柱直径小于 1.6mm 时。

➢ 较小的热熔柱更容易加热软化，热熔周期较短。

➢ 在普通的加工条件下可获得完美对称的铆头。

➢ 熔点温度较高的半结晶塑料，如 PA66 + 30% 玻璃纤维，建议采用这种方式。

➢ 含有研磨剂的塑料建议采用这种方式。

➢ 容易降解的塑料建议采用这种方式。

双半圆顶形铆头热熔如图 3-93 所示，具有以下特点：

➢ 适用于热熔柱直径大于 1.6mm 时。

➢ 低密度无研磨剂的塑料建议采用这种方式。

➢ 可以以最容易和最快速的方法热熔大量的塑料。

➢ 热熔焊头的对齐非常重要。

➢ 类似于拉钉装配，提供了非常美观的外观。

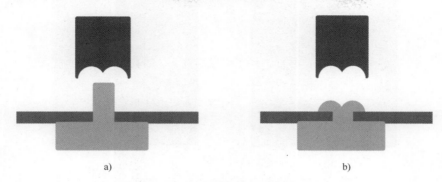

图 3-93 双半圆顶形铆头热熔

a) 热熔前 b) 热熔后

（2）沉孔热熔 当产品外形有平整度要求或有其他装配要求时，常常要求热熔后成型铆头不能突出于表面，此时可将被紧固零件对应孔设计成沉孔，如图 3-94 所示。沉孔热熔具有以下特点：

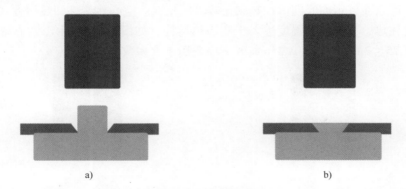

图 3-94 沉孔热熔

a) 热熔前 b) 热熔后

➢ 适用于热熔后装配平面有平整度要求时。

➢ 要求被紧固零件有充足厚度以进行沉孔设计。

➢ 热熔柱的体积很重要，需确保不会超过沉孔容纳的上限。

（3）肋条形热熔柱热熔 将实心热熔柱设计成肋条形可提高紧固强度，如图 3-95 所示。

肋条形热熔柱热熔具有以下特点：

➢ 适用于装配空间有限，但对紧固强度要求较高的场合。

➢ 热熔焊头及工艺比较复杂。

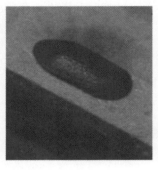

图 3-95　肋条形热熔
a）热熔前　b）热熔后

（4）空心热熔柱热熔　为保证热熔质量，必须确保热熔柱在再次成型前必须完全软化，较小直径的热熔柱相对较大直径的热熔柱更容易软化。当实心热熔柱外径大于 4mm 时，热熔柱就不容易加热软化或者加热时间变长，此时可将热熔柱设计成空心，可以在较短的时间内加热软化较多的塑料。空心热熔柱的热熔方式类似于实心热熔柱热熔，但紧固强度远大于实心热熔柱，如图 3-96 所示。空心热熔柱的壁厚在 0.75 ~2mm 之间，1.25mm 的壁厚适用于大多数的场合。

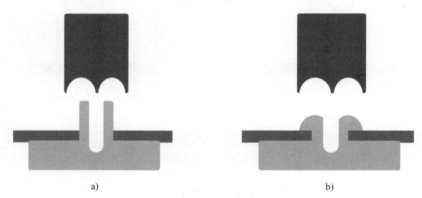

图 3-96　空心热熔柱热熔
a）热熔前　b）热熔后

空心热熔柱热熔具有以下特点：

➤ 适用于热熔柱直径大于 4mm 时。

➤ 空心热熔柱内外侧同时加热，加热速度快，成型更均匀。

➤ 紧固强度较高。

➤ 外形美观漂亮。

> 当需要拆卸时，可使用自攻螺钉进行替换。
> 塑料背面不会产生缩水缺陷，当产品外观要求时，建议采用这种方式。

（5）折边热熔　折边热熔是将肋条形热熔柱放置于被紧固零件的边沿或周围，加热使其折边软化，利用焊头将其翻卷，从而将另一零件紧固，如图 3-97 所示。

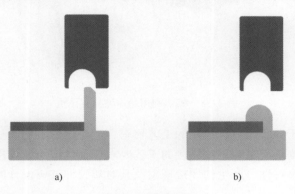

图 3-97　折边热熔

a）热熔前　b）热熔后

折边热熔具有以下特点：
> 适用于被紧固零件是长条形、没有足够空间开孔时。
> 适用于被紧固零件因为强度等原因不能开孔时。
> 适用于因为空间限制无法用其他方式进行热熔或者无法用其他装配方式时。
> 不会破坏被紧固零件的完整性。

3.6　超声波焊接

3.6.1　超声波简介

1. 超声波的概念

超声波是指频率大于 20000Hz 的声波，超声波是声波大家族中的一员，其频率超出了人耳听觉的上限（20000Hz），故而得名超声波。超声波的方向性好，穿透能力强，易于获得较集中的声能，可用于测距、检测、清洗、焊接、碎石、杀菌消毒等，在医学、军事、工业、农业上有很多的应用。本文所介绍的超声波焊接就是超声波在塑胶焊接领域的一个典型应用。

蝙蝠能发出和接收超声波，并利用超声波定位和捕捉昆虫，如图 3-98 所示。

2. 超声波的特性

从超声波焊接的角度来看，超声波具有三个非常重要的特性，这三个特性与超声波焊接的焊接质量密切相关，是超声波焊接过程中发生的诸多现象的根源。理解

图 3-98　蝙蝠利用超声波捕捉昆虫

这三个特性有助于理解超声波焊接的工艺要求，产品设计工程师从而可以正确地设计超声波焊接结构来满足超声波焊接的工艺要求，提高超声波焊接的焊接质量。

超声波的三个特性、产生的焊接现象及其对塑胶件结构设计的要求见表 3-13。

表 3-13　超声波的三个特性、焊接现象及对塑胶件结构设计的要求

超声波特性	超声波焊接现象	对塑胶件结构设计的要求
能量大	超声波焊接的基础 超声波焊接的强度高 焊接面损伤 零部件损坏	增加圆角，提高焊接件的强度 重要零部件远离焊接区域 超声波焊接后再装配重要零部件
直线传播	定向而集中 超声波不能跨越孔、洞进行传播	增加焊头与焊接零件的接触面积 避免超声波能量传导路线上出现孔、洞
衰减性	在无定形塑胶中衰减小 在半结晶塑胶中衰减大	避免远程焊接，特别是对半结晶塑胶

（1）能量大　超声波能够产生比声波大得多的能量，这是超声波能够对塑胶件进行焊接的基础，同时这也是超声波焊接强度较高的根本原因。由于能产生巨大的能量，超声波甚至能够进行金属零件的焊接。而在另一方面，恰恰由于能量大，超声波有可能对焊接界面造成烫伤，同时也可能对塑胶件其他部位或者塑胶件上已经装配的其他零部件造成损坏。

（2）方向性好，几乎是直线传播　由于超声波的波长很短，衍射效应不显著，所以可以近似地认为超声波是沿直线传播的，即传播的方向性好，容易得到定向而集中的超声波束，因此，这要求超声波焊头与焊接零件保持足够大的接触面积，保证超声波能能够传导到焊接界面。同时，如果在传播方向上存在孔洞等，超声波就很难绕过孔洞传导能量，这也是超声波焊接结构设计时需要注意的地方。

（3）衰减性　尽管超声波的穿透能力强，但超声波在物体里传播始终都存在着衰减，传播的距离越远，能量衰减越厉害。另外，在不同的塑料中，超声波能量

的衰减程度不一致。例如，在无定形塑料中，如 ABS，其能量衰减程度较小，两个 ABS 塑胶件即使是远程焊接也能保证焊接质量；在半结晶塑料中，如 PA66，超声波能量衰减程度大，超声波传播距离较短，很难保证远程焊接的质量。

3.6.2　超声波焊接

1. 超声波焊接简介

超声波焊接是利用超声波振动频率，接触摩擦产生热能而使两个塑胶件在焊接界面熔融而固定在一起。超声波焊接是一种快捷、干净、有效的装配工艺，用于满足塑胶件高强度的装配要求，是广泛使用的一种先进装配技术，适用于多种类型塑胶件的装配。正常情况下，超声波焊件具有较高的抗拉强度，可以取代溶剂粘胶及机械紧固等装配方法，同时还可以具有防水、防潮的密封效果。

2. 超声波焊接的原理

超声波焊接的工作原理是通过超声波发生器将 50Hz 或 60Hz 电流转换成 15、20、30 或 40kHz 的电能，被转换的高频电能通过换能器再次被转换成为同等频率的机械运动，随后机械运动通过一套可以改变振幅的调幅器装置传递到焊头，如图 3-99 所示。焊头将接收到的振动能量传递到待焊接塑胶件的界面，在该区域，振动能量通过摩擦方式被转换为热能，将塑料熔化，振动停止后维持在塑胶件上的短暂压力使两塑胶件以分子连接方式凝固为一体，如图 3-100 所示。

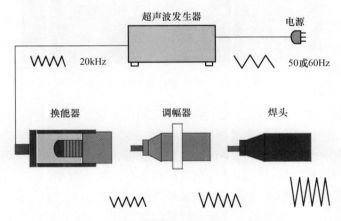

图 3-99　超声波焊接振动能量的产生

超声波焊接时，两个塑胶件从接触到熔化，再到焊接成一体的实物剖视图如图 3-101 所示。

3. 超声波焊接的优点

超声波焊接是一种快捷、干净、可靠性高的装配工艺，具有以下优点：

1）焊接速度快，效率高。绝大部分超声波焊接可以在 0.1~0.5s 之内完成。

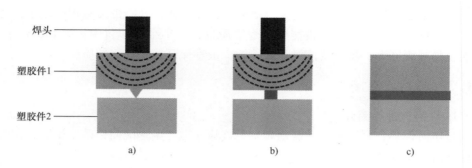

图 3-100　超声波焊接

a）振动能量传递　b）分子运动，零件表面摩擦　c）热能-熔化-焊接

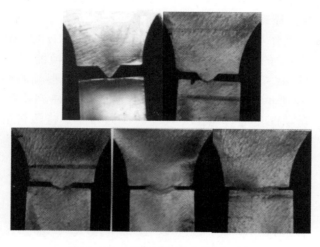

图 3-101　超声波焊接实物剖视图

2）成本低。由于效率高，人工成本低，同时省去了大量夹具、粘合剂或者机械紧固件等的使用，因此超声波焊接是一种非常经济的塑胶件装配方式。

3）强度高。超声波焊接几乎可以达到塑胶件本体强度的80%以上。

4）合理的塑胶件设计可以使得超声波焊接达到防水效果。

5）表面质量好，焊点美观，可以实现无缝焊接。

6）工序简洁，操作简单，可以实现自动化焊接。

7）品质稳定，产品质量稳定可靠，适宜大批量生产。

8）超声波焊接过程清洁、稳定、可靠，而且能量消耗低。

4. 超声波焊接的局限性

尽管超声波焊接有众多的优点，但超声波焊接也有一定的局限性，在选择超声波焊接工艺之前和进行超声波焊接塑胶件零件设计时，产品设计工程师必须清楚了解超声波焊接的局限性，并通过合理的零件设计来避免超声波焊接缺陷的产生、提高焊接的质量。

1）材料的限制性。超声波焊接并不能够焊接所有的塑料，这是超声波焊接最大的局限性。有的塑料焊接性能好，有的塑料焊接性能差，而且超声波焊接一般仅适合于同一种或者相似塑料之间的焊接。如果两个塑胶件材料不同，多数时候超声波焊接无能为力。因此，一旦选定超声波焊接工艺，就不能轻易更改零件材料。有工程师曾经向笔者反映，为何对 ABS 材料的两个塑胶件进行超声波焊接时，焊接质量非常好，但由于其他设计要求，把一个塑胶件的 ABS 材料换成 PBT，就很难焊上？就是这个原因。

2）不可拆卸性。超声波焊接是不可拆卸性连接，无法进行返工。一旦两个零件通过超声波焊接装配成一体，之后如果发现产品存在质量问题，那么也无法进行返工。

3）零件大小和形状的限制。中小型的塑胶件适合超声波焊接，尺寸一般小于 250mm×300mm，较大的零件可能需要多个焊接工序。而且超声波焊接一般适用于形状比较单一的塑胶件，对于形状复杂的塑胶件，焊接质量可能较低。

4）超声波的能量很大，在焊接过程中有可能造成塑胶件本身因为强度不够而发生损坏，同时也可能造成产品内部其他零部件的损坏。因此，在进行产品设计时，尽可能增加塑胶件的强度和产品内部其他零部件的强度，或者将零部件远离焊接区域，尽量把强度不高的其他零部件安排在超声波焊接工序之后再进行装配。

5）目前超声波焊接质量对超声波焊接机的调机技术，以及对操作者的细心程度都有很大的依赖性。很多产品在前几次超声波焊接时会出现焊接不够牢固或者焊接表面过度熔化等质量问题，工程师会误以为超声波焊接的质量就只能达到这一步，但其实绝大多数的质量问题可以通过焊接参数调整而得到解决，不过这需要依赖调机技术以及操作者的细心。最有效的方法是请超声波设备供应商专业人员提供帮助。

6）超声波对于人的听力有伤害，应准备好劳保用品。

5. 超声波焊接的应用

超声波焊接的应用非常广泛：

（1）汽车行业 汽车行业要求超声波焊接的零部件具有防水性和较高的表面光洁度，例如车头灯；另外，发动机箱内的零部件要求满足较高的力学性能要求。典型应用实例包括车头灯、前后门、刹车灯、灯座、插座、信号器件、按钮、导风管、仪表板和保险杆等。

（2）电子电器行业 电子电器行业要求超声波焊接能够提供较高的机械强度，在有些场合，要求一定的外观表面要求。典型应用包括墙壁插座、开关、电源、灯架、吊灯、温度控制器、洗衣机出水栓、蒸汽熨斗、电池壳、充电器、手机外壳、手机配件、吸尘器、电话等。

（3）玩具行业 典型应用案例包括摇铃、婴儿洗澡温度计、音乐玩具、球类玩具等。

（4）日用品业 粉盒、化妆镜、保温杯、密封式容器、调味瓶、水管接头、食品容器、打火机等。

（5）办公产品 要求超声波焊接具有较高的外观质量要求。典型应用案例包括圆珠笔、胶带切割器、文件夹、铅笔盒、订书机、卡式墨水管、书架、文件夹、塑料笔桶等。

图 3-102 所示是超声波焊接的一些应用实例。

图 3-102 超声波焊接的应用案例

3.6.3 超声波焊接工艺

1. 超声波焊接的步骤

超声波焊接的详细步骤如图 3-103 所示。

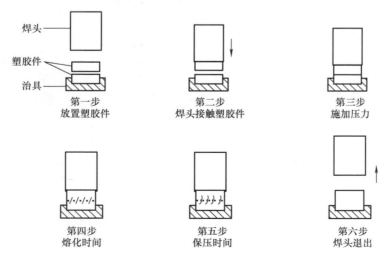

图 3-103 超声波焊接的详细步骤

第一步：两个焊接塑胶件先后被放置在焊接夹具中。

第二步：焊头下移，接触上部塑胶件。

第三步：压力通过焊头，把两个塑胶件压紧。

第四步：焊头以 15kHz/s 或 20kHz/s 的频率垂直振动，机械振动能量传导到两个塑胶件的初始接触区域，剧烈摩擦产生热能，当焊接界面的温度达到塑料的熔点后，塑料熔化并流动，振动停止，这一段时间称为熔化时间。

第五步：继续保持压力一段时间直到熔化的塑料冷却并固化，这段时间称为保压时间。

第六步：一旦熔化的塑料固化，去除压力，退回焊头，两个塑胶件熔合在一起，超声波焊接过程完成。

2. 超声波焊接的微观过程

从微观上来看，当两个塑胶件从开始接触到最后熔合在一起，可以分为四个阶段，如图 3-104 所示。

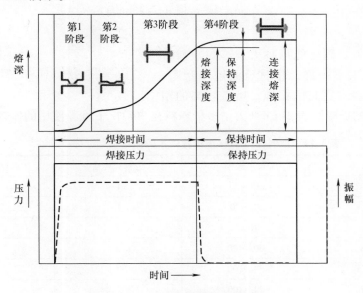

图 3-104　超声波焊接的微观过程

第 1 阶段：开始熔化阶段。在这一阶段，两个焊接零件表面间的摩擦和内部摩擦产生热量，塑料开始受热熔化。

第 2 阶段：连接阶段。在这一阶段，两个零件开始熔化在一起，形成较薄的熔合层，随着热量的增加，熔合层的厚度继续增加。

第 3 阶段：稳态熔流阶段。在这一阶段，熔合层的厚度继续增加，直到达到一定的厚度保持不变，振动停止。

第 4 阶段：保压/冷却阶段。在这一阶段，在焊接压力的保持下，熔流开始冷却凝固，两个塑胶件最终焊接成一体。

3. 超声波焊接中的重要工艺参数

影响超声波焊接质量的一个关键因素是超声波焊接能量。焊接能量过大，容易造成焊接过度、产生飞边，或者造成塑胶件变形、薄弱处断裂甚至造成其他零部件损坏；但在另一方面，如果焊接能量过小，两个塑胶件不能熔合在一起，造成焊接强度低。超声波焊接能量与以下工艺参数有关，如图 3-105 所示，超声波焊接过程中工艺参数的调整归根结底为对焊接能量的调整。

（1）频率　频率是指超声波的频率，包括 15、20、30 或 40kHz。超声波焊接机有着固定的频率，无法调整。频率越大，焊接能量越大。

（2）振幅　振幅是指焊头表面振动的幅度，其等于换能器表面振幅与调幅器增益以及焊头增益之积，振幅可通过调幅器和焊头进行调节。

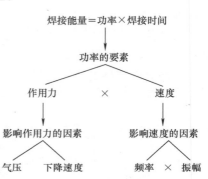

图 3-105　焊接能量的相关参数

振幅越大，焊接能量越大。不同塑料对于振幅的要求不一样，相对于无定形塑料，半结晶塑料要求更高的振幅，熔点较高的塑料要求更高的振幅。表 3-14 列出了多种塑料在 20kHz 下推荐使用的振幅。

表 3-14　塑料在 20kHz 下推荐使用的振幅及近远程焊接性[①]

塑胶材料		20kHz 下振幅/μm	近程焊接性	远程焊接性
ABS		30 ~ 70	1	2
ASA		30 ~ 70	1	1
PC		40 ~ 80	2	2
PC/ABS		60 ~ 100	2	2
PC/PET		50 ~ 100	2	4
无定形塑料	PEI	70 ~ 100	2	4
	PES	70 ~ 100	2	3
	PMMA	40 ~ 70	2	3
	PPO	50 ~ 90	2	2
	PS	30 ~ 70	1	1
	PSU	70 ~ 100	2	3
	硬 PVC	40 ~ 80	3	4
	SAN	30 ~ 70	1	1

（续）

塑胶材料		20kHz下振幅/μm	近程焊接性	远程焊接性
半结晶塑料	LCP	70~120	3	4
	POM	70~120	2	4
	PA	70~120	2	4
	PBT	70~120	3	4
	PET	80~120	3	4
	PEEK	70~120	3	4
	PE	90~120	4	5
	PPS	80~120	3	4
	PP	90~120	3	4

① 表中的近远程焊接性用数字1~5表示，1表示最容易，5表示最难。

（3）焊接时间　焊接时间是指焊头接触塑胶件发生超声波振动的时间，如图3-104所示，一般焊接时间在0.1~0.6s以内。焊接时间越长，焊接能量越大。

（4）保压时间　保压时间是指超声波停止到焊头开始上升的时间。在这一段时间，熔化的塑料完成固化，如图3-104所示。保压时间越长，焊接能量越大。

（5）焊接气压　焊接气压是在焊接过程中焊头对塑胶件的施力。焊接气压越大，焊接能量就越大。

（6）下降速度　下降速度是指焊头的下降速度。焊头下降速度越快，焊接能量越大。

3.6.4　塑料的超声波焊接性能

1. 塑料

如3.2节所述，塑料分为热固性塑料和热塑性塑料。热固性塑料可塑但不可逆。第一次加热时可熔化流动，加热到一定温度，产生化学反应，交联固化变硬而形成固体；但这种变化时不可逆的，当重新受热加压时，热固性塑料不能再次熔化。因此，超声波焊接不能焊接热固性塑料。热塑性塑料可塑又可逆，当第一加热形成固体后，其内部结构仅经历形态的变化，是可逆的；重新加热和加压时，能够重新熔化并再次形成固体。超声波焊接能够焊接大部分的热塑性塑料。

热塑性塑料又分为无定形塑料和半结晶塑料，由于二者的分子结构和排布不同，二者的超声波焊接性能又有所差别。

无定形塑料的分子结构呈随机分布，没有一个明确的熔点 T_m，其在一个很广泛的温度范围内逐步软化、熔化和流动；而不是一旦加热到某个温度就立即从固体熔化，然后又立即固化。无定形塑料的这种特性非常易于传导超声波振动能力，能够在较大的压力和振幅范围内进行超声波焊接。

半结晶塑料的分子结构在局部呈规律性分布，有一个明确的熔点 T_m，在温度达到熔点之前，半结晶塑料始终保持着固态；当温度达到熔点后，整个分子链立刻开始运动，并立即固化。无定形塑料和半结晶塑料的熔化过程区别如图 3-106所示。

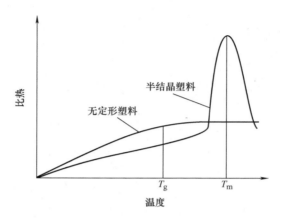

图 3-106　无定形塑料和半结晶塑料的熔化过程

半结晶塑料呈规律性分布的分子结构类似于弹簧，非常容易吸收高频的超声波振动能量，使得能量很难从焊头传递到焊接界面，必须有足够大的超声波能量才能使半结晶塑料熔化。因此，相对于无定形塑料，半结晶塑料比较难焊接。为了使半结晶塑料获得较高的焊接质量，往往需要考虑更多的因素，例如较高的振幅、合适的焊接界面设计、焊头的接触、焊接的距离以及焊接夹具等。

无定形塑料和半结晶塑料的超声波焊接难易程度见表 3-14。

2. 塑料之间的超声波焊接兼容性

两种塑料能够焊接兼容，必须在化学上兼容，否则，尽管两种塑料熔合在一起，但没有分子键的结合，焊接强度会非常低。一个典型的例子是 PE 与 PP 的焊接。两种塑料都是半结晶塑料，有着相似的外观和相似的物理性能，但它们不能在化学上兼容，因此不能焊接在一起。

热塑性塑料能够与自身焊接在一起，例如，一个 ABS 的零件能够与另外一个 ABS 的零件焊接在一起。不同的塑料能够焊接在一起取决于两个因素：其一是它们的熔化温度很接近，在 22°以内，如果熔化温度相差很大，一种塑料已经开始分解了，另一种塑料才开始熔化，两种塑料自然无法焊接在一起；其二是相似的分子结构。例如，ABS 零件能够与 Acrylic 零件进行焊接，这是因为它们的化学属性是兼容的。一般来说，只有相似的无定形塑料才有机会彼此焊接在一起，而半结晶塑料的化学属性相差很大，它们基本上不能互相焊接在一起。

值得注意的是，即使是同一种塑料之间的超声波焊接，也应该尽量使用来自同一家供应商的同一种型号材料，否则也有可能产生焊接质量问题。

　　常见塑料之间的超声波焊接兼容性见图 3-107。

无定形塑料	ABS	PC/ABS	PMMA	PPO	PC	PEI	PES	PS	PSU	硬质PVC	SAN–NAS–ASA	PC/PBT	半结晶塑料	POM	LCP	PA66	PET	PBT	PEEK	PE	PMP	PPS	PP
ABS	■	■			O						O	O											
PC/ABS	■	■	O																				
PMMA		O	■		O						O												
PPO				■							O												
PC	O		O		■	O			O			■											
PEI					O	■																	
PES							■																
PS								■			O												
PSU					O				■														
硬质PVC																							
SAN–NAS–ASA	O		O	O				O			■												
PC/PBT					■							■					O						
半结晶塑料																							
POM														■									
LCP															■								
PA66																■							
PET																	■						
PBT												O						■					
PEEK																			■				
PE																				■			
PMP																					■		
PPS																						■	
PP																							■

图 3-107　塑料之间的超声波焊接兼容性

注：■ 表示兼容性好，O 表示在有些情况下可以兼容。

3. 影响塑料超声波焊接性能的其他因素

　　在超声波焊接时，还需要考虑其他一些因素，这些因素包括注射过程的影响、吸水性、脱模剂、润滑剂、塑化剂、添加剂、阻燃剂、回料、色料及塑料等级等等。

　　（1）塑料的吸水性　塑料的吸水性是超声波焊接性能的重要影响因素。如果塑料含有过多的水分，在超声波焊接过程中，当温度达到水的沸点时，塑料中的水分蒸发和气化，焊接界面呈泡沫状，使得超声波焊接强度低，同时很难获得密封性能以及高质量的外观；另外，过多的水分还会造成焊接时间的延长，焊接成本增加，如图 3-108 所示。

　　具有吸水性的塑胶件应该在注射完成后马上进行超声波焊接。如果不能马上进行焊接，应该以装有干燥剂的 PE 袋进行密封包装；没有密封包装的吸水塑胶件，在焊接之前应该进行烘干。

　　（2）脱模剂　脱模剂经常直接喷洒在模具型腔内，通过减少塑胶件与型腔摩擦力的方式，帮助塑胶件从型腔中脱出。不幸的是，在超声波焊接时，脱模剂也会

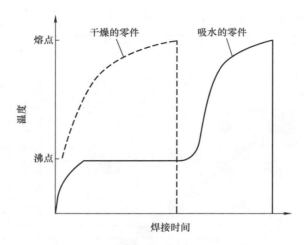

图 3-108　塑料吸水性对焊接时间的影响

减小焊接界面上两塑胶件的表面摩擦力，而超声波焊接工艺正是依靠表面摩擦产生热量的，脱模剂会降低超声波焊接性能。另外，脱模剂中的化学物质也会影响理想焊接强度的获得。

　　因此，对于需要进行超声波焊接的塑胶件，必须在注射过程中避免使用脱模剂。如果不得不使用脱模剂，则在焊接前必须清洗塑胶件，不过只有一些脱模剂能够清洗干净。推荐使用干性脱模剂，其对超声波焊接性能影响最小，甚至不必在焊接进行前清洗。尽量避免使用硅、氟、硬脂酸锌和硬脂酸铝等类型的脱模剂。

　　（3）润滑剂　润滑剂例如蜡、硬脂酸锌、硬脂酸铝、硬脂酸和脂肪酸等被加入到塑料中用于提高流动性和增加注射性能。但是，在超声波焊接时，润滑剂会减小焊接界面的摩擦系数，从而影响塑料的超声波焊接性能。

　　（4）填充剂　为了提高塑料的力学性能，塑料中会加入填充剂，常用的填充剂有玻璃纤维、碳纤维、滑石粉以及碳酸钙等。玻璃纤维添加到塑料中用于提高塑料的机械强度和尺寸稳定性。普通的矿物质填充剂，如玻璃纤维和滑石粉，会提高塑料传导振动的能力，提高塑料的超声波焊接性能，特别是对于半结晶塑料。一般来说，10%～20% 的玻璃纤维会显著提高塑料的超声波焊接性能。但是，比例过大会带来其他问题。例如，填充剂的比例若为 30%，但在局部的焊接界面，真实的比例可能已经超过 30%，使得在焊接界面没有足够的塑料熔化而获得理想的焊接质量。当填充剂比例超过 40% 时，很有可能在焊接界面不可焊接的材料比可焊接的材料还多，这就意味着超声波焊接性能会变得很差。

　　（5）回料　由于塑料的可回收性和为了降低零件材料成本，在塑料中常常会加入回料。超声波焊接允许在塑料中加入回料，因为回料本身是同一种塑料，但是，回料的比例不能过大，而且回料不能是已经降解的或者被污染的，否则会出现焊接质量问题。为了保证焊接的质量，建议回料的比例越少越好。

（6）色素　色素对塑料的超声波焊接性能影响较小，除非色素的比例过高。相比其他颜色，白色和黑色通常需要添加更多的色素，有可能带来一些焊接问题。同一种塑料的不同颜色可能需要不同的焊接参数，可以通过调机来获得。

（7）塑料等级　塑料等级对塑料的超声波焊接性能具有很大的影响。同一种塑料的不同等级可能会有不同的熔点和不同的流动特性。

3.6.5　塑胶件的超声波焊接结构设计

在设计超声波焊接结构之前，下面这些因素必须充分考虑清楚：

1）使用塑料的种类。塑料不同，对超声波焊接结构要求也不同。例如，相对于无定形塑料，半结晶塑料要求导熔线角度越尖越好；另外，半结晶塑料应尽量避免远程焊接，否则焊接质量不容易得到保证。

2）产品尺寸和内部结构。超声波焊接要求产品尺寸不能过大，产品内部结构必须有利于超声波焊接能量从焊头传递到焊接界面，同时产品的内部结构必须足够强壮以抵抗超声波焊接时的巨大能量。

3）产品受力。产品受力的大小、类型和方向决定了导熔线的设计和布局。

4）水气密的要求。产品如果有水气密的要求，则导熔线需要达到密封的要求。

5）外观的要求。如果产品的外观要求较高，不允许溢胶的产生，则需要合理地设计超声波焊接结构以避免溢胶。

6）是否还有其他特殊要求。

1. 导熔线的设计

（1）导熔线的概念　超声波焊接时，两个塑胶件的初始接触面积必须足够小，以集中能量，同时减少塑料熔化和熔合所需的总体能量。导熔线（或称导熔线柱、超声线）即是这样的一种结构，是在一个塑胶件焊接界面上凸起的三角形柱，顶端越尖越好，基本作用是将振动能量聚集在三角形的尖端，其后累积的热量在整个焊接界面形成均匀的塑料熔流。

导熔线的优点包括：

1）增加焊接的强度，减少虚焊。导熔线利于两个塑胶件的熔合，可提高焊接的强度。使用导熔线的超声波焊接如果发生虚焊，则两个塑胶件之间会出现断差，很容易发现虚焊的缺陷、继而避免虚焊的产生；而没有导熔线的超声波焊接如果发生了虚焊，则很难通过外观进行辨别。

2）减少溢料，提高外观。导熔线使得焊头与塑胶件的接触时间缩短，因此较少溢胶。另外，由于焊接区域变小，避免了材料堆积从而减少溢胶。通过合理的导熔线及焊接结构设计，超声波焊接可以具有高品质的外观。

3）缩短焊接时间。导熔线可减少塑料熔化和熔合所需的总体能量，继而缩短焊接时间，图 3-109 所示为无导熔线与有导熔线的焊接时间对比，使用导熔线的焊接塑料更早熔化和熔合成一体。同时，焊接时间的缩短有助于避免塑胶件长时间焊接而引起的过焊问题。

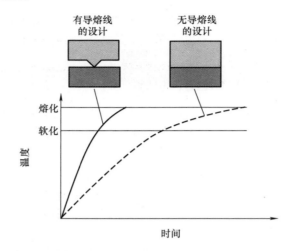

图 3-109　无导熔线与有导熔线的焊接时间对比

4）减少振幅。导熔线使得超声波焊接在满足焊接质量的前提下，需要较小的焊接能量，继而可以减小焊接振幅。

（2）导熔线的基本设计　正确的导熔线设计是提高超声波焊接强度和质量，缩短生产周期的关键。导熔线必须具备的条件是最初的接触面积不可太大。相对于无定形塑料，半结晶塑料要求导熔线的角度更尖，这是因为半结晶塑料本身并不太利于超声波焊接能量的传导。一般来说，无定形塑料的导熔线顶端角度为 90°，半结晶塑料的导熔线顶端角度为 60°，如图 3-110 所示。

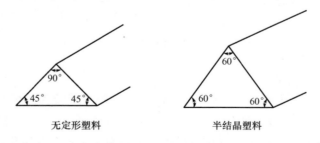

图 3-110　无定形塑料和半结晶塑料的导熔线设计

导熔线可设计在任意一个焊接零件上，推荐把导熔线设计在与焊头接触的塑胶件上。

错误的导熔线设计不利于两个塑胶件之间的超声波焊接，如图 3-111 所示。

（3）十字交叉型导熔线　十字交叉型导熔线是指在两个焊接塑胶件上均设置互相垂直交叉的导熔线，以在焊接时提供最小的初始接触面积，同时使得两个零件

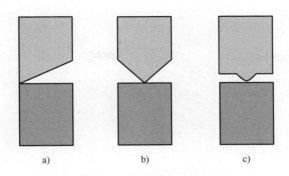

图 3-111　错误的导熔线设计

a）错误的导熔线位置　b）导熔线太粗　c）导熔线尖端太圆

上的更多的塑料能够熔合为一体，如图 3-112 所示。十字交叉型焊接能够提高超声波焊接强度，缩短焊接时间和减小焊接功率，但容易产生断差和溢胶。两个塑胶件上的导熔线尺寸均应当为常规尺寸的 60%，导熔线顶端角度为 60°。

当产品有水密和气密的要求时，可将与焊头接触的导熔线连续排列，呈锯齿形状，导熔线之间没有间隙，如图 3-113 所示。这种设计的缺点是超声波焊接为熔合更多塑料，很有可能造成溢料，影响产品表面外观质量，因此这种设计适用于沟槽型或阶梯型超声波焊接结构中以隐藏溢料。

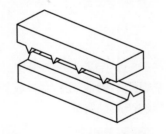

图 3-112　十字交叉型导熔线

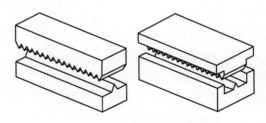

图 3-113　十字交叉锯齿形导熔线

（4）导熔线垂直于壁　如图 3-114 所示，导熔线垂直于壁，可以用于提高焊接的抗剥离力以及减少溢胶。这种设计适用于非密封要求的产品中。

（5）间断的导熔线　如图 3-115 所示，导熔线是不连续、间断的，可用于减小焊接能量的设计，这种设计会降低焊接强度，适用于非密封要求的产品中。

（6）凿子型导熔线　当塑胶件尺寸小于 1.5mm 时，常规的导熔线可能会较小，造成焊接强度不够，可使用凿子型导熔线，如图 3-116 所示。凿子型导熔线的高度为 0.38 ~ 0.50mm，角度为 45°；凿子型导熔线位于台阶的内侧，可确保焊接时不会脱离狭小的焊接界面，另外还可以使得塑料熔料远离产品开口区域。

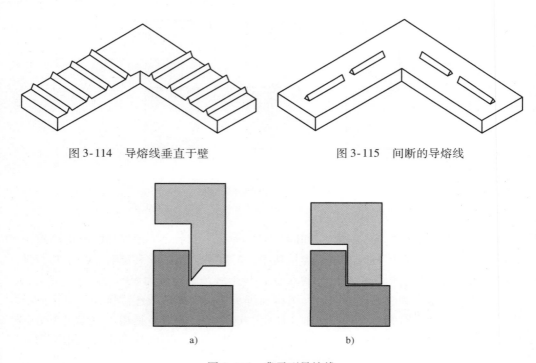

图 3-114 导熔线垂直于壁　　　　　图 3-115 间断的导熔线

a)　　　　　　　　　　　　　b)

图 3-116 凿子型导熔线

a）焊接前　b）焊接后

2. 超声波焊接的结构

（1）基本型　超声波焊接结构的基本型，是在焊接平面上设计一条贯穿整个焊接平面的导熔线，如图 3-117 所示。基本型的超声波焊接结构适用于大多数的场合，其缺点是有可能会在塑胶件的熔合面产生溢胶，影响产品外观质量。

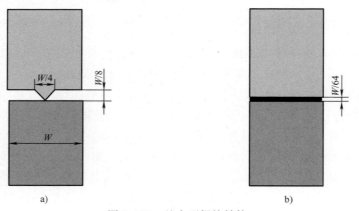

a)　　　　　　　　　　　　　b)

图 3-117 基本型焊接结构

a）焊接前　b）焊接后

（2）阶梯型　阶梯型焊接如图 3-118 所示。其优点是适当增加两个塑胶件非焊接界面的间隙（0.13 ~ 0.51mm）可将焊接熔料可隐藏于间隙中，避免溢胶的产生，具有较高的外观表面质量。

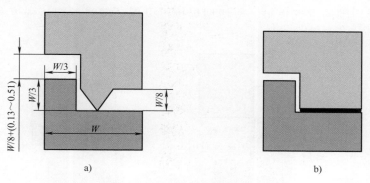

图 3-118　阶梯型焊接结构
a）焊接前　b）焊接后

阶梯型焊接一般要求零件的基本壁厚不小于 2mm。

（3）沟槽型　沟槽型焊接采用间距式移位焊接，设计时凹凸面保持一定的间隙和斜度，适用于要求完全密封的焊件。同时，沟槽式焊接界面提供自定位功能。适当的增加两个塑胶件非焊接界面的间隙（0.13 ~ 0.51mm）可以防止溢胶的产生，如图 3-119 所示。

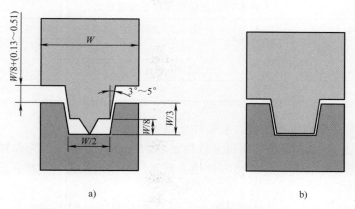

图 3-119　沟槽型焊接结构
a）焊接前　b）焊接后

沟槽型焊接一般要求零件的基本壁厚不小于 3mm。

（4）剪切型　对于半结晶塑料，普通结构的超声波焊接，例如基本型、阶梯型等很难保证足够的焊接强度。这是因为半结晶塑料从固体转化为熔化状态是在很短的一个温度变化区间完成的，转化的时间极快，反之亦然。因此，在熔化塑料与对应零件的塑料熔合在一起之前，有可能有部分塑料已经固化，造成焊接强度低。

针对半结晶塑料，建议使用剪切型焊接结构设计，如图 3-120 所示。剪切型焊接首先在较小的初始接触区域进行熔合，然后在一段干涉区域继续熔合。由于熔合区域没有与周围的空气接触，剪切型焊接可以保证较高的焊接强度和提高密封性能。

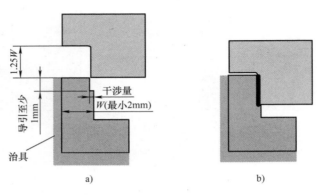

图 3-120　剪切型焊接结构
a）焊接前　b）焊接后

剪切型焊接的强度取决于熔合区域的垂直高度，即焊接深度。一般要求焊接深度为零件焊接处壁厚的 1.25 倍，两个塑胶件干涉量以及尺寸精度要求见表 3-15。

表 3-15　剪切型焊接干涉量设计

零件最大尺寸	干　涉　量	零件公差
小于 18mm	0.2 ~ 0.3mm	±0.025mm
18 ~ 35mm	0.3 ~ 0.4mm	±0.050mm
35mm 以上	0.4 ~ 0.5mm	±0.075mm

为确保剪切型焊接的质量，需要注意以下几点：

1）侧壁的强度需要足够高以及获得足够的支撑，以避免因为焊接过程产生的力而造成侧壁变形；而底部焊接零件也必须通过焊接治具进行支撑，治具需要紧靠在零件的四周。

2）上部塑胶件的强度必须足够大，以避免在焊接过程中产生变形。同样的道理，底部塑胶件的壁厚应当大于 2mm 以避免变形。

3）上部塑胶件和底部塑胶件在干涉区域的配合面应当是平面，并互相垂直。

4）焊接塑胶件需要具有较好的制造精度，推荐使用下一节提供的定位柱与定位孔等定位方法来辅助两个塑胶件的准确对齐。否则，焊接干涉区域的尺寸由于较小而得不到保证，继而无法确保焊接的强度。

剪切型焊接可以和沟槽型焊接等结构配合使用。

（5）特殊形状　为了使较难熔接的塑胶件或外形不规则的塑胶件达到水气密熔接，可能需要使用弹性油封与旋绕道以阻隔熔胶的流动。图 3-121 所示为一种配合 O 形密封圈的焊接界面设计。

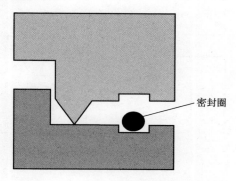

图 3-121　包含密封圈的焊接界面设计

3.6.6　塑胶件的超声波焊接结构设计指南

1. 超声波焊接零件导向和预定位

在两个塑胶件焊接界面开始接触之前，在零件之间设计定位特征能够保证两个塑胶件的准确定位，这有利于提高超声波焊接的质量和提高焊接的尺寸精度，定位特征包括定位柱、孔、凸台和边等，如图 3-122 所示。当然也可以设计辅助夹具来增加定位，笔者不推荐这种方法，因为从面向制造和装配的产品设计理论来看，辅助夹具会带来产品成本的增加，不是一个最好的方法。

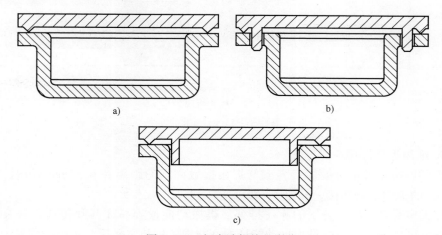

图 3-122　超声波焊接的定位

a）没有定位的超声波焊接设计　b）使用定位柱定位的超声波
焊接设计　c）使用凸台定位的超声波焊接设计

2. 避免尖角

由于焊接零件上的尖角在注射过程中产生应力集中，在超声波机械振动下，很容易发生折断。所以，对于塑胶件壁与壁的任意连接处呈尖角的地方，都应当设计一定的圆角（半径至少大于0.5mm），如图3-123所示。

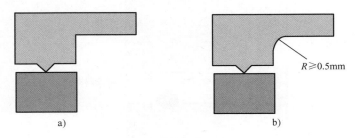

图3-123　避免尖角

a）原始的设计　b）改进的设计

3. 避免超声波零部件结构较弱而发生断裂

塑胶件内部或外部表面附带的突出或细小特征会因超声波振动发生断裂或脱落，通过以下措施可减少或消除这种问题：

1）在细小特征与主体相交的地方加一个大的 R 角（见图3-124）。

2）增加细小特征的厚度或直径。

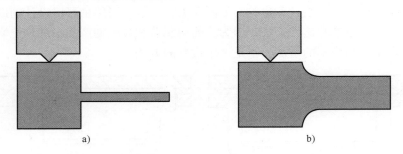

图3-124　避免薄膜效应

a）原始的设计　b）优化的设计

4. 使用近场焊接

近场焊接是指超声波焊接界面与焊头接触面间的距离在6.35mm以内，大于6.35mm的称为远场焊接，如图3-125所示。

在无定形塑料中，分子的无序排列使得振动能量容易在其间传递并且衰减很小，在低硬度塑料中也会发生振动能量的衰减现象。与之相反，半结晶塑料中的晶体结构阻碍了振动的传导，振动衰减很大，使得远场焊接变得困难。因此，在产品设计时，应考虑到是否有足够的能量传递到焊接界面；对于半结晶塑料，应尽量避免使用远场焊接。

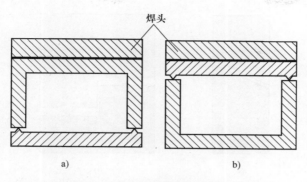

图 3-125　把近程焊接作为第一选择

a）远程焊接　b）近程焊接

5. 焊头位置和焊头接触面积

焊头位置和焊头与塑胶件接触是能否成功焊接的一个关键因素。一般来说，焊头应该足够大使得其直线投影可以覆盖整个焊接区域，这一方面可以帮助将超声波振动能量传递到焊接区域，另一方面可避免在表面留下伤痕，如图 3-126 所示。

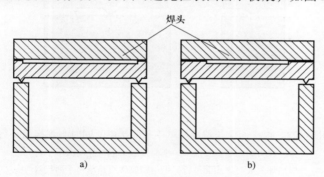

图 3-126　增加塑胶件焊接面与焊接头的接触面积

a）原始的设计　b）改进的设计

6. 焊接面与焊头面平行，且为单一平面

塑胶件的焊接面必须平行于焊头面，而且焊接面和焊头面均要分别保持在单一平面，从而使得能量均匀传递，有利于取得一致的焊接效果，并减小溢胶可能性，图 3-127 和图 3-128 所示就是错误的焊接面和焊头面设计。

7. 超声波传导区域避免孔或缺口

与焊头接触的塑胶件有孔或其他缺口，则在超声波传导过程中会产生干扰和衰减。根据塑料类型（尤其是半晶体材料）和孔的大小，在开口的下端会直接出现少量焊接或完全熔不到的情况，因此要尽量避免在超声波传导区域出现孔或缺口，如图 3-129 所示。

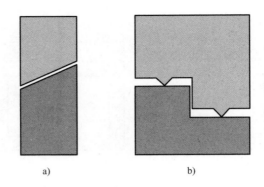

图 3-127　焊接面应当是单一平面，同时与焊头面平行

a）焊接面是单一平面，但与焊头面不平行　b）焊接面与焊头面平行，但不是单一平面

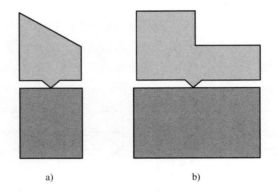

图 3-128　焊头面应与塑胶件单一平面接触，同时与焊接面平行

a）焊头面应与塑胶件单一平面接触，但与焊接面不平行

b）焊头面与焊接面平行，但与塑胶件不是单一平面接触

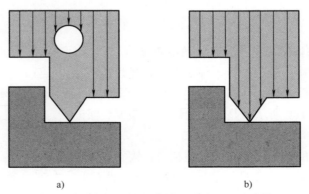

图 3-129　避免在超声波传导区域内出现孔或缺口

a）原始的设计　b）改进的设计

8. 避免薄而弯曲的结构

超声波的传播是直线传播，因此在超声波的传播路径中，应当避免薄而弯曲的结构，否则超声波振动很难传递到焊接面，特别对于半晶体材料，如图 3-130 所示。

9. 薄膜效应

薄膜效应是一种能量聚集效应，可造成塑胶件出现烧穿现象，在平的、圆形的、壁厚较薄的位置最为常见，通过采取下列一个或结合数个措施可以克服这种现象：

1）增加壁厚，如图 3-131 所示。

2）减少熔接时间。

3）改变振幅。

4）采用振幅剖析。

5）在焊头上设计节点活塞。

6）增加内部加强筋。

7）评估其他频率。

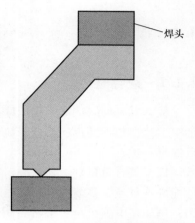

图 3-130 避免薄而弯曲的结构

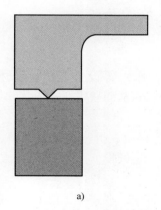

a)

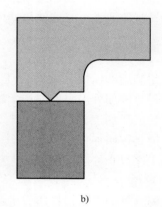

b)

图 3-131 避免薄膜效应

a）原始的设计 b）优化的设计

第4章 钣金件设计指南

4.1 概述

4.1.1 钣金概述

钣金（Sheet Metal）是针对金属薄板（厚度通常在6mm以下）的一种综合冷加工工艺，包括冲裁、折弯、拉伸、成形、锻压和铆合等，其显著的特征是同一零件厚度一致。

钣金具有重量轻、强度高、导电（能够用于电磁屏蔽）、成本低、大规模量产性能好等特点，目前在电子电器、通信、汽车工业、医疗器械等领域得到了广泛应用，例如在电脑机箱、手机、MP3中，钣金是必不可少的组成部分。

随着钣金的应用越来越广泛，钣金件的设计变成了产品开发过程中很重要的一环，产品设计工程师必须熟练掌握钣金件的设计技巧，使得设计的钣金既满足产品的功能和外观等要求，又能使得冲压模具制造简单、成本低。

4.1.2 冲压概述

冲压是利用冲压模具安装在压力机（例如冲床）等设备上，对板材、带材、管材和型材等施加外力，使之产生塑性变形或分离，从而获得所需形状和尺寸的钣金件的一种成形加工方法。

冲压模具按照加工要素可以分为冲孔模、落料模、折弯模、成形模、铆合模等，按照工序组合程度可以分为工程模、复合模、连续模。

1. 工程模

工程模（Stage Die）指压力机在一次冲压行程中，在一个工位上只完成一道工序（如冲孔、折弯、成形等）的冲模。一个钣金件需要一套或多套工程模完成冲压。零件越复杂，需要的工程模套数就越多。

2. 复合模

复合模（Compound Die）指压力机在一次行程中，在一个工位上同时完成多道冲压工序的冲模。典型的复合模有冲孔落料复合模，模具在同一工位上完成冲孔和落料两道工序。

3. 连续模

连续模（Progressive Die）又称级进模，指压力机在一次冲压行程中，在几个不同的工位上同时完成多道工序的冲模。有的钣金件只需要一套连续模就能够完成冲压。

工程模、复合模和连续模的优缺点见表 4-1。

表 4-1　工程模、复合模、连续模对比

类　型	优　点	缺　点
工程模	1. 模具简单，容易制作 2. 制作费用低，周期短 3. 各道工序没有加工方向限制	1. 一个零件模具数量多 2. 一套模具使用一个压力机 3. 生产效率较低 4. 有半成品
复合模	1. 零件同轴度较好，表面平直，尺寸精度较高 2. 生产效率高，且不受条料外形尺寸的精度限制 3. 可以充分利用短料和边角余料	1. 模具零部件加工制造比较困难，成本较高 2. 凸凹模容易受到最小壁厚的限制，而使得一些内孔间距、内孔与边缘间距较小的零件不宜采用
连续模	1. 易于实现自动化，生产效率高 2. 减少压力机的使用和零件半成品的运输和储存	模具结构复杂，制作精度要求高，周期长，成本高

4.1.3　常用钣金材料的介绍

适合于冲压加工的钣金材料非常多，本书介绍广泛应用于电子电器行业的钣金材料。

1. 普通冷轧板 SPCC

SPCC 是指钢锭经过冷轧机连续轧制成要求厚度的钢板卷料或片料。SPCC 表面没有任何的防护，暴露在空气中极易被氧化，特别是在潮湿的环境中氧化速度加快，出现暗红色的铁锈，在使用时表面要喷漆、电镀或采取其他防护措施。

2. 镀锌钢板 SECC

SECC 的底材为一般的冷轧钢卷，在连续电镀生产线经过脱脂、酸洗、电镀及各种后处理制程后，即成为电镀锌产品。SECC 不但具有一般冷轧钢板的力学性能及近似的加工性，而且具有优越的耐蚀性及装饰性，在电子产品、家电及家具市场上具有很强的竞争性，例如，目前电脑机箱普遍使用的就是 SECC。

3. 热浸镀锌钢板 SGCC

热浸镀锌钢板是指将热轧酸洗或冷轧后之半成品，经过清洗、退火，浸入温度约 460℃的熔融锌槽中，而使钢片镀上锌层，再经调质整平及化学处理而成。SGCC 材料比 SECC 材料硬、延展性差（避免深抽设计）、锌层较厚、焊接性差。

4. 不锈钢 SUS301

不锈钢 SUS301 中 Cr 的含量较 SUS304 低，耐蚀性较差，但经过冷加工能获得很好的拉伸性能和硬度，弹性较好，多用于弹片弹簧以及防电磁干扰。

5. 不锈钢 SUS304

不锈钢 SUS304 是使用最广泛的不锈钢之一，因含 Ni，故比含 Cr 的钢有更好的耐蚀性、耐热性，且拥有非常好的力学性能，无热处理硬化现象，没有弹性。

4.2　设计指南

4.2.1　冲裁

冲裁是利用冲裁模，在压力机的作用下使板料分离的一种冲压工艺方法。冲裁是冲孔、落料、切断、切口、割切等多种分离工序的总称。冲裁是冷冲压加工方法中的基础工序，它可以直接冲制出所需的成品零件，也可以为其他冷冲压工序制备毛坯。

1. 避免钣金件外部、内部尖角

避免钣金件外部形状出现尖角的原因有两个。其一是安全因素，钣金件的外部尖角很锋利，容易造成操作人员在制造和装配产品的时候刮伤手指，同时也可能使得消费者在使用或者维修产品的过程中刮伤手指，造成人身伤害；其二是冲压模具因素，钣金件的尖角对应在模具上也是尖角，模具凹模上的尖角加工困难，同时热处理时易开裂，而且在冲裁时模具凸模的尖角处易崩刃和过快磨损，模具寿命显著降低。因此，钣金件设计需要避免外部尖角，在钣金件外部尖角处应当圆弧过渡，如图 4-1 所示。一般来说，圆角半径至少为钣金件厚度的 0.5 倍，且不小于 0.8mm，图中 R 表示圆角，T 表示钣金件厚度，以下同。

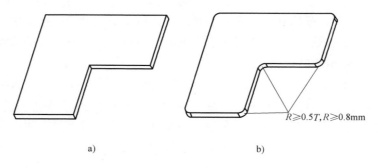

$$R \geqslant 0.5T, R \geqslant 0.8\text{mm}$$

a)　　　　　　　　　　　b)

图 4-1　钣金件外部圆角的设计

a）原始的设计　b）改进的设计

同钣金件外部尖角需要圆弧过渡一样，钣金件内部尖角也应圆弧过渡，如图 4-2 所示，圆角半径也至少为钣金件厚度的 0.5 倍，且不小于 0.8mm。

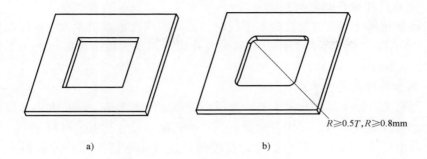

图 4-2　钣金件内部圆角的设计

a）原始的设计　b）改进的设计

2. 避免过长的悬臂和狭槽

钣金件上避免过长的悬臂和狭槽，否则冲压模具上相对应的凸模尺寸小，强度低，模具寿命短。一般来说，过长的悬臂和狭槽的尺寸宽度不应小于零件壁厚的 1.5 倍，即 $A \geqslant 1.5T$，其中 A 表示悬臂或狭槽的宽度，如图 4-3 所示。

3. 钣金件冲孔优先选用圆孔

钣金件冲孔优先选用圆孔，模具加工较容易。风孔的选择包括圆孔、六边形孔和正方形孔，图 4-4 所示为圆形和

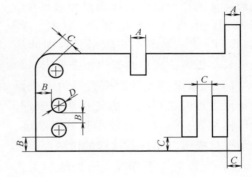

图 4-3　冲裁孔与槽的尺寸

六边形的风孔设计。圆孔的开孔率较低，散热效果较差。六边形风孔开孔率较高，散热效果较好，但六边形风孔模具加工较复杂。正方形风孔开孔率最高，但因为边角是直角，模具容易磨损。因此在设计风孔时需要综合考虑模具加工容易性和系统散热效果，在满足系统散热要求的前提下，优先选用圆孔。

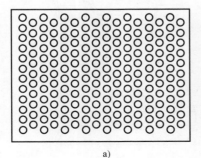
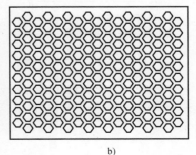

图 4-4　钣金件风孔的设计

a）圆形风孔的设计　b）六边形风孔的设计

4. 钣金件冲裁孔间距与孔边距

当钣金冲裁孔与孔或与边缘不平行时，孔间距或孔边距至少为钣金件厚度，即 $B \geq 1T$，如图 4-3 所示。平行时，孔间距或孔边距至少为钣金件厚度的 1.5 倍，即 $C \geq 1.5T$，如图 4-3 所示。

5. 钣金件冲裁孔的大小

一般来说，钣金件冲孔大小至少为钣金件厚度的 1.5 倍。冲孔太小，模具凸模尺寸小，易折断或压弯，使用寿命低。当然冲孔最小尺寸与钣金材料相关，较软材料冲孔最小尺寸可以小于钣金厚度，而较硬材料（如不锈钢等）冲孔最小尺寸不应小于钣金厚度的 1.5 倍，即 $D \geq 1.5T$，如图 4-3 所示。

6. 避免孔与钣金件折弯边或成形特征距离太近

钣金件冲裁孔距离钣金件折弯边或成形特征的距离最小为钣金件厚度的 1.5 倍加上折弯半径或成形半径，即 $E \geq 1.5T + R$，如图 4-5 所示。否则冲裁孔极易在折弯或成形时发生扭曲变形。

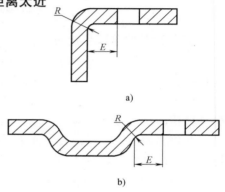

1）当钣金件冲孔距离折弯边或成形边特征太近时，可以考虑先折弯或成形，然后再冲孔，但这会增加模具的复杂度，增加模具成本。不推荐这样的做法。

2）在钣金件折弯或成形处增加工艺切口，用于吸收钣金件折弯或成形时的变形，从而保证钣金件冲孔的质量，如图 4-6 上部所示。

图 4-5　孔与折弯边和成形特征的距离
a）孔与折弯边的距离　b）孔与成形特征的距离

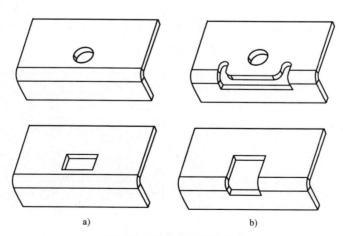

a)　　　　　　　　b)

图 4-6　当折弯离孔太近时
a）原始的设计　b）改进的设计

3）加大冲孔的尺寸，如图 4-6 下部所示。

7. 避免钣金件展开后冲裁间隙过小甚至材料干涉

产品设计工程师进行钣金设计时是三维设计，容易忽略钣金件展开后冲裁间隙的检查验证。于是，常常会发生钣金件展开后冲裁间隙过小甚至发生材料干涉的现象，钣金件结构越复杂，这种错误越容易发生。

以图 4-6 上部所示的工艺切口为例，如果工艺切口尺寸不合理，钣金展开后冲裁间隙过小，则冲裁模具凸模强度低，模具寿命短，如图 4-7 所示。

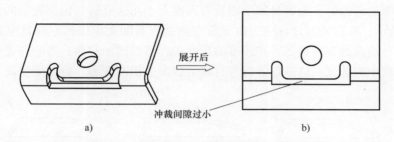

图 4-7　避免钣金件展开后冲裁间隙过小

钣金折弯宽度设计不合理，会造成钣金展开后材料干涉，如图 4-8 所示。

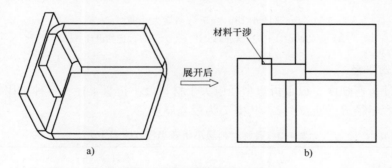

图 4-8　避免钣金展开后材料干涉
a）展开前　b）展开后

4.2.2　折弯

折弯是利用压力迫使材料产生塑性变形，从而形成有一定角度和曲率形状的一种冲压工序。常用的折弯包括 V 形折弯、Z 形折弯和反折压平等。

1. 折弯的高度

钣金件折弯高度至少应为钣金厚度的 2 倍加上折弯半径，即 $H \geqslant 2T + R$，如图 4-9所示。折弯高度太低，钣金件在折弯时容易变形扭曲，不容易得到理想的零件形状和理想的尺寸精度。

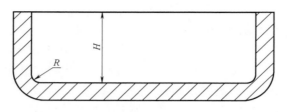

图 4-9　折弯的最小高度

当折弯为斜边时，最容易发生因折弯高度太小而造成折弯扭曲变形的情况。如图 4-10 所示，在原始的设计中，由于最左侧折弯高度太小，折弯时就很容易发生扭曲变形，造成折弯质量低；在改进的设计中，可以增加左侧折弯的高度或者去除折弯高度较小的部分，这样钣金折弯时就不会发生扭曲变形，折弯质量高。

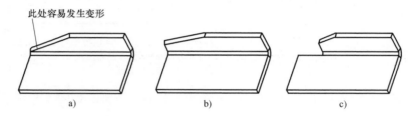

图 4-10　当折弯高度太小时
a) 原始的设计　b) 改进的设计（一）　c) 改进的设计（二）

2. 折弯半径

为保证折弯强度，钣金折弯半径应大于材料最小折弯半径，各种常用钣金材料的最小折弯半径 $R_{\min}$ 见表 4-2，其中 T 为钣金厚度。

表 4-2　各种材料最小折弯半径（常温下）

材　　料		材　料　条　件	
		软	硬
铝合金		0	6T
铍青铜		0	4T
黄铜		0	2T
镁合金		5T	13T
铁	不锈钢	0.5T	6T
	低碳钢，低合金	0.5T	4T
	钛	0.7T	3T
	钛合金	2.6T	4T

钣金原始和改进的折弯半径设计如图 4-11 所示。

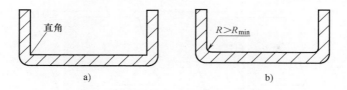

图 4-11　折弯半径应大于钣金材料最小折弯半径

a) 原始的设计　b) 改进的设计

当然，钣金折弯半径也不是越大越好。折弯半径越大，折弯反弹越大，折弯角度和折弯高度越不容易控制，因此钣金折弯半径需要合理的取值。

另外，钣金模具制造商倾向于折弯半径为零，这样钣金折弯后不容易反弹，折弯高度和折弯角度的尺寸比较容易控制。但折弯半径为零的折弯很容易造成钣金折弯外部破裂甚至折断，同时钣金折弯强度相对较低，特别是对较硬的钣金材料，而且，在生产一段时间之后模具上的直角会逐渐变圆滑，折弯尺寸也会变得难以控制。

为了降低折弯力和保证折弯尺寸，钣金模具制造商采用的另一个办法是在折弯工序之前预先增加压线工序，如图 4-12 所示。这样的设计同样也会造成钣金折弯强度相对较低和易断裂等缺陷。

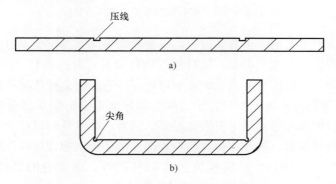

图 4-12　折弯时先压线易导致折弯强度低

a) 折弯前　b) 折弯后

压线工序是强行局部排挤材料，在钣金上面挤出一条沟槽，以利于折弯，确保折弯精度的一种冲压工序。

3. 折弯方向

钣金折弯时应尽量垂直于金属材料纤维方向。当钣金折弯平行于金属材料纤维方向时，在钣金折弯处很容易产生裂纹，折弯强度较低，易破裂，如图 4-13 所示。

4. 避免因折弯根部不能压料而造成折弯失败

钣金折弯时，常因为其他特征距离钣金折弯根部距离太近，造成不能压料而无

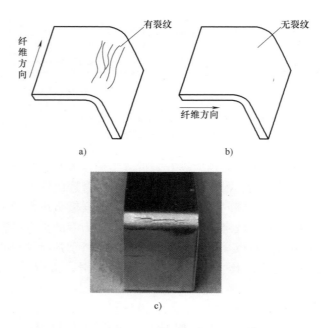

图 4-13　折弯应尽量与材料纤维方向垂直

a）折弯与纤维方向不垂直时　b）折弯与纤维方向垂直时

c）折弯与纤维方向不垂直时，产生裂纹的实例

法折弯或者折弯严重变形。一般来说，在钣金折弯根部上方至少需要保证 2 倍钣金厚度加上折弯半径的距离上没有其他特征阻挡钣金折弯时的压料。图 4-14 上部所示原始的设计中，反折压平太靠近钣金折弯根部，造成钣金折弯时不能压料而折弯失败。图 4-14 下部所示原始的设计中，钣金抽牙太靠近折弯根部而造成折弯无法进行，此时可以把抽牙移动到远离钣金根部的位置，如改进的设计中第一个设计所示。如果因为设计要求，抽牙和折弯的位置都无法移动，那么可以在抽牙对应的折弯根部增加一个工艺切口，从而保证折弯顺利进行，如改进的设计中的第二个设计。

5. 保证折弯间隙，避免折弯干涉

由于钣金折弯公差的存在，在钣金折弯的运动方向上，需要保证一定的折弯间隙，以避免折弯时干涉而造成折弯失败。图 4-15 所示为一个具有复杂折弯钣金件的简化图，折弯顺序为上侧边先折弯，右侧边后再折弯。在原始的设计中，两个折弯边没有间隙，当上侧边折弯完成后，再将右侧边折弯时，因为钣金折弯公差的存在，很可能造成右侧边在折弯过程中与上侧边干涉；在改进的设计中，右侧边与上侧边保留至少 0.2mm 的间隙（间隙的大小视折弯公差而变化），可以有效避免折弯干涉。

6. 保证折弯强度

钣金折弯时需要保证折弯强度，长而窄的折弯强度低，短而宽的折弯强度高，

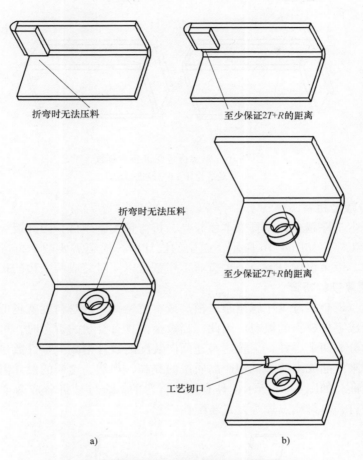

折弯时无法压料

至少保证2*T*+*R*的距离

折弯时无法压料

至少保证2*T*+*R*的距离

工艺切口

a)　　　　　　　　　　　b)

图 4-14　避免因折弯根部不能压料而折弯失败

a）原始的设计　b）改进的设计

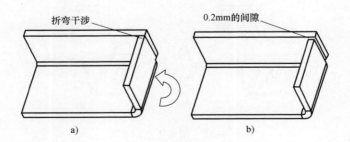

折弯干涉

0.2mm的间隙

a)　　　　　　　　　　　b)

图 4-15　避免折弯干涉

a）原始的设计　b）改进的设计

因此钣金折弯尽量附着在比较长的边上。如图 4-16 所示，同样功能的一个折弯，原始的设计中因为折弯附着在比较短的边上而折弯强度低，改进的设计中折弯附着在比较长的边而折弯强度高。

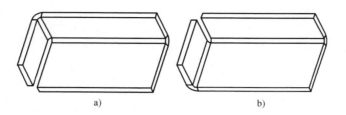

a)
b)

图 4-16　钣金折弯保证折弯强度
a）原始的设计　b）改进的设计

7. 减少钣金折弯工序

　　钣金折弯工序越多，模具成本就越高，折弯精度就越低，因此钣金设计应当尽量减少折弯工序。如图 4-16 所示，原始的设计中，钣金需要两个折弯工序；在改进的设计中，钣金仅仅只需要一个折弯工序就可以同时完成两个边的折弯。

8. 避免复杂的折弯

　　同样地，钣金折弯工序越复杂，模具成本就越高，折弯精度就越低，而且复杂折弯可能造成零件材料的浪费。因此，当钣金件具有复杂的折弯时，可以考虑将复杂的折弯拆分成两个零件，尽管这有违面向装配的设计中减少零件数量的原理，但这更可能带来产品成本的降低和产品质量的提高，当然，这样的设计需要通过严密的计算来验证。如图 4-17 所示，具有复杂折弯的钣金件被拆分成两个零件，两个零件通过拉钉、自铆或点焊等方式装配在一起。

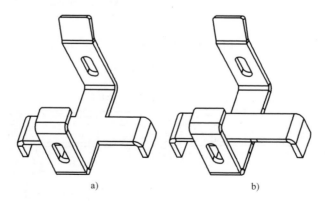

a)
b)

图 4-17　避免复杂的折弯
a）原始的设计　b）改进的设计

9. 多重折弯上的孔很难对齐

　　很多产品设计工程师一定有过这样的痛苦体会：为什么钣金件折弯上的螺钉孔或拉钉孔总是对不齐，以至于无法固定螺钉或拉钉？

这是因为钣金折弯公差较大，特别是当钣金具有多重折弯时。钣金折弯公差见表 4-3。

表 4-3 钣金折弯公差

特　　征	公差/mm
一个折弯	±0.15
两重折弯	±0.25
三重折弯	±0.36
四重折弯	±0.44
五重折弯	±0.51
六重折弯	±0.59

可以看出，钣金件折弯次数越多，折弯公差就越大，钣金件的多重折弯很难保证尺寸的准确性，这就是为什么钣金件折弯上的螺钉孔、拉钉孔和自铆孔等很难对齐的原因。

因此，在产品设计时，产品设计工程师需要考虑到多重折弯公差较大的特点，避免对零件多重折弯上的特征要求过于严格的公差；同时优化钣金的设计，避免在零件装配中出现装配孔位对不齐、装配尺寸很难保证，甚至装配干涉等不良现象的发生。

钣金件两个折弯上的孔因为折弯公差较大的原因很难对齐（见图 4-18a），解决的办法有：

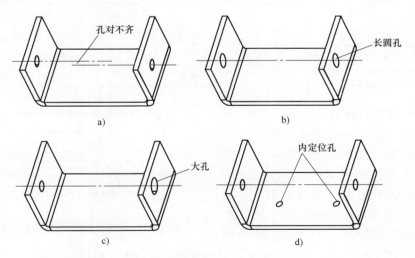

图 4-18　优化设计避免钣金折弯孔对不齐

a）折弯上的孔很难对齐　b）长圆孔的设计　c）大孔的设计　d）模具增加内定位孔

1）将一个折弯上的孔设计成长圆孔或者大孔，从而允许折弯较大的公差，保证零件的装配，见图4-18b、c。

2）增加两个内定位孔，模具增加内定位，减小钣金件在折弯时的公差，从而保证两个折弯上孔的对齐，见图4-18d。

3）先折弯后冲孔，两个孔的尺寸精度可以保证，但这会增加冲压模具的复杂度，增加模具成本。一般不推荐这样的做法。

4.2.3 拉深

拉深是将一定形状的平板毛坯冲压成各种开口空心件，或以开口空心件为毛坯，减小直径，增加高度的一种冲压加工方法。

1. 拉深件的形状

拉深件的形状应尽量简单、对称。轴对称的拉深件在圆周方向上变形均匀，模具加工也容易，其制造性能最好。其他形状的拉深件，应尽量避免急剧的轮廓变化。

2. 拉深件的深度

根据钣金材料的性质，圆形拉深件的深度会有不同的限制，一般来说，深度一般不超过直径的0.2倍。常用金属材料可以拉深的最大深度值见表4-4。深度太大，很容易拉破。拉深件设计时尽量使用较浅的拉深，较浅的拉深比较深的拉深具有更好的制造性能，成本较低。

表4-4　常用金属材料的最大拉深深度

简　图	材　料	最大深度 H
	软钢	$\leqslant (0.15 \sim 0.20) d$
	铝	$\leqslant (0.10 \sim 0.15) d$
	黄铜	$\leqslant (0.15 \sim 0.22) d$

3. 拉深件的转角

拉深件各相邻壁的转角部分应当以合适大小的圆弧过渡，以防止模具相应部分易于磨损和产生应力集中，直角连接容易造成拉深件被刺破。如图4-19所示，拉深的根部圆角 $R_1 \geqslant T$，拉深的顶部圆角 $R_2 \geqslant 2T$，拉深转角处圆角 $R_3 \geqslant 4T$。在设计允许的情况下，上述圆角半径越大，拉深越容易。

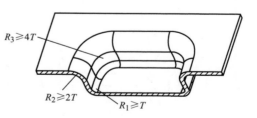

图4-19　拉深件转角部分圆角过渡

4. 拉深件的尺寸精度

钣金件在拉深时尺寸精度不宜要求过高，同时因为钣金件壁厚的变化，钣金件在拉深时只能保证特征的内部或者外部的尺寸，而不能同时保证其内部和外部尺寸。

4.2.4 凸包

凸包是依靠材料的延伸使钣金件形成局部凹陷或凸起的冲压工序。凸包与拉深是完全不同的冲压工序，凸包中材料厚度的改变为非意图性的，即厚度的少量改变是变形过程中自然形成的，不是设计指定的要求。凸包也称为起伏成形，但笔者认为凸包的称呼更为形象。

凸包是钣金件中常用的一个特征，较长的凸包可以作为加强筋提高零件的强度和减少零件变形，另外可以利用凸包来获得与钣金基准平面不同高度的特征，桥状的凸包也可以作为卡扣对零件进行固定。

1. 凸包的深度

凸包的深度一般不超过钣金厚度的 3 倍，即 $H \leqslant 3T$，如图 4-20 所示。深度太大，凸包容易变形甚至破裂。

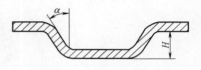

图 4-20 凸包的深度与斜度

2. 凸包的斜度

凸包的斜度一般不小于 15°，即 $\alpha \geqslant 15°$，如图 4-20 所示。较大的斜度能够保证零件在凸包顺利成形，并减小钣金件变形的可能性。

3. 凸包的转角

同拉深一样，凸包的转角部分应以圆角过渡，凸包的转角部分圆角设计可以参考拉深的设计，如图 4-19 所示。

4. 凸包与周围特征的距离

凸包与凸包、凸包与钣金件边缘、凸包与折弯边的距离不宜太近，至少应保证两个钣金件厚度以上的距离。否则凸包成形会存在质量问题，或者凸包会影响钣金件的折弯质量。

凸包与折弯边的距离如图 4-21 所示。在原始的设计中，凸包与折弯边距离太近，凸包会影响折弯的质量；在改进的设计中，凸包与折弯边的距离 $E \geqslant 2T$，凸包不会影响钣金的折弯质量。

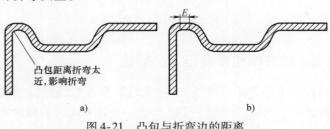

a)   b)

图 4-21 凸包与折弯边的距离

a) 原始的设计   b) 改进的设计

4.2.5 止裂槽

止裂槽用于钣金折弯和凸包等成形工序中，其作用是防止钣金件在成形过程中材料撕裂和变形，产生飞边，带来安全问题；同时止裂槽能够减小成形力，辅助钣金件折弯和凸包的成形。止裂槽的宽度一般应当大于钣金厚度的 1.5 倍，同时止裂槽的长度应当超过钣金成形的变形区域。

如图 4-22 所示，在原始的设计中，折弯时会在折弯的两端产生飞边；在改进的设计中，通过将折弯边外移或增加止裂槽来避免飞边的产生。

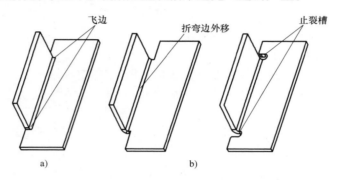

图 4-22　折弯止裂槽

a）原始的设计　b）改进的设计

常见的凸包止裂槽如图 4-23 所示。

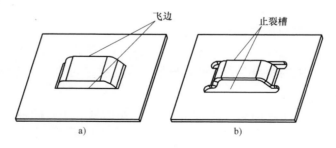

图 4-23　凸包止裂槽的设计

a）原始的设计　b）改进的设计

4.2.6 指明飞边的方向和需要压飞边的边

钣金冲裁过程如图 4-24a～c 所示，冲裁后钣金件的断面包括四个部分：圆角带、光亮带、断裂带、飞边，如图 4-24d 所示。可以看出，冲裁断面并不是与钣金的冲裁方向完全平行，而是呈一定的斜度，同时断面除去很窄一部分光亮带以外，其余部分均粗糙无光泽，并有飞边和塌角。飞边的方向与冲裁的方向一致。

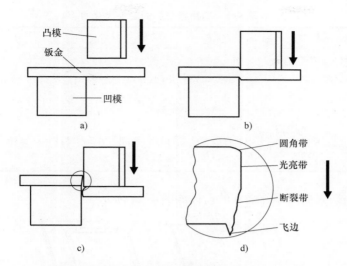

图 4-24　钣金的冲裁过程、断面的形状和飞边的方向

飞边会带来安全问题。飞边可能刮伤操作人员和消费者的手指，因此在产品设计阶段，就应当指明飞边的方向，并把飞边设置于钣金件内部或者位于操作人员和消费者不容易接触的位置，而且要求飞边的高度不超过钣金件厚度的 10%。

对于操作人员和消费者经常接触的边或者电缆接触的边，需要额外增加压飞边的工序，这也是必须在产品设计阶段就指明的。因为一旦冲压模具加工完成，再来增加压飞边的工序就会变得比较困难。当然，需要尽量避免对整个钣金边缘压飞边以降低模具成本。

4.2.7　提高钣金件强度的设计

1. 避免平板的设计

同塑胶件一样，单纯的平板式钣金件强度较低，特别是较软和较薄的材料；同时平板式钣金件在受力时容易变形，产品设计应当避免这样的设计。针对平板式钣金件，可以采用增加加强筋，增加折弯、翻边或反折压平来提高钣金件的强度，如图 4-25、图 4-26 所示。

2. 增加加强筋

加强筋常用于增加钣金件强度和减少钣金件变形，常用加强筋形状包括半圆形和梯形，其主要尺寸见表 4-5。但是，一个钣金件上的加强筋并不是越多越好，太多的加强筋反而会造成零件变形翘曲；同时，加强筋最好均匀对称布置在钣金件上，不均匀的加强筋设计也是造成零件变形翘曲的原因之一。

表 4-5　常用加强筋的主要尺寸

简　图	R	H	r	D	α
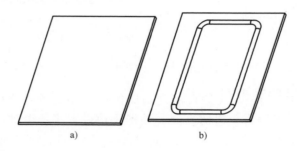	$(3 \sim 4)T$	$(2 \sim 3)T$	$(1 \sim 2)T$		
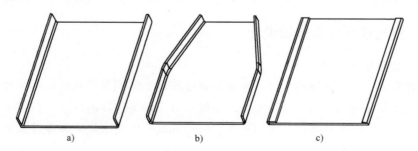		$(1.5 \sim 2)T$	$(0.5 \sim 1.5)T$	$\geqslant 3H$	$15° \sim 30°$

利用加强筋来提高零件强度的设计如图 4-25 所示。

图 4-25　利用加强筋提高零件强度

a) 原始的设计　b) 改进的设计

3. 增加折弯、翻边或者反折压平

增加折弯、翻边或者反折压平可以提高钣金件的强度，如图 4-26 示。

图 4-26　利用折弯、翻边和反折压平提高零件强度

a) 折弯　b) 翻边　c) 反折压平

4. 折弯处增加三角加强筋

在钣金折弯处增加三角加强筋可以提高折弯的强度，如图 4-27 所示。

5. 折弯边自铆或者通过拉钉等方式连接在一起

对于强度要求较高的钣金件，钣金折弯后折弯边之间通过自铆或者拉钉等方式

连接在一起，把钣金的多个折弯边形成一个整体，可以大幅提高零件强度。如图 4-28 所示，钣金的三个折弯边通过拉钉连接在一起，钣金件强度大幅度提高。

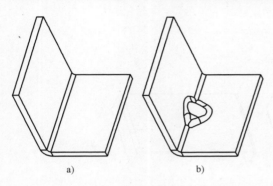

图 4-27　折弯处增加三角加强筋提高零件强度
a）原始的设计　b）改进的设计

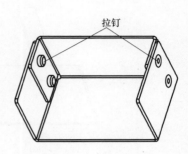

图 4-28　钣金折弯边通过拉钉连接在一起

4.2.8　减少钣金件成本的设计

钣金件的成本主要来自于三个方面：材料、冲压模具以及劳动力成本。其中材料和冲压模具成本占主要部分，减少钣金成本的设计主要从这两方面入手。

1. 钣金件的形状

钣金件的形状应当利于排样，尽量减少废料，提高材料使用率。合理的钣金件形状设计可以使得钣金件在排样时材料使用率高，废料少，从而降低钣金材料成本。如图 4-29 所示，稍微修改钣金件的外形，就可以大量提高材料的使用率，从而节约零件的成本。

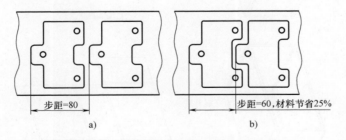

图 4-29　合理设计钣金件形状、提高钣金材料利用率
a）原始的设计　b）改进的设计

2. 减少钣金件外形尺寸

钣金件外形尺寸是决定钣金冲压模具成本的主要因素之一。钣金件外形尺寸越大，冲压模具尺寸就越大，模具成本就越高，这在冲压模具包含多套冲压工序模时变得更为明显。

（1）钣金件上避免狭长的特征　狭长的钣金件形状不但零件强度低，而且钣金件在排样时材料浪费严重；同时狭长的钣金特征使得冲压模具尺寸加大，增加模具成本，如图4-30所示。

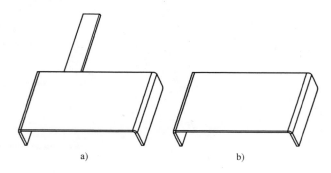

图 4-30　避免狭长的特征
a）原始的设计　b）改进的设计

（2）避免钣金件展开后呈十字形外形　展开后呈十字形外形的钣金件在排样时材料浪费严重，同时会增加冲压模具的尺寸，增加模具成本。如图4-31所示，在原始的设计中，钣金的四个折弯边均附着于钣金的底部四个边缘，钣金展开后呈

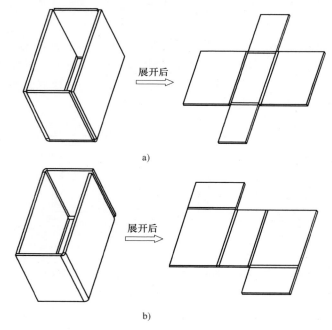

图 4-31　避免钣金件展开后呈十字形外形
a）原始的设计　b）改进的设计

十字形,在排样时材料浪费严重,同时钣金外形尺寸较大;改进的设计中钣金的后两个折弯边附着于前两个折弯边,避免钣金展开后呈十字形,从而使得钣金可以合理排样,材料使用率提高 30% 以上,同时钣金外形尺寸减小,模具费用降低。

3. 钣金件外形尽量简单

复杂钣金件外形需要复杂的凸模和凹模,增加模具加工成本,钣金的外形应尽可能地简单,如图 4-32 所示。

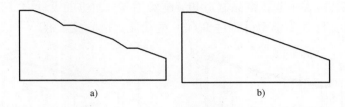

图 4-32 钣金件外形尽量简单

a) 原始的设计 b) 改进的设计

4. 减少冲压模具工序数

冲压模具主要包括两种:工程模和连续模。一个钣金件的工程模可能包括多套工序模模具,如冲裁模、折弯模、成形模和压飞边模等。模具工序数越多,钣金模具的工序模套数就越多,冲压模具成本就越高。对于连续模也是如此。模具成本与模具的工序数成正比,因此,为降低冲压模具的成本,应当尽量减少模具的工序数。

1) 合理定义折弯的附着边,不合理的折弯附着边容易增加折弯工序。例如,如图 4-16 所示,在原始的设计中,钣金需要两个折弯工序;而在改进的设计中,通过更改折弯的附着边,钣金仅仅只需要一个折弯工序就可以同时完成两个边的折弯,改进的设计可以节省一套折弯工序模,从而降低模具成本。

2) 产品设计需要尽量避免复杂折弯,复杂折弯需要两套甚至多套折弯模,是冲压模具工序数增加的主要原因。可以通过设计的优化来避免复杂折弯。如图 4-17 所示,复杂的折弯通过零件的拆分减少冲压模具工序数,减少零件成本。

3) 产品设计需要尽量避免反折压平,反折压平至少需要两个工序,也就是说需要两套工程模。

4) 另外压飞边一般也需要单独的压飞边工序模。对于产品内部零件如果可以不压飞边,则尽量不压飞边。

5. 合理选择零件的装配方式

钣金装配方式很多,如 4.3 节所述,合理的选择钣金件装配方式与产品成本息息相关，常用钣金件装配方式的成本如下所示：

卡扣≤拉钉≤自铆≤点焊≤普通螺钉≤手动螺钉

6. 合理利用钣金件结构，减少零件数量

尽管冲压制造工艺不允许钣金件具有复杂的结构，但在钣金件结构所能达到的范围之内，应当合理利用钣金件结构，合并钣金件周围的零件，减少零件的数量，从而减少产品成本。

如图 4-33 所示，在原始的设计中，整个装配件包括 3 个零件，零件 A、B、C 之间通过焊接装配在一起，产品制造和装配费用高；改进的设计中，合理利用钣金折弯，使得钣金件 A 能够合并零件 B 和 C 的功能，产品成本低。

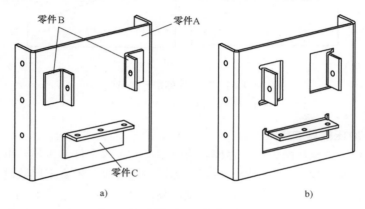

图 4-33　合理利用钣金件结构，减少零件数量（一）
a）原始的设计　b）改进的设计

如图 4-34 所示，在原始的设计中，除了螺栓外，整个装配件还包括 3 个零件，零件 B 通过两个螺栓固定在零件 A 上，零件 A 与零件 C 通过焊接固定；改进的设计中，合理设计钣金件 A，将零件 B 和零件 C 的功能合并在零件 A 上，从而减少零件的制造和装配费用，减少产品成本。

7. 标准化

钣金件在设计时尽量选用标准的孔、槽等，从而可以使用标准的冲压模具凸模和凹模，减少模具成本。

在选择钣金材料时，选用具有标准厚度和当地市场比较容易获得的钣金材料，也可以降低材料成本。

4.2.9　其他钣金件设计的考虑

1. 翻边转角处增加圆角

翻边转角处增加圆角可以避免在转角处挤料，圆角半径至少为钣金厚度的 4 倍，当然，为了保证翻边的质量，可以使用较大的圆角，圆角越大翻边越容易，如

图 4-35 所示。

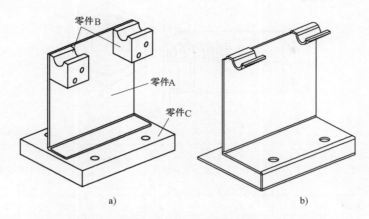

图 4-34　合理利用钣金结构，减少零件数量（二）
a）原始的设计　b）改进的设计

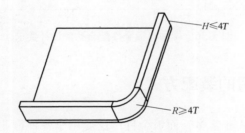

图 4-35　翻边转角处增加圆角

2. 曲线翻边高度

一般来说，曲线翻边的高度不宜超过钣金厚度的 4 倍，即 $H \leqslant 4T$，如图 4-35 所示。如果曲线翻边转角处圆角较大，翻边的高度可以相应地增加。

3. 正确设计与螺柱、螺母及手拧螺钉等的配合孔

螺柱、螺母及手拧螺钉等是钣金件上常用的五金件，它们通过铆合方式固定在钣金件上。钣金件上与五金件的配合孔需要正确设计，否则铆合后会存在五金件铆合不稳甚至脱落等质量缺陷。如果对配合孔的设计要求不清楚，可以向五金件的供应商寻求帮助。国际上比较著名的五金件供应商均会提供如何在钣金件上设计配合孔，以及如何铆合等设计要求。

某五金件供应商的一款螺柱对钣金设计的要求，如图 4-36 所示，其中包括螺柱在钣金上配合孔的具体尺寸大小和配合孔中心与钣金边缘最小的距离等。

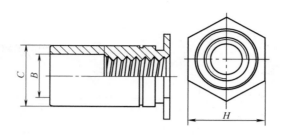

（单位：mm）

螺钉种类	B	$C_{-0.13}^{0}$	H	最小钣金厚度	钣金配合孔直径 $_{0}^{+0.08}$	最小配合孔到边缘距离
M3	3.25	4.2	4.8	1.02	4.22	6
M3.5	3.9	5.39	6.4	1.02	5.41	7.1
M4	4.8	7.12	7.9	1.27	7.14	8.4
M5	5.35	7.12	7.9	1.27	7.14	8.4

图 4-36　螺柱对钣金件配合孔的设计要求

4.3　钣金件常用的装配方式

　　钣金件的装配方式非常多，而钣金件广泛应用于各种行业中，各自行业具有各自行业常用的装配方式，以下将介绍在电子电器等行业广泛应用的钣金件装配方式。

4.3.1　卡扣装配

　　同塑胶件的卡扣装配不一样，因为大多数的钣金件没有弹性（不锈钢 SUS301 除外），钣金装配并不能完全依靠卡扣来完成。卡扣装配常是与其他钣金装配方式（如螺钉）配合使用，起着快速装配和降低产品装配成本的作用。

　　卡扣装配的结构包括卡扣和卡槽，常用的卡扣和卡槽的形状如图 4-37 所示。产品设计可以选择合适的卡扣和卡槽形状进行配对选用。根据面向装配的设计中的导向原则，卡扣或卡槽的前端最好增加一个 30°的小折弯，以保证装配顺利。

4.3.2　拉（铆）钉装配

　　拉钉装配是通过将拉钉插入两个零件的对应孔内，用拉钉枪拉动拉杆直至拉断使外包的拉钉套变形胀大，大于孔的直径，从而达到将两个零件装配在一起的目的。

　　常用的拉钉包括平头拉钉和圆头拉钉，其装配如图 4-38 所示。其中平头拉钉

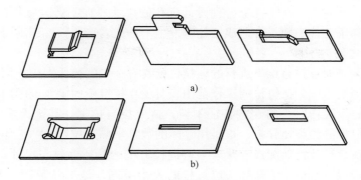

图 4-37   常见卡扣和卡槽

a) 卡扣   b) 卡槽

用于拉钉装配后拉钉头不能突出零件表面的场合，此时在零件上需要增加沉孔。钣金件通孔的尺寸一般比拉钉尺寸大 0.1 ~ 0.3mm。

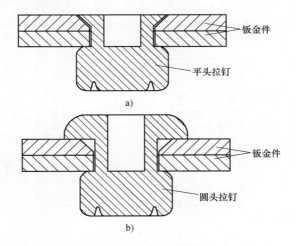

图 4-38   平头拉钉和圆头拉钉装配

a) 平头拉钉装配   b) 圆头拉钉装配

当设计拉钉装配时，需要注意以下问题。

1. 避免拉钉尾部与其他零件干涉

如 4-38 所示，拉钉的尾部一般会突出零件表面 2 ~ 4mm，这一点很容易被忽视而造成装配干涉等情况发生，严重时会带来产品质量问题。例如 PCB 常常固定在钣金上，如果拉钉的尾部接触到 PCB 上的电路或电子零部件，很容易造成短路，损坏 PCB。在进行面向装配的设计检查时需要特别注意这一点。

2. 平头拉钉头部表面需低于钣金表面

平头拉钉用于装配后拉钉不能高于钣金表面的场合，特别是当钣金表面有运动配合要求时。此时需要在零件上合理设计沉孔的尺寸并在制造时管控沉孔的尺寸，否则拉钉头高于零件表面，会造成装配时发生干涉或者造成零件运动时不顺畅。

3. 避免拉钉枪干涉

拉钉装配是通过拉钉枪来进行的，拉钉枪具有一定的尺寸大小，因此，在设计拉钉装配时需要考虑到拉钉枪的工作范围，避免在拉钉枪的工作范围内设计零件特征，否则拉钉枪工作时会与这些特征干涉，造成拉钉拉偏，甚至无法完成拉钉动作。由于拉钉枪的种类比较多，很难用具体的数字来描述拉钉枪的工作范围，产品设计工程师在进行拉钉装配设计时应当咨询拉钉枪的具体型号与尺寸。一般来说，距离拉钉中心线 8mm 的范围内（拉钉枪的大小不同，该尺寸范围大小可能会不同）和在拉钉的垂直方向上避免设计零件特征。

4.3.3 自铆

自铆的原理如图 4-39 所示，零件 A（带有沉孔）和零件 B（带有抽牙孔）配合，两个零件贴合在一起，然后通过模具冲头使得抽牙孔胀开，填充至沉孔的角孔内，从而使两个零件装配成一个整体。

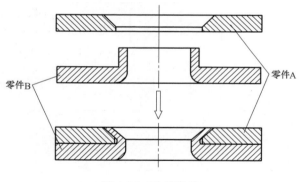

图 4-39　自铆装配

4.3.4 螺钉机械装配

钣金件的螺钉装配是指在两个需要装配的零件中，其中一个零件上抽牙，另一个零件上冲孔，然后通过螺钉把两个零件固定。钣金件的螺钉机械装配包括三种方式。

1. 抽牙孔 + 自攻螺钉装配

如图 4-40 所示，在零件 A 上抽牙孔，在零件上 B 冲孔，使用自攻螺钉，自攻

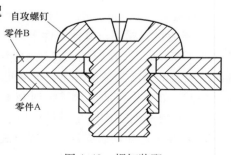

图 4-40　螺钉装配

螺钉在拧入的时候同时攻螺纹。

对于零件 A 抽牙孔的内径，其尺寸可以参考所使用的自攻螺钉厂商或者制造厂商提供的推荐数据。某自攻螺钉厂商提供的三角自攻螺钉对应的钣金抽牙孔数据如图 4-41 所示。

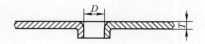

（单位：mm）

钣金件厚度 T	0.5 ~ 0.69	0.7 ~ 0.99	1.0 ~ 1.49	1.5 ~ 2.49	2.5 ~ 3.0
螺钉种类	钣金件抽牙孔的直径 D				
M2.5 × 0.45	2.22	2.23	2.24	—	—
M3 × 0.5	2.70	2.71	2.72	—	—
M4 × 0.7	3.57	3.59	3.61	3.64	—
M5 × 0.8	—	4.53	4.56	4.59	—

图 4-41　自攻螺钉对应钣金件抽牙孔的尺寸

2. 抽牙孔 + 攻螺纹 + 螺钉装配

同第一种情况比较类似，区别在于两点：其一是对零件 A 完成抽牙后增加额外的攻螺纹工序；其二是使用普通的机械螺钉而不是自攻螺钉就可以完成两个零件的装配。

零件 A 的抽牙孔的内径参考数值见表 4-6。

表 4-6　攻螺纹前抽牙孔内径　　　　　　　　（单位：mm）

螺 纹 规 格	M3	M3.5	M4	M5	4#-40	6#-32	8#-32
抽牙高度	1.5	1.8	2.1	2.4	1.9	2.4	2.4
抽牙内径	2.6	3.2	3.6	4.6	2.4	3.2	3.6

3. 铆合螺母 + 螺钉装配

第三种装配方式需要在零件 A 上铆合螺母，替代抽牙孔及其攻螺纹，如图 4-42所示。

图 4-42　钣金铆合螺母 + 螺钉装配

4.3.5 点焊

点焊是两个钣金件在接触面处的一些点被焊接起来。焊接时，先把钣金件表面清理干净，然后把两个钣金件对齐装配好，压在两柱状铜电极之间，施加力压紧。当通过足够大的电流时，在零件的接触处产生大量的热，将中心最热区域的金属很快加热至高塑性或熔化状态，形成一个透镜形的液态熔池，继续保持压力，断开电流，金属冷却后，形成了一个焊点。

1. 钣金件焊点的设计

为了提高点焊的效果，保证点焊的可靠性，常在点焊的一个钣金件上设计一排焊点，焊点的尺寸一般如图 4-43 所示。在焊接过程中，焊接头压在凸点处，施加压力通电后，焊点被熔化。

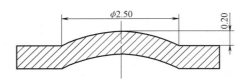

图 4-43　焊接凸点尺寸的设计

2. 两焊点的间距

通常两焊点的距离不超过 35mm（针对厚度在 2mm 以下的材料），偏小则过热，使工件容易变形；偏大则强度不够，使两个零件间出现裂缝。

3. 使用定位特征

当钣金件通过点焊装配时，应当在两个钣金件上添加定位特征（如定位柱和定位孔），以辅助钣金件的点焊和提高钣金件的装配尺寸精度。没有定位特征的辅助，钣金件点焊时很容易移位，装配尺寸很难得到保证。

4.3.6 各种装配方式比较

以上各种钣金件装配方式各有优缺点，见表 4-7。

表 4-7　钣金件装配方式对比

装配方式	使用设备	优　　点	缺　　点	使用要求
卡扣	无	1. 成本低 2. 能够提供快速装配与拆卸	不能完全固定零件，常需要和其他装配方式配合	
拉钉	拉钉枪	1. 操作方便，流动性好 2. 无须定位，可以自动定位 3. 可以返工	1. 需要在产品上增加沉孔，可能会增加冲模工序 2. 拉钉尾部会突出零件表面，干涉其他零件 3. 拉钉不能在有限的空间使用，拉钉枪如果被其他特征阻挡，则可能使得拉钉拉偏	拉钉尾部需有 8mm 左右的空间避位，头部需有直径 20mm 左右空间避拉钉枪

（续）

装配方式	使用设备	优　点	缺　点	使 用 要 求
自铆	冲压铆合模具	1. 无须定位，可以自导向 2. 小批量生产可以手工制作	1. 需在产品上做沉孔及抽芽孔，可能增加冲压模具工序 2. 不可拆卸，一旦失效，整个装配件报废，增加成本 3. 质量不易保证，不良率较高	自铆孔中心离边不小于6mm，自铆孔顶部空间一定范围内需避位
自攻螺钉	电批	可以拆卸，成本低	1. 拆卸次数有限 2. 如果抽牙滑扣，则整个装配件报废	螺钉顶部空间一定范围内需要避位
攻螺纹 + 螺钉	电批	装配较可靠，可以反复拆卸	增加攻螺纹工序，增加成本	螺钉顶部空间一定范围内需要避位
螺母 + 螺钉	电批	1. 最安全、最可靠 2. 可以反复拆卸	成本很高	螺钉顶部空间一定范围内需要避位
点焊	点焊机	1. 无须前加工，工艺简单 2. 无法自定位，需要额外添加定位特征	1. 需焊接治具 2. 焊接结合力较小，且容易脱焊 3. 不可拆卸，一旦失效，整个装配件报废，增加成本 4. 使用范围有限，不是所有的钣金材料均适合点焊	焊点中心离边不小于6mm；焊点中心离折弯边不小于8mm

第5章 压铸件设计指南

5.1 概述

5.1.1 压铸的概念

压力铸造（简称压铸）是铸造的一种，压铸是一种将熔融状态或半熔融状态的金属浇入压铸机的压室，在高压力的作用下，以极高的速度充填在压铸型腔内，并在高压下使熔融或半熔融的金属冷却凝固成形从而获得铸件的高效益、高效率的精密铸造方法。

简单地说，压铸是在高压作用下，使液态金属或半液态金属以极高的速度充填压铸型腔内，并在压力下成形和凝固而获得铸件的方法。

压铸工艺的显著特点是高压、高速和高温。它常用的压射压力从几十到几百兆帕。充填速度约为 10~50m/s，有时甚至可达 100m/s 以上，充填时间很短，一般在 0.01~0.2s。压铸熔化金属的温度很高，锌合金的压铸温度为 400℃，铜合金的压铸温度可达 1000℃。理解压铸工艺的特点有助于设计压铸件来满足压铸工艺的要求。

5.1.2 压铸的优缺点

1. 压铸的优点

1）生产效率高，生产过程容易实现机械化和自动化。一般冷室压铸机平均每小时压铸 50~90 次，而热室压铸机平均每小时压铸 400~900 次，生产效率高。

2）压铸件的尺寸精度高，表面质量高。压铸件的一般公差等级为 GB 1800—2009 中的 IT13~IT15，较高的精度能达到 IT10~IT11，表面粗糙度 Ra 为 3.2~1.6μm，局部可达 0.8μm。正因为压铸件的高尺寸精度和高的表面质量，要求不高的压铸件可以直接使用，避免了机械加工或者少采用机械加工，提高了合金的利用率，节省了大量的机械加工成本。

3）压铸件的力学性能较高。金属熔体在压铸型内冷却速度快，又在压力下结晶，因此在压铸件靠近表面的一层晶粒较细、组织致密，强度和硬度都较高。

4）可压铸复杂薄壁零件。压铸件可以具有复杂的零件形状，同时零件的壁厚可以较小，铝合金压铸件的最小壁厚为 0.5mm，锌合金压铸件可以达到 0.3mm。

5）压铸件中可嵌铸其他材料的零件。这样可以节省贵重材料和加工成本，并可以获得形状复杂的零件和提高零件性能，减少装配工作量。

2. 压铸的缺点

1）压铸件中容易产生气孔。由于压铸时金属熔体以非常高的速度充填模具型腔，而且模具材料又没有透气性，一般的压铸方法生产的压铸件容易产生气孔。由于气孔的存在使得压铸件不能通过热处理的方法提高强度以及在高温下使用；同时零件的加工余量不能太大，否则会去掉压铸件表面的硬化层，使得表层附近的气孔露出压铸件表面。

2）不适宜小批量生产。压铸型复杂、成本大，所以一般仅适合于较大批量的生产。

3）压铸高熔点合金时模具寿命较低。有的金属（如铜合金）熔点很高，对压铸型材料的抗热变形和热疲劳强度的要求很高，模具使用的寿命比较低。目前压铸件的材料主要是铝合金、锌合金和镁合金等，黑色金属很少使用压铸的方法加工。

3. 压铸的独特优势

与其他制造方法加工的零件相比，压铸件具有其独特的优势：

1）与钣金件相比，压铸件的零件形状可以更加复杂，零件的壁厚可以变化，一个压铸件可以代替几个钣金件，从而简化产品结构。

2）与塑胶件相比，压铸件在强度、导电性、热传导性和防电磁辐射等方面均有优势。

3）与机械加工零件相比，压铸件重量轻、加工成本低。

4）与其他铸造方法相比，压铸件产品尺寸精度高、表面质量好、生产效率高。

正因为上述压铸件的优点和独特的优势，使得压铸件目前应用越来越广泛，在笔记本电脑、手机、照相机、汽车、摩托车等很多产品中扮演着很重要的角色。在这些产品中，压铸件作为时尚、环保、人性化和创新的卖点出现在消费者面前，消费者也非常认可这样的产品。随着压铸技术的发展，压铸件一定会得到更为广泛的应用。

5.1.3　关于压铸件的六大误解

尽管压铸件具有很多的优点，但是现在很多人一提到压铸件，首先想到的就是价格昂贵、模具复杂、模具成本高、开发时间长等。这些误解导致在选择零件加工工艺方法时忽视压铸方法。压铸已经被证明是一种能够以较低成本制造复杂形状和高强度零件的加工方法。产品设计工程师在选择产品的加工方法时，应当深入了解压铸工艺，排除误解。

关于压铸件的六大误解包括：

1. 压铸型开发时间长

传统的思想认为压铸型复杂，开发时间长，模具修改不容易，但是，如今的压铸型设计可以依靠三维设计软件进行建模，使用模流分析和热分析软件来模拟压铸的过程；同时在压铸型开模之前，使用快速原型或者数控加工方法等获得零件的样品来验证零件的功能性和可装配性等，只有当零件通过验证后才正式开始压铸型加工，从而避免压铸型的反复修改，缩短压铸型的开发时间。

2. 压铸型费用较高

压铸工艺的特点决定了压铸型具材料必须能够承受较高的注射压力以及快速的冷热循环，这就需要高等级的模具材料。另外，压铸型的结构较为复杂，因此一般来说压铸型费用较高。

但是，由于压铸件具有高的尺寸精度和高的表面质量，这就省去了二次加工的成本；同时压铸件可以设计成较为复杂的形状，使得一个压铸件可以替代其他多个加工方法制造的零件，从整个产品的角度来看产品成本是降低的。

当然，不合理的压铸件设计会造成高昂的模具费用，本章的目的之一就是如何进行面向压铸的零件设计从而降低压铸型的成本。

3. 压铸型寿命短

压铸型必须承受高温高压和快速的冷热交换，因此一般认为其使用寿命比较短。但是这已经成为历史，材料技术的发展改变了这一观点，更高级别的模具钢材的出现以及特殊的表面处理能够显著改善模具的寿命。

4. 压铸件批量足够大才有经济性

一般来说，由于压铸型的成本较高，小批量的压铸件生产不具有经济性，但是当一个或多个复杂的机械加工零件或者其他制造方法制造的零件被重新设计合并成一个压铸件时，产品设计工程师会很惊奇地发现如此小批量的压铸件生产就已经具有经济性。

5. 压铸件的重量超过要求

因为压铸件材料是金属，产品设计工程师误以为压铸件的重量很大，于是在选择加工方法时，压铸件常被排除在外，特别是当压铸件与塑胶件相比时。轻金属镁合金的出现改变了这一情况。现在镁合金正被广泛应用于产品之中替代塑胶件，镁合金不但质量轻，而且能够提供电磁屏蔽能力，同时产品呈现金属质感、大幅提高了产品的外观质量，例如时下正流行的具有镁合金外壳的笔记本电脑。

6. 压铸件表面粗糙、尺寸精度低

很多人误以为压铸同砂型铸造一样，表面粗糙，尺寸精度低，需要机械加工才能使用。其实压铸件表面质量和尺寸精度较高，如上节所述，压铸件的公差等级一般可达 GB 1800—2009 中的 IT13 ~ IT15，较高的精度能达到 IT10 ~ IT11，表面粗糙度 Ra 为 $3.2 ~ 1.6 \mu m$，局部可达 $0.8 \mu m$，可以满足通用的零件要求。

5.2　常用压铸材料介绍

产品设计工程师在选择压铸材料时，应当根据产品的使用性能、工艺性能、生产条件、经济性以及压铸材料的特点等各种因素，合理选择正确的压铸材料。常用的压铸材料包括铝合金、锌合金和镁合金等。

5.2.1　铝合金

铝合金是目前应用最多的压铸材料，广泛应用于汽车工业、摩托车工业、航空航天等。

铝合金的特点如下：

1）铝合金的密度较小，仅为铁、铜、锌的 1/3 左右，比强度和比刚度高是其突出优点。

2）铝合金具有良好的导电、导热性能。

3）铝合金抗氧化腐蚀性能好。在空气中，铝的表面容易生成一层致密的三氧化二硫氧化膜，能阻止进一步被氧化。

4）铝合金具有良好的压铸性能。铝合金压铸工艺简单，成形及切削加工性能良好，具有较高的力学性能及耐蚀性，是代替钢铁铸件最具潜力的合金。

5）铝合金的高温力学性能很好，在低温下工作时同样保持良好的力学性能。

6）铝合金的缺点是容易在最后凝固处产生大的集中缩孔。此外，铝合金与铁有很强的亲和力，易粘模，应在冷室压铸机上压铸。

铝合金的应用见表 5-1。

表 5-1　铝合金的应用

产品种类	应用
汽车、摩托车类	汽车发动机缸体、缸盖、化油器壳体、齿轮泵、轮毂、汽车底盘、制动器踏板等
电动工具配件类	电钻外壳、电机转子、保护罩，机头等
电子电器配件类	微型马达座、手机外壳、电脑外壳、散热器、光驱架、电视接线盒等
其他	铝锅、机械连接件、电梯、装饰品

5.2.2　锌合金

锌合金的特点如下：

1）锌合金具有优良的铸造性能、力学性能、韧性，在传统的机械件、五金件、锁具、玩具等行业中应用很广。

2）锌合金具有优良的电和热传导性能，良好的振动阻尼特性、良好的电磁屏蔽性能，在电子、电信、家电产品中的应用不断增长。

3）锌合金是一种通用、可靠、低成本的材料，易于压铸生产。锌合金具有良好的压铸性能，因此更容易压铸形状复杂、薄壁、尺寸精度高的产品。由于锌合金的薄壁铸造性能，可实现产品轻量化和降低成本的要求。

4）与铝合金和镁合金相比，锌合金具有较高的抗拉强度、屈服强度、冲击韧度和硬度、较好的伸长率。

5）锌合金压铸件表面非常光滑，可不作表面处理直接使用，同时也比较容易进行各种表面处理，如抛光、电镀、喷涂等，以获得更佳的表面质量。

6）锌合金熔点低，在385℃熔化，相比于铝合金和镁合金，锌合金最容易压铸成形。

7）抗腐蚀性差。当锌合金成分中杂质元素铅、镉、锡超过标准时，将会逐渐老化而发生变形，表现为体积胀大，力学性能（特别是塑性）显著下降，时间长了就会破裂。

8）时效性。使用时间过长，锌合金压铸件的形状和尺寸会稍有变化。

9）锌合金不宜在高温和低温的工作环境下使用。锌合金在常温下具有良好的力学性能，但在高温下抗拉强度和低温下冲击性能都显著下降。锌合金容易老化，这是锌合金的应用范围受到限制的主要原因。锌合金的工作温度范围较窄，温度低于 –10℃时，其冲击韧度急剧降低。温度升高时，力学性能下降，且易发生蠕变，因此，受力零件的温度一般不超过100℃。严格控制锌合金原材料的纯度和熔炼工艺过程，在锌合金中添加少量的 Mg 和适量的 Cu，可以减轻或消除老化现象及改善切削加工性能。

锌合金的应用主要分为两大类，见表5-2。

表5-2　锌合金的应用

产品种类	应　　用
结构用途类：作为结构零件，用于对机械强度、尺寸精度、铸件内部质量等要求高的场合	汽车化油器、支柱、门铰链、齿轮，框架和锁具等
装饰用途类：作为装饰零件，用于要求铸件表面质量要求高、表面光洁和造型美观的场合	玩具、灯饰、金属扣、浴室配件、照相器材等

5.2.3　镁合金

镁合金的特点如下：

1）镁合金被称为"21世纪的绿色工程材料"，其密度为铝合金的2/3，钢铁的1/4，但比强度和比刚度均优于铝合金和钢铁，远远高于工程塑料，是一种优良的、轻质的结构材料。

2）镁合金具有良好的能量吸收及振动吸收特性，用于产品外壳可以减少噪声传递，用于运动零部件可吸收振动，延长零件使用寿命。

3）具有良好的电磁屏蔽性，可以提供电子产品的防电磁辐射性。

4）刚性好，耐冲击。

5）延展性好，易成形，可使产品设计具有灵活性，提升产品档次。

6）镁合金熔点低，使得低温变形小，尺寸精度高，有利于一次开模成形；与铁的亲和力小，对模具的粘附现象小，有利于提高生产率和模具寿命；而且镁合金良好的流动性能有利于复杂件和细小件的生产。

7）机械加工性能最好，所需切削力小、切削效果好、刀具使用寿命长。

8）散热性良好，仅次于铝合金。

9）尺寸稳定性好，环境温度和时间变化对尺寸的影响小。

10）可 100% 再生。

11）镁合金在空气中易氧化，镁合金压铸件成形后必须经过表面处理，提高耐腐蚀性，改善零件表面质量。常用的表面处理包括电镀、喷涂、阳极氧化等。同时镁合金有高温脆性大、热裂倾向大的缺点。

镁合金的典型应用见表 5-3。

表 5-3　镁合金的应用

产　品　种　类	应　　用
汽车	引擎盖、避振器、齿轮
笔记本电脑	机壳、散热组件、机构件
手机	外壳、支架
数码相机	机壳

5.3　设计指南

本章将详细介绍压铸件设计指南，在满足产品功能的前提下，应合理设计压铸件，简化压铸型结构，降低压铸成本，减少压铸件缺陷和提高压铸件零件质量。由于注射加工工艺来源于铸造工艺，因此压铸件设计指南在某些方面和塑胶件设计指南非常相似。

5.3.1　零件壁厚

1. 合适的零件壁厚

压铸件壁厚是压铸件设计时最重要的参数之一。压铸件壁厚与熔化金属的流动性、压铸件的质量、力学性能以及成本都有很大的关系。

压铸件壁厚太薄，压铸时充填困难，容易出现充填不良。

压铸件壁厚太厚，容易出现内部晶粒粗大，产生缩孔、气孔等缺陷，同时外表面产生凹陷，使得压铸件力学性能下降。薄壁铸件致密性好，相对提高了铸件强度及耐压性。另外，壁厚太厚增加零件重量和浪费过多金属，造成成本增加。一般来说，压铸件的零件壁厚不应该超过 5mm。

合适的零件壁厚是指零件壁厚不能太薄，同时零件壁厚不能太厚。这里的零件壁厚是指在零件上任一区域的壁厚。铝合金、锌合金、镁合金所能达到的最小壁厚和合适壁厚推荐值见表 5-4。

表 5-4　铝合金、镁合金、锌合金的最小壁厚和合适壁厚(推荐)　　（单位：mm）

壁的面积/cm³	铝、镁合金		锌合金	
	最小壁厚	合适壁厚（推荐）	最小壁厚	合适壁厚（推荐）
≤25	0.8	2.0	0.5	1.5
25~100	1.2	2.5	1.0	1.8
100~500	1.8	3.0	1.5	2.2
>500	2.5	3.5	2.0	2.5

如果零件局部区域壁厚太厚，应当使用掏空的设计使得零件整体壁厚均匀，这样既避免壁厚区域出现缩孔等缺陷，又减轻了零件重量，一举两得，如图 5-1 所示。

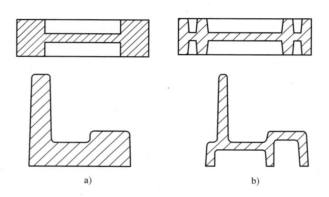

图 5-1　避免零件局部壁厚太厚

a）原始的设计　b）改进的设计

2. 零件壁厚均匀，壁厚变化处均匀过渡

在压铸件的各个截面，壁厚应当均匀。例如，零件壁厚设计是 2.5mm，那么在零件的任一截面区域零件壁厚都应该是 2.5mm 或接近 2.5mm。如果因为功能等其他要求，零件壁厚不能均匀，那么零件中壁厚处与壁薄处的壁厚比例不应超过 3 倍。零件均匀壁厚的设计如图 5-1、图 5-2 所示。

如果零件中出现壁厚不均匀，应当避免零件壁厚的急剧变化。零件壁厚急剧变化，会影响熔化金属的流动性，成为发生熔化金属的流动不良以及熔化金属的折皱等缺陷的原因。另外，由于壁厚壁薄处凝固时间的不同，会产生不均匀的应力，容易造成零件发生龟裂以及变

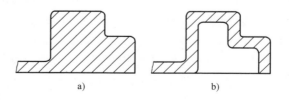

图 5-2　零件壁厚均匀

a）原始的设计 b）改进的设计

形。所以，如果零件中出现壁厚急剧变化的情况，应当考虑增加斜度减缓变化，使之均匀过渡，如图 5-3 所示。

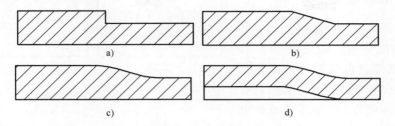

图 5-3　零件壁厚变化处均匀过渡

a）最差的设计　b）较好的设计（一）　c）较好的设计（二）　d）最好的设计

5.3.2　压铸件最小孔

压铸成形能够直接压铸出比较深而小的孔，但并不是所有的孔都能压铸出，太小和太深的孔就很难压铸出。因为孔是通过压铸型的内型芯铸出，细而长的型芯在承受高温熔化金属的冲击和严重的热应力作用下，很容易发生变形、弯曲甚至折断。即使最小孔能顺利铸出，模具的维护费用会比较高，模具寿命短。

各种压铸合金所能铸出的最小孔径和最大孔深见表 5-5。

表 5-5　铝、镁、锌合金的最小孔和最大孔深　　　　（单位：mm）

压铸合金种类	最小孔径 d		孔深为孔径 d 的倍数			
	经济上合理的	技术上可行的	不通孔		通孔	
			$d > 5$	$d < 5$	$d > 5$	$d < 5$
铝合金	2.5	2.0	$4d$	$3d$	$8d$	$6d$
镁合金	2.0	1.5	$5d$	$4d$	$10d$	$8d$
锌合金	1.5	0.8	$6d$	$4d$	$12d$	$8d$

如果压铸件的孔太小和孔的深度超过表中的值，可以压铸出定位痕后再使用机械加工方法加工，但这会增加零件的成本。

另外，需要考虑孔与孔的距离、孔与槽的距离、孔与边缘的距离等，以保证压铸型具有足够的强度承受高温熔化金属的冲击和严重的热应力作用。

5.3.3　避免压铸型局部过薄

同压铸件最小孔的道理一样，在压铸件的任一位置，其对应的压铸型的强度都应该足够大。在进行压铸件设计时，工程师很容易忽略这一点。如图 5-4 所示，在原始的设计中，支柱与壁的距离太近，造成此处模具很薄，强度低，在高温高压下很容易变形、弯曲和折断；改进的设计中，支柱离壁的距离至少大于 3mm，模具强度高，稳定性好。

5.3.4　加强筋的设计

加强筋主要两个作用，其一是增强产品的强度、防止零件变形（为了提高零件的强度，正确的方法是合理设置零件的加强筋，而不是增加零件壁厚）；其二是辅助熔化金属的流动。

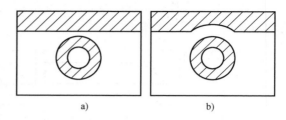

图 5-4　避免压铸型局部过薄
a）原始的设计　b）改进的设计

（1）加强筋的尺寸　加强筋的设计需要符合相关的壁厚原则。如果加强筋的尺寸设计不合理，造成零件局部厚度太厚或零件截面急剧变化，就容易使得零件局部产生气孔、缩孔和外表面凹陷等缺陷，或者引起应力集中，导致零件龟裂。加强筋的设计参考尺寸见表 5-6。

表 5-6　加强筋的参考尺寸　　　　　　　　　　　（单位：mm）

零件壁厚	T
根部厚度	$t = (0.6 \sim 1)T$
高度	$H \leqslant 5T$
圆角半径	$t \leqslant R \leqslant 1.25t$
脱模斜度	$\theta = 1° \sim 3°$

1）加强筋的根部厚度一般不大于此处壁的厚度。

2）加强筋的脱模斜度为 1°~3°。

3）加强筋的根部应当添加圆角，以避免零件截面急剧变化，同时辅助熔化金属流动，减少零件应力集中，提高零件强度。圆角半径一般接近于此处零件壁厚。

4）加强筋高度不超过加强筋厚度的 5 倍。

（2）避免平板式设计，增加加强筋提高零件的强度　加强筋是提高零件强度最好的方法。压铸零件应避免平板式的设计。平板式零件强度低、容易变形，合理的加强筋的设置可以提高零件的强度，同时可以减小零件的变形。通过添加加强筋来提高零件强度的设计如图 5-5 所示。

（3）增加加强筋辅助熔化金属的流动，加强筋的方向与熔化金属的流向一致　除了增加压铸件的强度之外，加强筋的另外一个作用是辅助熔化金属的流动，提高零件的充填性能。加强筋的方向应当与熔化金属的流动方向一致。如果加强筋的方向与熔化金属的流动方向垂直，可能会造成金属流动的紊乱。如图 5-5 所示改进的设

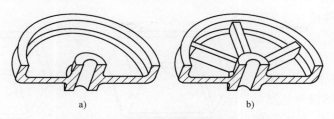

图 5-5 使用加强筋提高零件的强度

a）原始的设计 b）改进的设计

计中，加强筋既增加了零件的强度，又可辅助熔化金属的流动。

（4）加强筋的位置分布要合理，尽量做到对称、均匀 加强筋的位置分布需要合理，尽量做到对称、均匀，如图 5-6 所示。

（5）加强筋连接处避免局部壁太厚 加强筋与加强筋的连接处、加强筋与主壁的连接处等位置容易出现局部壁厚太厚的情况，合理的零件设计（例如使用掏空的设计）可以避免出现这种情况，如图 5-7 所示。

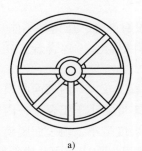
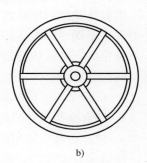

图 5-6 加强筋的位置分布应当对称、均匀

a）原始的设计 b）改进的设计

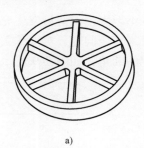
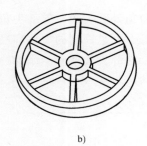

图 5-7 加强筋的相交处避免局部太厚

a）原始的设计 b）改进的设计

5.3.5 脱模斜度

熔化金属被注射到压铸型后，在凝固的时候由于收缩会产生对压铸型的抱紧力。为了顺利脱模，减小脱模阻力、推出力和抽芯力，以及减少对模具的损耗和提高压铸件表面质量，在设计压铸件时，压铸件应当设置一定的脱模斜度。如图 5-8 所示，原

始的设计中零件没有脱模斜
度，零件很难脱模；改进的
设计中零件具有脱模斜度，
零件能够顺利脱模。

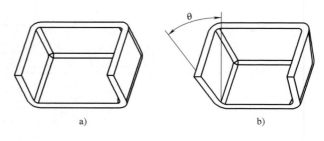

　　脱模斜度的设计原则是
在允许的范围内，尽量取较
大的脱模斜度，因为脱模斜
度不足容易发生粘模以及拉
模，造成零件外观表面缺陷。

图 5-8　脱模斜度的设计
a）原始的设计　b）改进的设计

　　需要注意的是压铸件与
注射零件不同，因为压铸件没有弹性，压铸件不能强行脱模。

　　常用的三种压铸合金材料铝合金、锌合金、镁合金因为与压铸型的黏着度不
同，脱模斜度分别为：

　➢　铝合金与压铸型的黏着度较大，内表面脱模斜度一般取 $1°$。

　➢　镁合金与压铸型的黏着度略小于铝合金，内表面脱模斜度一般取 $0.75°$。

　➢　锌合金与压铸型的黏着度最小，内表面脱模斜度一般取 $0.5°$。

压铸件外表面的脱模斜度可以取内表面脱模斜度的 2 倍，以保证零件脱模时留
在凸模侧。

5.3.6　圆角的设计

1. 避免外部尖角

　　压铸件应当避免外部尖角，外部尖角处不但因为太薄易发生充填不良、金属组
织不致密、强度低，而且锋利的尖角容易带来安全问题，对操作人员和消费者造成
人身伤害，因此，外部尖角处应当添加一定的圆角，如图 5-9 所示。

图 5-9　避免外部尖角
a）原始的设计　b）改进的设计

2. 内部圆角设计

　　压铸件应当避免内部任意壁与壁的连接处产生尖角，尖角处应当设计成一定的
圆角。壁与壁连接处的圆角对零件的性能与质量以及模具的寿命具有非常大的作用：

　　1）辅助熔化金属的流动，减少涡流或湍流，改善充填性能，有利于气体
排出。

　　2）尖角容易使得压铸件产生应力集中而导致裂纹缺陷，即使在成形过程中避

免了裂纹缺陷，应力集中也会使得零件在受力作用下而失效。压铸件圆角的设计避免产生应力集中，从而提高压铸件的强度。

3）提高压铸模具的使用寿命，因为压铸件上的尖角在模具对应处也是尖角，很容易在压铸过程中发生损坏。

4）当压铸件需要进行电镀时，圆角可获得均匀镀层，防止尖角处沉积。

圆角的大小一般如图 5-10 所示，内圆角的大小一般取零件的壁厚，外圆角半径的大小为零件的壁厚加上内圆角半径。圆角半径不能过大，圆角半径过大，零件局部区域太厚，容易产生缩孔、气孔和零件外表面凹陷等缺陷。

一个压铸件的内部圆角的典型设计如图 5-11 所示。

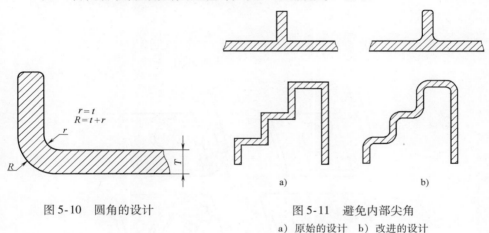

图 5-10　圆角的设计

图 5-11　避免内部尖角

a）原始的设计　b）改进的设计

5.3.7　支柱的设计

1. 避免支柱离壁太近或者支柱之间太近

支柱的设计需要遵循均匀壁厚和避免局部壁厚太厚等原则。支柱不能离零件壁太近，两个支柱之间距离不能太近，以造成零件局部壁厚太厚，从而使得零件产生凹陷、气孔和缩孔等缺陷，或者使得模具出现局部太薄、模具强度低、寿命短等问题。支柱的设计如图 5-12 所示。

2. 尽量降低支柱的高度

支柱的高度不能太高，否则支柱强度太低，而且不易充填。

3. 支柱四周增加加强筋

支柱四周增加加强筋，可以提高支柱的强度和辅助支柱的充填，避免孤零零的支柱设计，如图 5-13 所示。

4. 重新设计倾斜支柱以简化模具结构

当支柱是倾斜的，合理的设计优化可以简化模具结构，降低模具成本，如图 5-14所示。

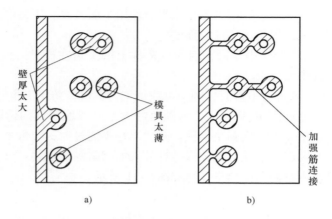

图 5-12　避免支柱与壁太近、支柱与支柱太近

a）原始的设计　b）改进的设计

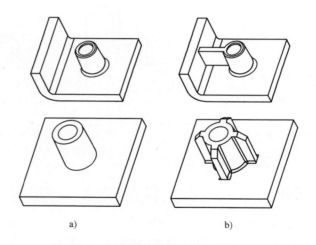

图 5-13　使用加强筋连接支柱与壁

a）原始的设计　b）改进的设计

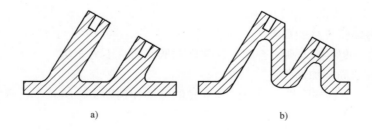

图 5-14　合理设计支柱以简化模具结构

a）原始的设计　b）改进的设计

5.3.8　字符

很多压铸件在其表面上需要添加诸如商标、零件料号等字符，这些字符均可在压铸件表面直接铸出，字符的设计需要符合以下原则。

1. 字符凸出于零件表面较好

字符凸出于压铸件表面比字符凹陷于压铸表面好。字符凸出于压铸件表面，对应于模具上就是凹陷，这样模具加工费用比较低，模具维护费用低。如果字符是凹陷于压铸件表面，对应于模具上就是凸出，模具上字符周围的金属都需要去除，模具加工费用比较高，模具维护费用高。

字符的设计如图 5-15 所示。如果字符要求凹陷于零件表面，但是又不希望增加模具加工费用，那么可以通过增加一个凸台来实现，见图 5-15c。

图 5-15　字符的设计

a）原始的设计　b）改进的设计（一）　c）改进的设计（二）

2. 字符的相关尺寸

字符的大小需要能够保证字符能够顺利充填，最小的字符宽度 W 为 0.25mm，高度 H 为 0.25～0.50mm，以及 10°的脱模斜度 θ，如图 5-16 所示。而字符一般不放置于侧壁，这样会造成字符倒扣，无法脱模。

5.3.9　螺纹

1. 外螺纹避免全螺纹设计

设计外螺纹时，避免全螺纹的设计，而是在分型面处设计一个小的平面，如图 5-17 所示。全螺纹设计容易造成分型面两侧的螺纹对齐困难，因为在分型面处凸、凹模不可能完全对齐。

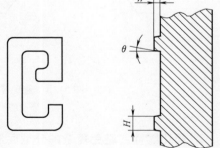

图 5-16　字符的相关尺寸

2. 内螺纹不宜直接铸出

内螺纹可以铸出，但这需要特殊的压铸型结构，使得其能够旋转从模具中脱

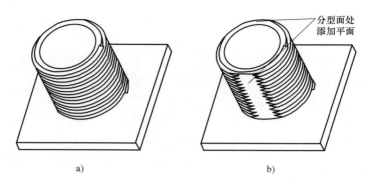

图 5-17　合理的外螺纹设计

a）原始的设计　b）改进的设计

出，这会造成模具和零件费用的增加，内螺纹一般使用机械加工。

5.3.10　为飞边和浇口的去除提供方便

压铸件飞边和浇口需要通过操作人员的手工操作、机械加工或者购买昂贵的专用设备来去除，成本较高。压铸件的设计需要考虑飞边和浇口去除的方便性，不合理的零件设计会造成飞边和浇口的去除成本大幅提高，甚至超过压铸加工的成本。

1. 避免零件壁与分型面呈锐角

在零件型面线上，避免零件壁与分型面呈锐角。如果在连接处增加一段约 1.5mm 的平面，在飞边和浇口的去除过程中，飞边和浇口很容易被去除，如图 5-18 所示。

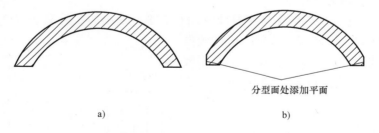

图 5-18　避免零件壁与分型面锐角连接

a）原始的设计　b）改进的设计

2. 简化零件，避免复杂的分型面形状

飞边产生于分型面附近，复杂的分型面会造成飞边的去除困难，零件成本增加。通过简化零件形状、避免复杂的分型面形状，可以使得零件的飞边去除容易。如图 5-19 所示，在原始的设计中，飞边存在于锯齿形的四周，很难去除；而在改进的设计中，飞边存在于圆周形的一周，很容易通过手工或者机械加工去除。

3. 避免严格的飞边和浇口的去除要求

飞边和浇口去除要求越严格，去除的成本就越高，零件的成本也越高，因此在不影响零件的功能及外观等前提下，应尽量避免严格的飞边和浇口去除要求。

同时，合理设置零件的分型面，把飞边隐藏在零件的不重要的外观面和非功能配合面上，从而可以允许宽松的飞边去除要求。

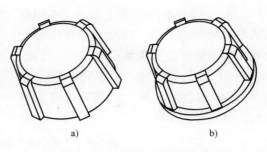

图 5-19　避免复杂的分型面形状
a) 原始的设计　b) 改进的设计

5.3.11　压铸件的公差要求

"在面向装配的产品设计"一章中我们讨论了公差，在塑胶件、钣金件中也反复地讨论了公差。公差对于产品设计非常重要，因为公差就等于成本，公差越严格，成本就越高。对压铸件也是如此。不过因为压铸件会涉及二次加工即机械加工，而机械加工的成本比压铸工艺高，情况就变得较为复杂。但有一点是不变的，那就是在满足零件使用性能的要求下，合理地设置零件公差，降低零件的总体成本。

1. 压铸件的尺寸公差精度

压铸件的尺寸公差精度受到分型面和抽芯机构的影响，在同一型腔内，压铸件的尺寸公差精度较高；在不同型腔内，压铸件的尺寸公差精度较低。同时抽芯机构对压铸件的尺寸影响也较大。

（1）同一型腔内的推荐尺寸公差　同一型腔内的尺寸是指尺寸仅仅在压铸型的同一型腔内，即凸模

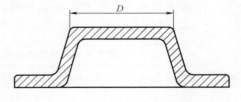

图 5-20　同一型腔内的尺寸

或凹模内，如图 5-20 所示，其推荐尺寸公差见表 5-7。

表 5-7　同一型腔内的推荐尺寸公差　　　　（单位：mm）

尺寸大小	铝、镁合金	锌合金	铝、镁合金	锌合金
	重要尺寸公差		非重要尺寸公差	
≤25	±0.10	±0.08	±0.25	±0.25
25~300，每增加25mm，公差增加	±0.038	±0.025	±0.05	±0.038
≥300，每增加25mm，公差增加	±0.025	±0.025	±0.025	±0.025

（2）不同型腔内的尺寸公差　不同型腔内的尺寸，由于凸、凹模分开制作和配合精度以及胀模因素等原因容易产生变化，如图5-21所示。此时，尺寸公差除了如表5-7所示的公差之外，还需要再加上表5-8所示的尺寸公差。

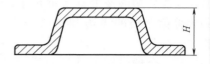

图5-21　与分型面相关的尺寸

表5-8　不同型腔内的尺寸附加公差　　　（单位：mm）

型腔投影面积/cm²	铝、镁合金	锌 合 金
≤300	±0.13	±0.10
>300～600	±0.20	±0.15
>600～1200	±0.30	±0.20
>1200～1800	±0.40	±0.30

（3）与抽芯机构相关尺寸公差　由于抽芯机构的尺寸精度和配合精度会影响该尺寸的公差，与抽芯机构相关的尺寸如图5-22所示，尺寸公差除了表5-7所示的公差之外，还需要再加上表5-9所示的尺寸公差。

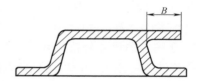

图5-22　与抽芯机构相关的尺寸

表5-9　与抽芯机构相关的尺寸附加公差　　　（单位：mm）

抽芯机构投影面积/cm²	铝、镁合金	锌 合 金
≤60	±0.13	±0.10
>60～120	±0.20	±0.15
>120～300	±0.30	±0.20
>300～600	±0.40	±0.30

2. 在满足零件使用性能下，尽量降低压铸件的公差要求

在满足零件使用性能下，尽量使用宽松的压铸件公差，因为严格的公差会增加零件的成本：

1）严格的零件公差必然意味着严格的模具公差，模具成本必然增加。

2）压铸型寿命会因为过高的公差要求而缩短。随着时间的推移，压铸型的尺寸精度逐渐降低，当不能满足零件严格的公差要求时，压铸型就寿终正寝了。

3）为了维持严格的零件尺寸公差，压铸型必须经常维护和替换。

4）使用更多的压铸型零件和高频率的压铸型尺寸检验来保证零件严格的公差，这会增加零件成本。

5）更高的压铸件不良率。

3. 为避免机械加工，尽量提高公差要求

避免机械加工能够降低零件成本。在压铸工艺所能达到的尺寸精度范围内，如果提高压铸件的公差要求可以避免机械加工，那就尽量提高压铸件的公差要求，从而降低零件成本。

4. 合理选择分型面，提高重要零件尺寸的精度

影响压铸件公差的主要因素是模具的结构，其中最主要的是分型面和抽芯机构的位置。在模具进行装配时，模具的凸、凹模和抽芯机构不可能完全吻合，这就会影响相关尺寸的精度。对于重要尺寸，可以合理选择分型面，避免分型面对其尺寸精度产生影响，从而提高其尺寸精度。如图 5-23 所示的零件，其分型面有 A、B 和 C 三种选择，不同的分型面对产品尺寸精度影响不同，应当根据产品的尺寸精度要求合理选取分型面。

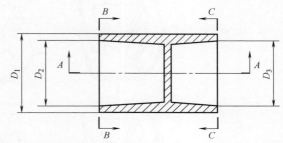

图 5-23　分型面的选择对尺寸精度的影响

1）如果 D_1 和 D_2 的同轴度很重要，选择 C—C 为分型面，D_1 和 D_2 处于同一个模具型腔中，同轴度很容易保证。但因为 D_1 和 D_3 处于不同的型腔中，D_1 和 D_3 的同轴度很难保证，容易偏心。

2）如果 D_1 和 D_3 的同轴度很重要，选择 B—B 为分型面，D_1 和 D_3 处于同一个模具型腔中，同轴度很容易保证。但因为 D_1 和 D_2 处于不同的型腔中，D_1 和 D_2 的同轴度很难保证，容易偏心。

3）如果需要保证 D_1 在左端或右端直径的一致，则选择 A—A 为分型面。但因为 D_1 分别处在凸、凹模中，D_1 的外观在分型面处上会出现断差和飞边；同时 D_2 和 D_3 与 D_1 处于不同的型腔中，三者的同轴度很难保证；另外，D_2 和 D_3 需要抽芯机构（模具结构复杂）。

5.3.12　简化模具结构，降低模具成本

1. 避免零件内部侧凹

压铸件的内部侧凹阻止零件从压铸型腔中顺利脱出，一般需要通过侧抽芯机构或通过二次加工来获得，这会大幅增加模具或零件的成本，因此，合理的零件内部侧凹可以降低模具或零件的成本。

如图 5-24 所示，可以通过四种方法来避免零件内部侧凹。

2. 避免零件外部侧凹

压铸件的外部侧凹阻止零件从压铸型腔中顺利脱出，也需要通过侧抽芯机构或

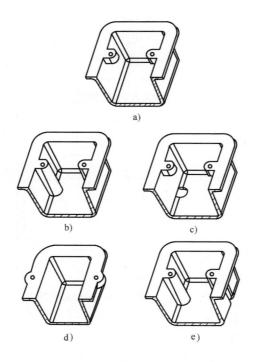

图 5-24 避免零件内部侧凹

a）原始的设计 b）改进的设计（一） c）改进的设计（二）

d）改进的设计（三） e）改进的设计（四）

二次加工来获得，这会大幅增加模具零件的成本，因此，应避免零件外部侧凹从而降低零件成本，如图 5-25 所示。

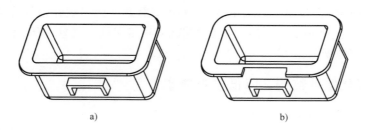

图 5-25 避免零件外部侧凹

a）原始的设计 b）改进的设计

3. 避免抽芯机构受阻

压铸件的设计需要避免抽芯机构在运动过程中受到其他零件特征的阻挡，如图 5-26 所示。

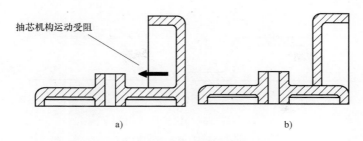

图 5-26 避免抽芯机构运动受阻

a）原始的设计 b）改进的设计

4. 避免压铸分型面带圆角

如果压铸件分型面带圆角，则压铸型较复杂，模具加工难，圆角处模具强度低，寿命下降，如图 5-27 所示。

5. 合理选择分型面，简化模具结构

分型面的选择应当使得模具结构简单，模具便于加工，模具费用低。在图5-23 所示的零件中，选择 $A—A$ 为分型面，则零件 D_1 和 D_3 处均需要抽芯机构，模具结构复杂，模具费用高；选择 $B—B$ 和 $C—C$ 为分型面，则模具结构简单，模具费用低。

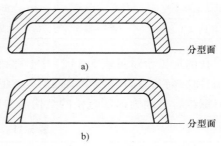

图 5-27 避免分型面带圆角

a）原始的设计 b）改进的设计

5.3.13 机械加工

1. 避免机械加工

压铸件应当尽量避免机械加工，因为：

1）压铸件能够达到较高的尺寸精度和外观表面质量，在进行产品设计时，可以通过对压铸件提出宽松的尺寸和表面质量要求，从而避免机械加工。

2）压铸件表层坚实致密，具有较高的力学性能。机械加工可能会破坏压铸件的表面致密层。

3）压铸件内部有时会有气孔存在，机械加工后气孔外露，会影响零件的应用。

4）机械加工会大幅增加零件成本。

2. 压铸件设计便于机械加工和减小机械加工面积

如果机械加工无法避免，则应当设计压铸件使其便于机械加工和减小机械加工面积，从而减小机械加工的成本，如图 5-28 所示。

3. 机械加工余量越小越好

为了提高压铸件的尺寸精度和外观表面质量，对零件的某些部分可以适当进行

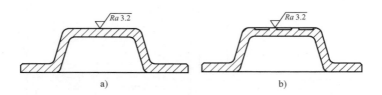

图 5-28　减小机械加工面积

a）原始的设计　b）改进的设计

机械加工。在上文了解到压铸件外表层是致密层，而内部则相对比较疏松，同时存在气孔和针孔，因此压铸件的机械加工余量越少越好，防止破坏致密层。切削加工的表面机械加工余量见表 5-10。

表 5-10　表面机械加工余量　（单位：mm）

加工面最大尺寸	≤50	50～120	120～260	260～400	400～630
单面加工余量	0.3～0.5	0.4～0.7	0.6～1.0	0.8～1.4	1.2～1.8

孔的加工余量见表 5-11。对于螺钉孔，最好是先压铸出孔，然后攻螺纹或者使用自攻螺钉，这样能够保证螺纹处在表面致密层区域。如果直接在压铸件上钻孔，螺纹容易因为内部疏松的结构而造成折断。

表 5-11　孔的加工余量　（单位：mm）

孔径	≤6	6～10	10～18	18～30	30～50	50～80
加工余量	0.05	0.10	0.15	0.20	0.25	0.30

5.3.14　使用压铸件简化产品结构，降低产品成本

在产品设计中，合理利用压铸件强度高、导电性好以及可铸出复杂结构等优点，可以减少产品零件数量，简化产品结构，降低产品成本以及提高产品质量等。

1. 使用压铸件代替机械加工零件

利用压铸工艺成本低于机械加工工艺成本的特点，在满足零件强度及尺寸精度等的前提下，使用压铸件代替机械加工零件可以大幅降低零件成本，如图 5-29 所示。

2. 使用压铸件减少零件数量，简化产品结构

在面向制造的设计指南中，最有效的简化产品结构和降低产品成本的

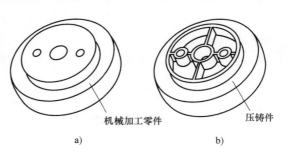

图 5-29　使用压铸件代替机械加工零件

a）原始的设计　b）改进的设计

方法是把多个零件合并为一个零件，减少零件数量。利用压铸件的优点，把多个由其他工艺制造的零件合并成一个压铸件正是这种方法的具体体现。

（1）压铸件替代塑胶件 在使用塑胶件的同时又需要零件具有导电特性和电磁屏蔽性能时，常用的方法有：

1）塑胶件喷导电漆或者电镀等（不良率高）。

2）使用导电塑胶（原料成本高）。

3）增加不锈钢弹片。

4）增加导电布、铜箔等导电零件。

利用压铸件的导电特性和优良的电磁屏蔽性能，可以使用压铸件代替上述四种方法。如图 5-30 所示，使用压铸件代替塑胶件与不锈钢弹片的组合，可以减少产品零件数量，简化产品设计，降低产品成本，提高产品质量。

（2）压铸件替代钣金件和机械加工件 利用压铸件具有复杂零件结构的特点，可以使用压铸件代替钣金冲压件和机械加工件的组合，从而减少产品零件数量，简化产品设计，降低产品成本，提高产品质量。如图 5-31 所示，原始的设计中包括三个零件：钣金件、定位柱和衬套；改进的设计中使用一个压铸件就代替了上述三个零件。

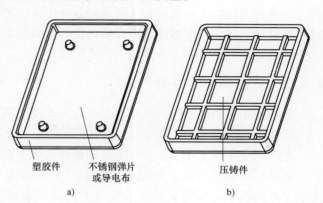

图 5-30 使用压铸件代替塑胶件

a）原始的设计 b）改进的设计

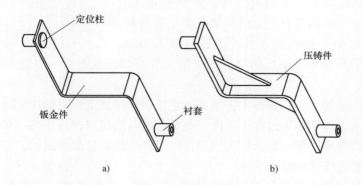

图 5-31 使用压铸件代替钣金件和机械加工件

a）原始的设计 b）改进的设计

第 6 章　机械加工件设计指南

6.1　概述

6.1.1　机械加工的概念

广义的机械加工是指一种用加工机械对工件的外形尺寸或性能进行改变的过程。狭义的机械加工是指采用不同的机床（如车床、铣床、刨床、磨床、钻床等）对工件进行切削加工。切削加工利用刀具和工件的相对运动，从毛坯或型材上切除多余的材料，以便获得精度和表面粗糙度均符合要求的零件。

本章介绍的机械加工是指狭义的机械加工。

6.1.2　机械加工的分类

按照加工方法的不同，机械加工可分为车削、铣削、刨削、钻削和磨削等。

1. 车削

车削是在车床上利用车刀对工件的旋转表面进行切削加工的，是一种应用最广泛、最典型的加工方法，如图 6-1 所示。它主要用来加工各种轴类、套筒类及盘类零件上的旋转表面和螺旋面，其中包括内外圆柱孔、内外圆锥面、内外螺纹、成形回转面、端面、沟槽以及滚花等。此外，还可以钻孔、扩孔、铰孔、攻螺纹等。车削加工范围广，适应性强，不但可以加工钢铸铁及其合金，还可以加工铜铝等有色金属和某些非金属材料；不但可以加工单一轴线的零件，也可以加工曲轴、偏心轮或盘型凸轮等多轴线的零件。车削刀具简单，其制造、刃磨和装夹都比较方便。

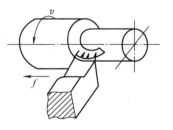

图 6-1　车削

车床是车削加工所必需的工艺装备，它提供车削加工所需的成形运动、辅助运动和切削动力，保证加工过程中工件、夹具与刀具的相对位置正确。车床主要用于加工回转表面及端面等。车床的主运动是由工件的旋转运动实现的，车床的进给运动则由刀具的直线移动完成的。

车床按其用途和结构的不同可分为普通车床、六角车床、立式车床、塔式车床、自动和半自动车床、数控车床等。普通车床是车床中应用最广泛的一种，约占车床总数的 60%。

2. 铣削

铣削的主运动是铣刀的回转运动，进给运动是工件的直线运动或曲线运动，如图 6-2 所示。铣削可以用来加工平面、成形面、齿轮、沟槽（包括键槽、V 形槽、燕尾槽、T 形槽、圆弧槽、螺旋槽等），还可用来进行孔加工，如钻孔、扩孔等。

铣床是用铣刀对工件进行铣削加工的机床。铣床除能铣削平面、沟槽、轮齿、螺纹和花键轴外，还能加工比较复杂的型面，效率较刨床高。

铣床的主要类型有升降台式铣床、悬臂式铣床、龙门铣床、滑枕式铣床、平面铣床、仿形铣床以及各类专门化铣床等。

1）台式铣床：用于铣削仪器、仪表等小型零件的小型铣床。

2）悬臂式铣床：铣头装在悬臂上的铣床，床身水平布置，悬臂通常可沿床身一侧立柱导轨做垂直移动，铣头沿悬臂导轨移动。

3）滑枕式铣床：主轴装在滑枕上的铣床，床身水平布置，滑枕可沿滑鞍导轨做横向移动，滑鞍可沿立柱导轨做垂直移动。

4）龙门式铣床：床身水平布置，其两侧的立柱和连接梁构成铣床的门架，铣头装在横梁和立柱上，可沿其导轨移动，通常横梁可沿立柱导轨做垂直移动，工作台可沿床身导轨纵向移动。龙门式铣床用于加工大型零件。

3. 磨削

磨削是指用磨料、磨具切除工件上多余材料的加工方法，如图 6-3 所示，磨削加工是应用较为广泛的切削加工方法之一。磨削加工分为外圆磨削、内圆磨削、平面磨削、无心磨削等。

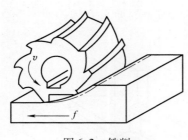

图 6-2　铣削

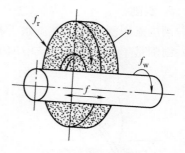

图 6-3　磨削

1）外圆磨削：外圆磨削主要在外圆磨床上进行，用以磨削轴类工件的外圆柱、外圆锥和轴肩端面。

2）内圆磨削：内圆磨削主要在内圆磨床、万能外圆磨床和坐标磨床上进行，用以磨削工件的圆柱孔、圆锥孔和孔端面。内圆磨削时，由于砂轮直径小，磨削速度常常低于 30m/s。

3）平面磨削：平面磨削主要在平面磨床上进行，用以磨削平面、沟槽等。平面磨削有两种：用砂轮外圆表面磨削的称为周边磨削，一般在卧轴平面磨床上进行，如用成形砂轮也可加工各种成形面；用砂轮端面磨削的称为端面磨削，一般在立轴平面磨床上进行。

4. 钻削

钻削是利用孔加工刀具在钻床上进行各种类型的孔加工的切削方法，如图 6-4 所示。

钻削的工艺特点：钻孔时钻头为定尺寸刀具，受孔径的限制，强度与刚度较差又由于钻头横刃的影响，加工过程中不容易准确定心，易引偏，孔径容易扩大；钻头的切削部分始终处于半封闭状态，刀具吸热较多，冷却润滑和排屑困难，加工质量差，属于粗加工。扩孔的工作条件比钻孔好，加工质量较高，属于半精加工。钻削既可以是工件上精度要求较高的孔的预加工，也可以是要求不高的孔的终加工。

钻床上主要用钻头、扩孔钻或铰刀等加工外形较复杂、没有对称回转轴线的工件上的孔，如箱体、机架等零件上的各种孔。在钻床上加工时，工件不动，刀具旋转做主运动，并沿轴向移动完成进给运动。钻床主要用于加工尺寸较小，精度要求不太高的孔，也可完成扩孔、铰孔及攻螺纹等工作。

钻床的主要类型有立式钻车、台式钻床、摇臂钻床、深孔钻床及其他钻床。立式钻床适用于在单件、小批量生产中加工中、小型工件。台式钻床结构简单、小巧灵活、使用方便，适用于加工小孔，但是自动化程度低，通常是手动进给，工人劳动强度大，在大批量生产中一般不用这种机床。摇臂钻床主要用于加工大而重的工件，适用于单件和中、小批量生产。深孔钻床主要用于加工深孔，如炮筒、枪管、液压缸和机床主轴等零件的深孔。

5. 刨削

刨削是用刨刀对工件做水平相对直线往复运动的切削加工方法，如图 6-5 所示，刨削是单件小批量生产中加工平面最常用的方法。

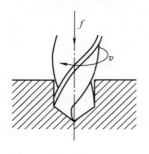

图 6-4　钻削

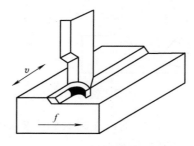

图 6-5　刨削

刨削可以在牛头刨床或龙门刨床上进行，刨削的主运动是变速往复直线运动。因为在变速时有惯性，限制了切削速度的提高，并且在回程时不切削，所以刨削加工生产效率低，但刨削所需的机床、刀具结构简单，制造装夹方便，调整容易，通用性强。因此在单件、小批生产中，特别是加工狭长平面时被广泛应用。

牛头刨床的最大刨削长度一般不超过 1000mm，因此只适于加工中、小型工件；龙门刨床主要用来加上大型工件，或同时加工多个中、小型工件。

插床又称立式牛头刨床，主要用来加工工件的内表面，如键槽、花键槽等，也可用于加工多边形孔，如四方孔、六方孔等，特别适于加工不通孔或有障碍台肩的内表面。

6.1.3　机械加工的优缺点

相对于注射加工、冲压加工等，机械加工是一种传统的零件加工方法，其具有以下优缺点。

1. 机械加工的优点

➢ 加工精度高：在不考虑成本的情况下，机械加工可以达到的精度远高于注射加工等其他加工方式。

➢ 表面质量高。

➢ 不需要额外的模具。

➢ 小批量生产时，具有成本优势。

➢ 可加工重量大的金属件。

2. 机械加工的缺点

➢ 机械加工需要熟练的技术人员，同时加工时间长、效率低，因此机械加工成本高。

➢ 机械加工是材料切除的加工，材料浪费严重。

➢ 有可能影响工件表面和整体的完整性。

➢ 生产效率低，不适合大批量生产。

➢ 适合加工具有简单形状的零件，不能加工复杂形状的零件。因此，由机械加工件组成的产品有可能零部件众多，装配复杂，产品成本高。

➢ 加工过程会产生振动、噪声和切削废料。

➢ 加工刀具存在磨损。

6.2　通用机械加工件设计指南

机械加工件的设计需要考虑机械加工工艺对零件的设计要求。在满足产品功能、外观和可靠性的前提下，机械加工件的设计应当使得机械加工工艺简单、高效、加工周期短、加工成本低、质量高。

6.2.1　尽量避免使用机械加工

由于机械加工存在着上述的零件成本高、加工效率低、不能加工复杂形状零件等特点，在越来越多的行业中，机械加工正在被其他加工方式，例如注射加工、冲压加工、压铸加工等替代。因此，在设计机械加工件时，产品设计工程师首先想到的问题是：可以用其他加工方式来替代机械加工吗？在可能的情况下，尽量避免使用机械加工。

在本书的第3、4、5章中，已经分别列举了一些实例来说明如何使用注射加工、冲压加工、压铸加工等代替机械加工。

6.2.2 毛坯的选择

毛坯是根据零件（或产品）所要求的形状、工艺尺寸等制成的供进一步加工用的生产对象。毛坯的种类、形状、尺寸及精度对机械加工工艺过程、产品质量、材料消耗、加工周期和制造成本有着直接影响。因此，在产品设计时，必须正确地选择毛坯的种类和确定毛坯的形状。

1. 功能性原则

功能性原则要求具体体现在零件的工作条件、受力情况及形状、尺寸、精度等方面，只有满足使用要求的毛坯，才有实际价值。保证使用功能要求是选择毛坯的首要原则。如最常用的齿轮零件，由于工作条件、使用要求不同，其毛坯的类别、选材和制造方法也不一样。

1）农业机械和建筑机械用齿轮：低速运转，受力不大，啮合及振动要求低，常选用灰铸铁或合金铸铁等铸造，不加工或简单加工后即可使用。

2）机床用齿轮：要求传动平稳、振动小，受力稳定，在静态下换速，且要求润滑良好，常选用中碳钢或低合金钢锻造和机械加工，并经热处理（整体正火或调质、齿面高频淬火）后才可使用。

3）汽车用齿轮：要求具有较高的耐磨性和抗冲击性能，且动态下变速，常选用有良好淬透性的低碳合金钢，如20CrMnTi等材料，经锻造、机械加工、渗碳、淬火锻造、机械加工、渗碳、淬火等处理后使用。

2. 毛坯形状和尺寸应尽量接近零件的形状和尺寸

由于毛坯制造技术和成本的限制，并且零件对机械加工精度和表面质量的要求越来越高，所以毛坯的某些表面仍需留有一定的零件加工余量，以便通过机械加工达到零件的技术要求。

现代机械制造发展的趋势之一是精化毛坯，使其形状和尺寸尽量与零件接近，从而进行少量切屑加工甚至无屑加工，降低材料成本和机械加工成本。

3. 尽量采用标准型材

只要能满足使用要求，零件毛坯尽量采用标准型材，不仅可减少毛坯制造的工作量，而且由于型材性能好，可减少切削加工的工时及节省材料。

4. 考虑到批量和生产周期

生产批量和生产周期对毛坯种类的选择有很大的影响。

一般单件、小批量生产且生产周期短时，应选用常用材料、通用设备和工具、低精度和低生产率的毛坯生产方法。

在大批量生产条件下，应选用专用设备和工具及高生产率的毛坯生产方法，如精密铸件、精密模锻件。这样可使毛坯的制造成本下降，同时能节省大量金属材料，并可以降低机械加工的成本。例如，在某车床中采用1t的精密铸件可以节省机械加工3500工时，具有十分显著的经济效益。

5. 考虑将多个零件的毛坯合并成一个整体毛坯

为了保证零件的加工质量、便于装夹和提高机械加工的生产效率，常将多个零件的毛坯合并成一个整体毛坯，对毛坯的各平面加工好后切割分离为单件，再对单件进行加工。

对于半圆形的零件一般应合并成一个整圆的毛坯；对于一些小的、薄的零件（如轴套、垫圈和螺母等），可以将若干零件合成一件毛坯，待加工到一定阶段后再切割分离。如图6-6所示，车床进给系统中的开合螺母外壳，就是将其毛坯做成整体，待零件加工到一定阶段后再切割分离。

6. 毛坯形状需要考虑到工件在机械加工时装夹稳定

如图6-7所示，有些铸件毛坯需要铸出工艺凸台，以保证在机械加工时装夹稳定，工艺凸台在零件加工完成后再切除。

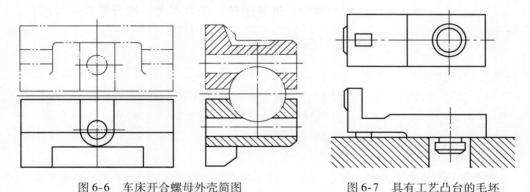

图6-6 车床开合螺母外壳简图　　　　图6-7 具有工艺凸台的毛坯

6.2.3 宽松的零件公差要求

在前面的章节中，反复强调了零件公差与成本的关系，公差越严格，成本越高，对机械加工件更是如此。如图6-8所示，随着零件的精度要求的增加，则需要更精密的加工工序，同时伴随着加工效率的降低，因此加工成本大幅上升。

因此，对于机械加工件，零件公差越宽松越好，避免严格的尺寸公差要求。如何做到这一点，可以从两方面入手：

1）从产品整体结构入手：通过设计合理间隙、简化产品装配关系、使用定位特征、使用点或线与平面配合代替平面与平面配合等方法，来避免零件严格的尺寸

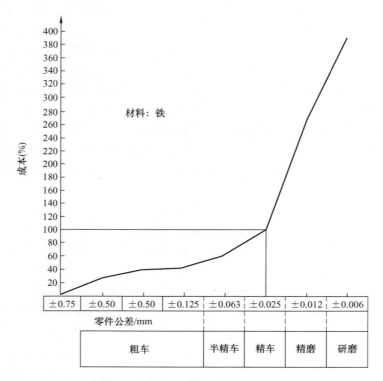

图 6-8　机械加工件成本与公差的关系

公差要求。详见 2.2.15 节。

2）从零件入手：尺寸精度要求和表面质量要求不高的表面，不应设计为高精度和高表面粗糙度要求的表面；另外，不需要加工的表面，不要设计成加工面。

6.2.4　简化产品和零件结构

在设计机械加工件时，不能仅仅从单个零件的角度来进行设计，而是需要从产品整体和全局的角度，综合考虑各个零件机械加工的可行性、加工效率和加工成本等，通过对产品进行合理的拆分和组合，简化产品和零件结构，使得产品整体易于机械加工、加工质量高、加工成本低。

如图 6-9 所示，在原始的设计中，零件形状复杂，加工费时；在改进的设计中，零件形状简单，有利于减少加工成本。

6.2.5　降低加工难度

加工内表面一般比加工外表面困难，应合理设计零件以降低加工难度。如图 6-10 所示，原始的设计中，内环形槽较窄，加工起来比较困难。在改进的设计中，改为外表面加工，既不影响使用，又便于加工。

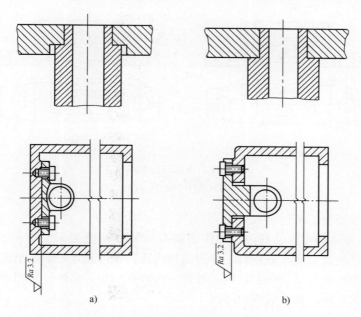

图 6-9　简化产品和零件结构

a）原始的设计　b）优化的设计

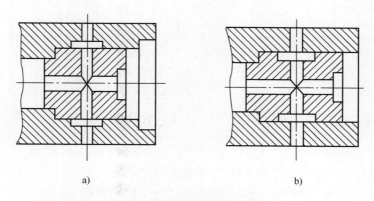

图 6-10　内表面比外表面难加工

a）原始的设计　b）优化的设计

如图 6-11 所示，原始的设计中，凹槽内表面四个侧壁之间为直角，侧壁与底面之间为圆角，用铣削的方法无法实现。在改进的设计中，侧壁之间改为圆角，侧壁与底面之间改为直角，即可铣削加工。

6.2.6　保证位置精度

有相互位置精度要求的表面，最好能在一次装夹中加工，这样有利于保证加工

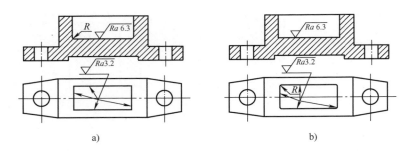

图 6-11　合理的铣削结构

a）原始的设计　b）优化的设计

表面间的位置精度、减少装夹次数。

　　图 6-12 所示的零件，其内、外圆表面有同轴度精度要求，在原始的设计中，零件需要通过两次装夹来分别加工外圆面和内孔，难以满足同轴度精度的要求；在改进的设计中，通过增加凸台结构，可在一次装夹中加工出内、外圆表面，容易满足同轴度要求，同时加工成本也降低。

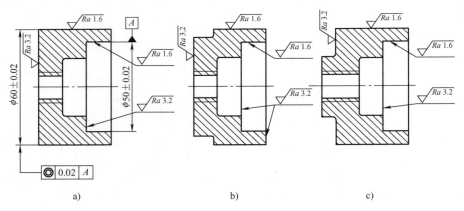

图 6-12　有利于保证位置精度

a）原始的设计　b）优化的设计（一）　c）优化的设计（二）

　　图 6-13 所示的零件，左右侧两个内圆面有同轴度精度要求。在原始的设计中，零件必须经过两次装夹、两次加工，两个内圆面同轴度精度不容易得到满足；在优化的设计中，零件则可一次装夹、一次加工，有利于保证同轴度精度要求。

6.2.7　尺寸标注便于测量

　　在对机械加工件零件图进行标注时，标注的尺寸应当便于测量。如图 6-14 所示，在原始设计中，尺寸测量基准为 A 面，不便测量；在优化的设计中，尺寸测量基准为 B 面，便于测量。

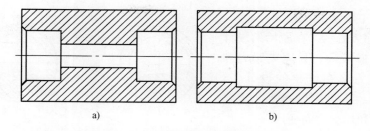

图 6-13 有利于保证位置精度

a）原始的设计 b）优化的设计

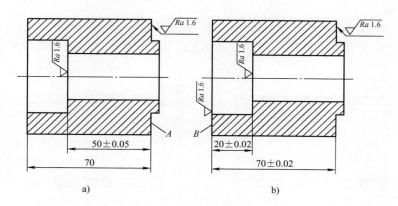

图 6-14 尺寸标注便于测量

a）原始的设计 b）优化的设计

6.2.8 保证零件热处理后的质量

在设计机械加工件时，需要考虑后续工序（如热处理等）的质量。零件锋利的边和尖角，在淬火时容易产生应力集中，造成开裂。因此在淬火前，重型阶梯轴的轴肩根部应设计成圆角，轴端及轴肩上要有倒角，如图 6-15 所示。

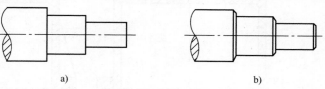

图 6-15 便于热处理的轴肩结构

a）原始的设计 b）优化的设计

零件壁厚不均匀，在热处理时容易产生变形。如图 6-16 所示，增设一个工艺孔，以使零件壁厚均匀，防止热处理时产生变形。

6.2.9 零件结构要有足够的刚度

零件结构要有足够的刚度，以减小其在夹紧力或切削力作用下的变形，保证加工精度和加工质量。

如图 6-17 所示，在原始的设计中，零件壁厚较薄，易因夹紧力和切削力而变形；在优化的设计中，增设凸缘后，零件刚度提高，不会因为夹紧力和切削力而变形。

如图 6-18 所示，在原始的设计中，箱体结构刚度较差，刨削上平面时易因切削力造成工件变形；在优化的设计中，增加肋板后，提高了刚度，可以采用较大的切深和进给量加工，易于保证加工工件的质量并提高了生产率。

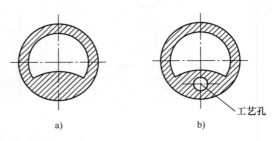

图 6-16　便于热处理的套类结构
a）原始的设计　b）优化的设计

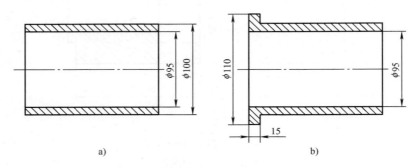

a)　　　　　　　　　　b)

图 6-17　增加凸缘提高零件刚度
a）原始的设计　b）优化的设计

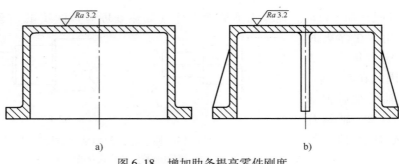

a)　　　　　　　　　　b)

图 6-18　增加肋条提高零件刚度
a）原始的设计　b）优化的设计

6.2.10　采用标准化参数

尽量采用标准化参数，同类参数尽量一致。

零件的孔径、锥度、螺纹孔径和螺距、齿轮模数和压力角、圆弧半径、沟槽等参数尽量选用相关标准推荐的数值,这样可使用标准的刀、夹、量具,减少专用工装的设计、制造周期和制造费用。

如图 6-19 所示,在设计螺纹时,采用标准参数,这样才能使用标准丝锥和板牙加工。

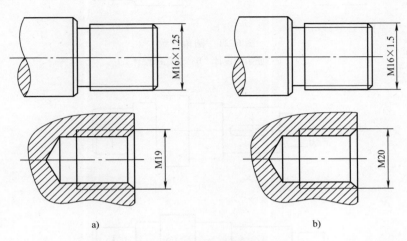

图 6-19　采用标准螺纹

a)原始的设计　b)优化的设计

如图 6-20 所示,在原始的设计中,轴上的退刀槽宽度不一致,车削时需准备、更换不同宽度的车槽刀,增加了换刀和对刀的次数;在优化的设计中,将这些槽的宽度改成相同尺寸,用一把刀具完成所有槽的加工,减少了刀具种类和换刀次数,节省了辅助时间。

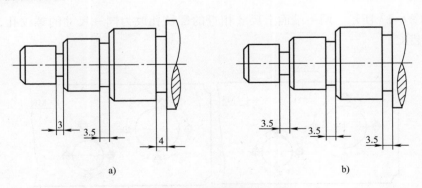

图 6-20　退刀槽宽度一致

a)原始的设计　b)优化的设计

如图 6-21 所示,轴上的过渡圆角尽量一致,便于加工。

如图 6-22 所示,设计键槽尺寸一致,即可使用同一把刀具加工所有键槽。

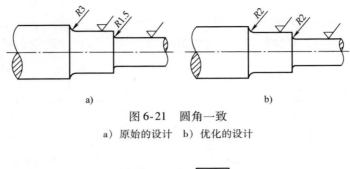

图 6-21 圆角一致

a）原始的设计　b）优化的设计

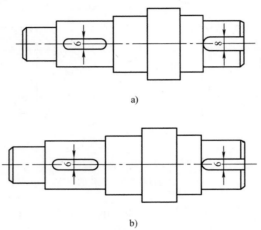

图 6-22 键槽一致

a）原始的设计　b）优化的设计

如图 6-23 所示，同一端面上尺寸相近的螺纹孔改为同一尺寸的螺纹孔，便于加工和装配。

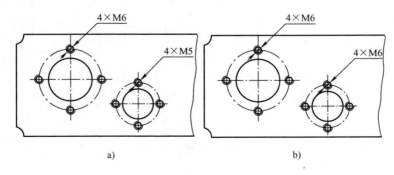

图 6-23 螺纹孔一致

a）原始的设计　b）优化的设计

6.2.11　零件应便于装夹

零件应便于装夹，即准确定位、可靠夹紧，这样可简化零件装夹时间、提高加工效率、确保加工质量。

图 6-24 所示的轴承盖，要加工外圆及端面，在原始的设计中，如果夹在 A 处，一般卡爪的长度不够，B 面又不便装夹；在优化的设计中，可以将原来的圆锥面 B 面改为圆柱面 C 面，便可在 C 面方便地装夹，或者增加一工艺圆柱面 D 用于装夹。

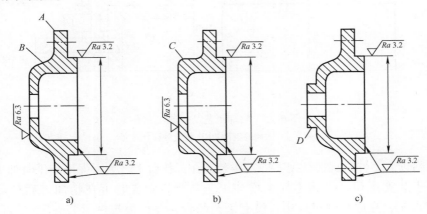

图 6-24　设计零件便于装夹

a）原始的设计　b）优化的设计（一）　c）优化的设计（二）

如图 6-25 所示，在原始的设计中，零件在三爪卡盘上装夹时，零件与卡爪是点接触，不能将工件夹牢；在优化的设计中，通过增加一段圆柱面，使工件与卡爪的接触面积增大，装夹较容易，并可提高装夹可靠性。

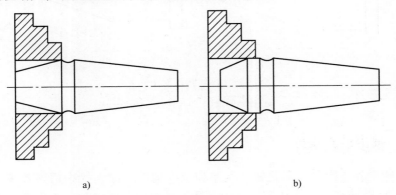

图 6-25　增加装夹接触面积

a）原始的设计　b）优化的设计

如图 6-26 所示，在原始的设计中，大平板工件在加工中不便装夹；在优化的设计中，增加了夹紧的工艺凸缘或工艺孔，以便用螺钉、压板夹紧，且吊装、搬运方便。

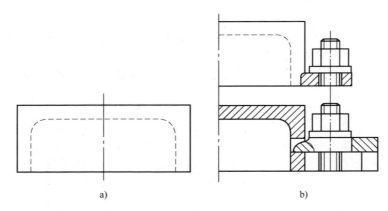

图 6-26　增加工艺凸缘或工艺孔

a）原始的设计　b）优化的设计

刨削较大零件时，往往把零件直接装夹在工作台上，为了保证加工时加工面水平以便于装夹定位，可在零件上增加工艺凸台，必要时可在精加工后切除。如图 6-27所示，在原始的设计中，没有工艺凸台，零件很难进行装夹定位；在优化的设计中，零件上增加了工艺凸台，即可准确的装夹定位。

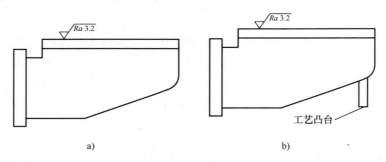

图 6-27　增加凸台或工艺孔

a）原始的设计　b）优化的设计

6.2.12　减少装夹次数

尽量减少装夹次数，降低装夹误差和减少辅助工时，提高切削效率，保证精度。如图 6-28 所示，在原始的设计中，倾斜加工表面会增加装夹次数；在优化的设计中，将倾斜加工表面改为水平表面，一次装夹即可同时加工几个表面。

如图 6-29 所示，优化前需装夹两次，优化后只需一次装夹即可磨削两个表面。

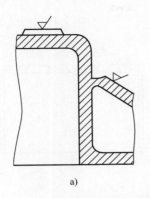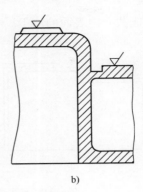

图 6-28　倾斜面改为水平面，减少装夹次数

a）原始的设计　b）优化的设计

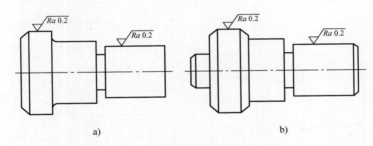

图 6-29　减少磨削加工装夹次数

a）原始的设计　b）优化的设计

　　如图 6-30 所示，在原始的设计中，轴上的键槽不在同一方向，铣削时需重复装夹和对刀；在优化的设计中，键槽布置在同一方向上可减少装夹、调整次数，也易于保证位置精度。

　　如图 6-31 所示，在原始的设计中，*A*、*B* 面的加工需要分别调整机床；在改进的设计中，将 *A*、*B* 面的高度改成一致，则可在机床的一次调整中完成 *A*、*B* 面的加工。

　　如图 6-32 所示，优化前需从两端分别进刀，需装夹两次，优化后只需一

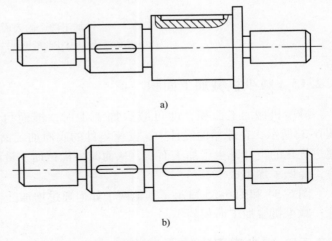

图 6-30　键槽布置于同一方向上

a）原始的设计　b）优化的设计

次装夹即可完成两个内表面的加工。

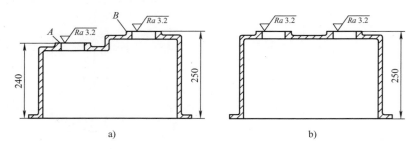

图 6-31 加工面高度一致，一次性加工
a) 原始的设计 b) 优化的设计

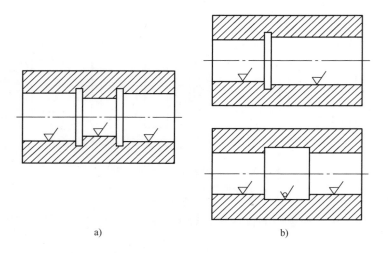

图 6-32 一次性加工两个内表面
a) 原始的设计 b) 优化的设计

6.2.13 减少机械加工面积

减少机械加工面积，即可减少加工工时，继而可以降低机械加工成本。如图 6-33 所示，在原始的设计中，支座零件的底面加工面积较大；在改进的设计中，通过优化的设计减少了加工面积，从而减少机械加工量和刀具消耗，提高了加工效率，降低了加工成本。

图 6-34 和图 6-35 显示了其他两个如何通过增加凸台或凹槽的方式优化零件设计，减少机械加工面积的实例。

6.2.14 减少走刀次数

减少加工走刀次数，减少加工工时，即可减少加工成本。如图 6-36 所示，在

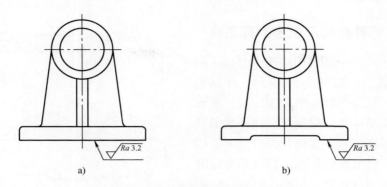

图 6-33　尽量减少机械加工面积

a）原始的设计　b）优化的设计

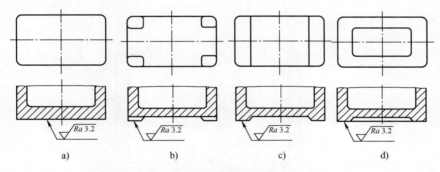

图 6-34　尽量减少机械加工面积（一）

a）原始的设计　b）优化的设计（一）　c）优化的设计（二）　d）优化的设计（三）

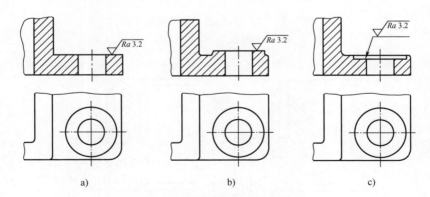

图 6-35　尽量减少机械加工面积（二）

a）原始的设计　b）优化的设计（一）　c）优化的设计（二）

原始的设计中，加工具有不同高度的凸台面时，需逐一将工作台升高或降低，增加加工工时；在优化的设计中，将几个凸台面设计成等高，则能在一次走刀中加工所有凸台面，提高生产率，同时也容易保持相对位置精度。

6.2.15 零件结构应便于刀具工作

零件加工部位的结构应便于刀具正确地切入及退出。如图 6-37 所示，在原始的设计中，孔与零件立壁相距太近，造成钻夹头与立壁干涉，只能采用非标准加长钻头，刀具刚性差；在优化的设计中，增加了孔与零件立壁的距离，即可采用标准刀具，从而可保证加工精度。

如图 6-38 所示，插齿时要留有空刀槽，这样大齿轮可滚齿或插齿，小齿轮可以插齿加工。

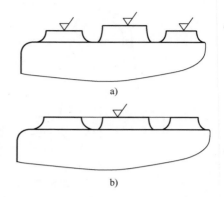

图 6-36　减少走刀次数
a) 原始的设计　b) 优化的设计

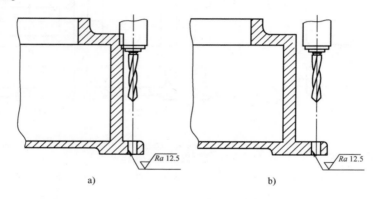

a)　　　　　　　　　　b)

图 6-37　为刀具的进出提供足够空间
a) 原始的设计　b) 优化的设计

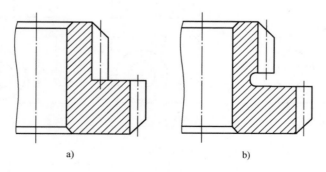

a)　　　　　　　　　　b)

图 6-38　插齿退刀槽设计
a) 原始的设计　b) 优化的设计

如图 6-39 所示，刨削时，在平面的前端要有让刀的部位，即让刀槽。

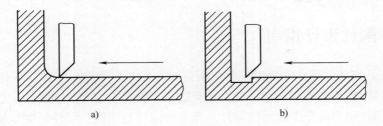

图 6-39　刨削退让刀设计

a）原始的设计　b）优化的设计

如图 6-40 所示，磨削时，各表面间的过渡部分应设计出越程槽。

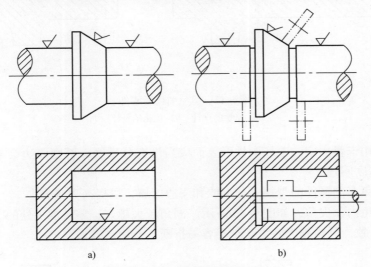

图 6-40　磨削越程槽设计

a）原始的设计　b）优化的设计

6.2.16　不同要求的表面明显分开

机械加工要求不同的表面及加工面与非加工面间都应明显分开，以改善刀具的工作条件。如图 6-41 所示，优化后的设计中，沟槽底面不与其他加工面重合，零件便于加工，也可避免损伤其他加工表面。

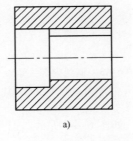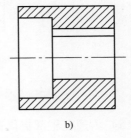

图 6-41　沟槽底面不与其他加工面重合

a）原始的设计　b）优化的设计

6.3 车削件设计指南

1）细长型的零件在车削时需要使用尾架支撑。如果没有支撑，零件可能会变弯，在夹具中偏离正确位置。另外，这会造成零件在三爪卡盘中松动，造成伤害或事故。车削件应当避免细长形的设计，车削件应当短而粗，零件长度与最小直径比应不大于 8，如图 6-42 所示。

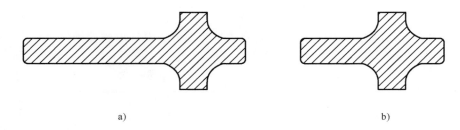

图 6-42　避免细长形零件

a）原始的设计　b）优化的设计

2）使用卡盘固定的毛坯圆柱形表面应当没有分型线，否则飞边会带来夹紧不稳和加工精度问题。

3）避免车削零件的焊接、分型线和飞边区域，以提高刀具寿命。

4）避免内部尖角，如图 6-43 所示。圆角越大越好，零件加工处的圆角应与刀具的圆角一致，圆角越大，刀具越不容易折断，寿命越高。

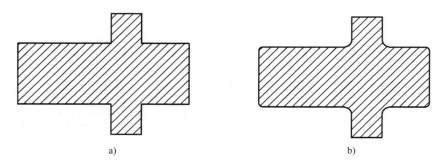

图 6-43　避免内部尖角

a）原始的设计　b）优化的设计

5）不通孔根部提供退刀槽，如图 6-44 所示。退刀槽会简化后续工序，例如镗孔、铰孔和研磨，降低成本。

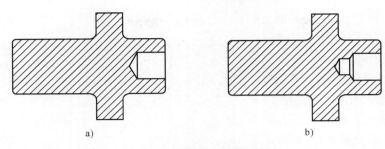

图 6-44 不通孔根部退刀槽

a) 原始的设计 b) 优化的设计

6.4 钻削件设计指南

1) 钻削加工孔的方式的优点在于可以提供精密的尺寸，但是相对其他孔加工方式，钻削加工成本较高，因此需考虑使用其他加工方式代替钻削加工，例如通过压铸直接成型所需的孔，而不是通过二次钻削加工成型。

2) 钻削孔应当是标准孔，非标准的孔会需要使用非标准的刀具，这会带来额外的刀具制造成本、采购成本和库存成本等。

3) 通孔比不通孔好，加工不通孔时产生的切屑难处理；扩孔和攻螺纹等工序在通孔上也比较容易进行。

4) 孔的直径应大于 3mm，孔太小，刀具容易断裂，特别是大批量生产时。

5) 对于大孔，可以在毛坯上预先铸造一个孔，再通过扩孔获得设计所需的孔，这样可以节省材料和钻孔加工成本。

6) 减少零件中各种孔的种类，以减少换刀时间。

7) 减少零件中孔的方向，以减少换刀次数。

8) 避免孔与型腔交叉。如果交叉不可避免，孔的中心应该在型腔之外，如图 6-45 所示。

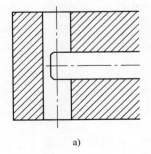
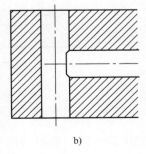

a)   b)

图 6-45 避免孔与型腔交叉

a) 原始的设计 b) 优化的设计

9）零件图标注时，平面上的多个孔应该有共同的基准。

10）小而深的孔应当避免，如图 6-46 所示。过深容易造成钻头断裂，切屑的移除也很困难。孔深与孔直径比例应不大于 3，避免深孔的一个方法是使用阶梯孔。不通孔需要额外增加 25% 孔深以为切屑提供存储空间。

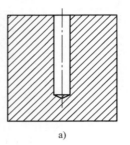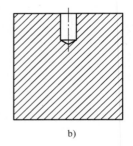

图 6-46　避免小而深的孔

a）原始的设计　b）优化的设计

11）在零件边缘钻孔时，避免孔的大部分都在零件之外，否则这容易造成钻头断裂，确保 75% 的孔在零件边缘之内，如图 6-47 所示。

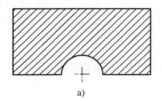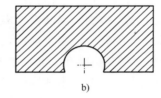

图 6-47　铣削半径

a）原始的设计　b）优化的设计

12）避免弯曲的孔。弯曲的孔无法加工，如图 6-48 所示，弯曲的孔可优化为三个直孔的组合。

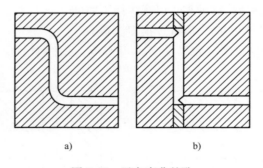

图 6-48　避免弯曲的孔

a）原始的设计　b）优化的设计

13）孔的轴线应与进口和出口的端面垂直。孔的轴线不垂直于孔的进口或出口的端面时，钻头容易产生偏斜或弯曲，甚至折断，应尽量避免在曲面或斜壁上钻孔，提高生产率，保证精度，如图 6-49 所示。

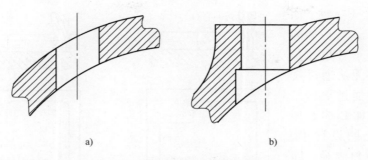

a)　　　　　　　　　　　　　b)

图 6-49　孔的轴线应与端面垂直

a）原始的设计　b）优化的设计

6.5　铣削件设计指南

1）铣削的加工区域不宜过深，如图 6-50 所示。深宽比不应超过 3∶1，否则铣刀较长容易折断。

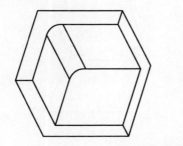
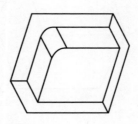

图 6-50　避免过深的铣削加工

如果较长的铣刀不可避免，可通过如图 6-51 所示的方式来优化设计，提高铣刀寿命。

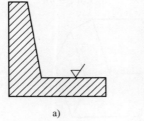
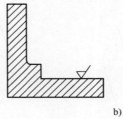
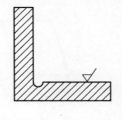

a)　　　　　　　　　　　　　b)

图 6-51　优化设计提高铣刀寿命

a）原始的设计　b）优化的设计

2）零件的大面积沉凹结构的转角应留有一定的转角半径，而且转角半径应与标准铣刀直径一致。如图 6-52 所示，在原始的设计中，由于转角处是直角，零件无法通过铣削加工，需通过更加昂贵的工序（如 EDM）加工；在优化的设计中，通过增加转角半径，即可通过铣削进行加工。

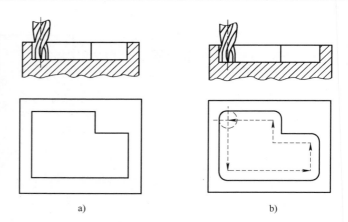

图 6-52　铣削半径
a）原始的设计　b）优化的设计

3）当零件整个平面的平面度要求较高时，需使用凸台的设计。如图 6-53 所示，仅仅只针对凸台进行铣削加工，这一方面容易保证平面度，另一方也可以减少铣削加工面积。

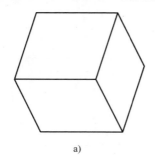 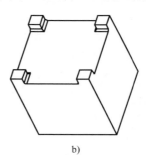

a)　　　　　　　　　　b)

图 6-53　使用凸台代替整面加工
a）原始的设计　b）优化的设计

4）对于零件的外部棱角，在铣削加工时，应当采用斜角而不是圆角的方式，如图 6-54 所示。圆角需要使用铲齿铣刀，装夹较麻烦，加工成本高。

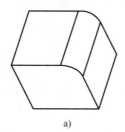 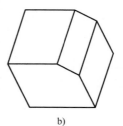

a)　　　　　　　　　　b)

图 6-54　外部棱角采用斜角
a）原始的设计　b）优化的设计

第7章 公差分析

7.1 概述

7.1.1 引言

产品设计工程师在进行产品开发时，常常会碰到以下问题：

"设计时零件之间没有干涉，怎么装配时就干涉了？"

"每个零件的尺寸都在公差范围内，但零件怎么就是装配不上？"

"我做了公差分析，但零件无法达到尺寸精度，装配问题还是发生了。"

"每个零件尺寸的精度已经达到了制造能力的极限，但公差分析的结果依然不满足要求，我该怎么办？"

"公差分析没什么用，纯粹是为了应付客户。"

"我不会做公差分析，公差分析很难，需要经过专业的培训。"

本章将致力于解决以上问题并讲述公差分析的概念、目的、公差分析的详细步骤以及公差分析指南，并将提供公差分析的 excel 计算表格。

7.1.2 公差

1. 公差的定义

产品设计工程师在进行产品设计时，会按照产品的功能要求定义零件的尺寸大小，但现实往往是比较残酷的，零件是不可能完全按照设计的尺寸制造出来的，总是会存在一定的差距，这可能因为刀具的磨损、治具的不完美、加工条件的波动或者操作员工的不熟练等。例如，在三维设计软件中，一个零件的长度尺寸设计值为25.40mm，随机从批量制造的样品中抽出零件进行长度测量，长度的测量值可能是25.48mm，如图 7-1 所示。如果测量数据的精度向小数点后无限制扩展，零件的实际制造尺寸与设计尺寸永远也不可能完全一致。

公差就是零件尺寸所允许的偏差值，设定零件的公差即设定零件制造时尺寸允许的偏差范围。例如，对于图 7-1 中的尺寸设定为（25.40 ± 0.20）mm，则公差为 ± 0.20mm。零件制造后，如果测量时发现零件尺寸超出了这个偏差范围，那么该零件将被判为不良品。除了尺寸公差外，公差还包括形位公差和位置公差等。本章讨论的公差分析是针对尺寸公差进行的公差分析。

2. 公差的产生

公差是不可避免的，其主要来源于表 7-1 所示的两个方面的差异。

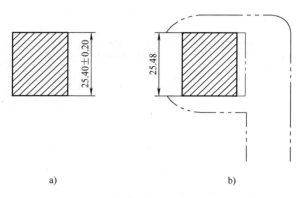

图 7-1　尺寸设计值与实际测量值

a）设计值　b）测量值

表 7-1　公差的产生

加工制程的差异	装配制程的差异
设备或模具本身存在精度	装配设备本身存在的精度
不同批次的材料特性不同	工具、夹具的制造精度
加工条件的不同	
操作员的熟练程度	
模具的磨损	

3. 公差的本质

公差在产品设计中扮演着非常重要的角色。公差不仅仅是诸如 ±0.20、$^{+0.20}_{-0.10}$、$^{+0.20}_{0}$、$^{0}_{-0.10}$ 等这一串数字而已，也不仅仅是二维图样上漂亮的点缀。公差是产品设计工程师和制造工程师沟通的桥梁和纽带，是保证产品以优异的质量、优良的性能和较低的成本进行制造的关键，这是公差的本质。

公差也是产品设计工程师和制造工程师之间的博弈。如图 7-2 所示，产品设计工程师希望产品公差尽可能地精密，以满足产品功能、性能、外观和可装配性等要求，实现设计意图，提供稳健性的设计，从而提高产品质量和客户满意度。制造工程师则刚好相反，他们希望产品公差尽可能宽松，于是可以灵活地选择产品制造工艺和方法，以较低的制造和装配费用、以普通的机器和夹具、以较低的不良率和返工率进行制造。君不见在产品开发过程中，产品设计工程师和制造工程师常常为 0.01mm 的公差争论得面红耳赤？

因此，在产品设计中，应当合理选择和设定零件和产品的公差。公差的设计既要满足产品的功能和质量要求，又要满足产品制造成本的要求，公差分析正是基于这样的目的而产生。

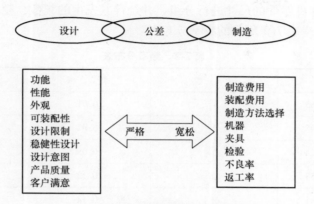

图 7-2　公差是产品设计和制造之间的博弈

4. 正态分布

所有的制造工艺，包括注射、冲压、压铸和机械加工等，生产制造的每一个零件尺寸所产生的差异都是随机的。如果针对同一个尺寸，测量并记录每一个零件该尺寸的大小，可以绘制出一张频率分布图或者柱状图，以显示尺寸的差异是如何分布的。在加工制造时，如果零件尺寸的差异是很多相互独立的随机性误差综合作用的结果，而且其中没有一个随机性误差起决定性作用，则加工制造后的零件尺寸分布符合统计学中的正态分布。一般来说，大多数的制造工艺生产制造的零件尺寸符合正态分布，这是公差分析计算时的一个重要理论基础。

下面通过具体的实例来逐步说明尺寸的正态分布。

按照某种制造工艺制造图 7-1 所示的零件，对于 25.40mm 零件长度尺寸，从一批零件中任取 100 件检测，测得它们的实际尺寸如下：

25.39	25.36	25.34	25.42	25.45	25.38	25.39	25.42
25.47	25.35	25.41	25.43	25.44	25.48	25.45	25.43
25.46	25.40	25.51	25.45	25.40	25.39	25.41	25.36
25.38	25.31	25.56	25.43	25.40	25.38	25.37	25.44
25.33	25.46	25.40	25.49	25.34	25.42	25.50	25.37
25.35	25.32	25.45	25.40	25.27	25.42	25.54	25.39
25.45	25.43	25.40	25.43	25.44	25.41	25.53	25.37
25.38	25.24	25.44	25.40	25.36	25.42	25.39	25.46
25.38	25.35	25.31	25.34	25.40	25.36	25.41	25.32
25.38	25.42	25.40	25.33	25.37	25.41	25.49	25.35
25.47	25.34	25.30	25.39	25.36	25.46	25.29	25.40
25.37	25.33	25.40	25.35	25.41	25.37	25.47	25.39
25.42	25.47	25.38	25.39				

将上述 100 件零件的尺寸进行分组，并统计其发生的频数、频率，以及计算出频率/组距，获得表 7-2 所示的频率分布表。

表 7-2 频率分布表

分　　组	频　　数	频　　率	频率/组距
25.235 ~ 25.265	1	0.01	0.33
25.265 ~ 25.295	2	0.02	0.67
25.295 ~ 25.325	5	0.05	1.67
25.325 ~ 25.355	12	0.12	4.00
25.355 ~ 25.385	18	0.18	6.00
25.385 ~ 25.415	25	0.25	8.33
25.415 ~ 25.445	16	0.26	8.67
25.445 ~ 25.475	13	0.13	4.33
25.475 ~ 25.505	4	0.04	1.33
25.505 ~ 25.535	2	0.02	0.67
25.535 ~ 25.565	2	0.02	0.67
合计	100	1.00	

根据表 7-2 所示的频率分布表，可绘制出 100 件零件尺寸的频率分布直方图，如图 7-3 所示。

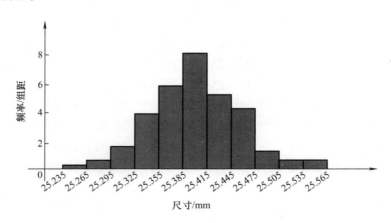

图 7-3　100 件零件尺寸的频率分布直方图

按照同样的方法，可绘制出 200 件零件尺寸的频率分布直方图，如图 7-4 所示。

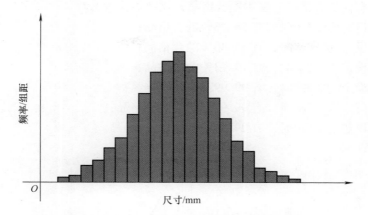

图 7-4　200 件零件尺寸的频率分布直方图

当样本容量无限大，分组的组距无限缩小时，这个频率直方图上面的折线就会无限接近于一条光滑曲线，如图 7-5 所示。通过该曲线可以看出，零件尺寸分布呈现中间尺寸最多，左右两侧基本对称，越靠近中间尺寸分布越多，离中间越远，尺寸分布越少，一般认为这样的分布服从或近似服从统计学上的正态分布。

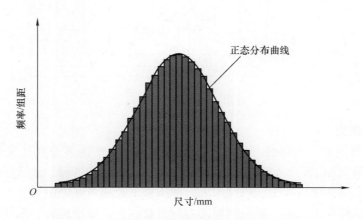

图 7-5　样本容量无限大时的频率分布直方图

在正态分布中，有两个重要的参数，平均值 μ 和标准差 σ。顾名思义，平均值 μ 为样本中所有尺寸的平均值，平均值反映了实际尺寸与设计目标名义尺寸的接近程度。标准差 σ 是各尺寸偏离平均值距离的平均数，它反映一个尺寸分布的离散程度。标准差值越大，表示尺寸分布越离散，制造越不精确；标准差值越低，表示尺寸分布越集中，制造越精确。

设定尺寸所允许偏离的上下限，即设定公差，通过尺寸的正态分布曲线即可获知零件制造有多少合格品，多少不合格品，如图 7-6 所示。

当公差设定为 $\pm 1\sigma$ 时，有 68.26% 的合格品；

当公差设定为 $\pm 2\sigma$ 时，有 95.46% 的合格品；

当公差设定为 $\pm 3\sigma$ 时，有 99.73% 的合格品；

当公差设定为 $\pm 4\sigma$ 时，有 99.9937% 的合格品；

当公差设定为 $\pm 5\sigma$ 时，有 99.999943% 的合格品；

当公差设定为 $\pm 6\sigma$ 时，有 99.9999998% 的合格品。

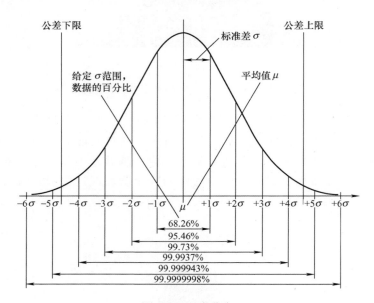

图 7-6　正态分布

5. 制程能力

（1）制程能力　制程能力是指一种制程在固定生产因素及在稳定管制下的品质能力，以衡量加工的一致性与稳定性。而制程是指制造过程，包括各种加工制造和装配过程，例如注射加工、机械加工、冲压加工及超声波焊接等。

在衡量制程能力之前，影响制程能力的所有因素，如原材料、机器设备、作业方法、检验设备、检测方法等，都必须先固定和标准化，当制程能力指数测定值均在稳定管制状态下时，此时的制程能力才是该制程的制程能力。

制程能力与生产能力有本质的区别，制程能力是指质量上所能达到的程度，而生产能力是指数量上所能达到的程度，一个指质量，一个指数量。

（2）制程能力指数　制程能力指数是指制程能力与制程目标相比较的定量描述的数值，即表示制程满足产品质量标准的程度，通常以 C_{pk} 为衡量指标，另外，衡量制程能力的指数还包括制程精密度指数 C_p 和制程准确度指数 C_a。

C_p（Capability of precision）适用于尺寸设计名义值[⊖]与实测数据的分布中心值一致，即无偏移的情况。C_p 与公差规定范围相关，而不考虑测量中心值与设计目标值的偏移，其计算方法见式（7-1）。

$$C_p = \frac{T}{6\sigma} = \frac{USL - LSL}{6\sigma} \qquad (7\text{-}1)$$

式中　T——尺寸的公差范围；

　　　USL——公差上限；

　　　LSL——公差下限。

C_p 具有两层含义：

➢ 体现了制程的精密度，其值越高表示制程实际测量之间的离散程度越小，制程稳定而变异小。

➢ 公差范围内能纳入越多的 σ 个数，则制程表现越好，其本身是一种制程固有的特性值，代表一种潜在的能力，如图 7-7 所示。

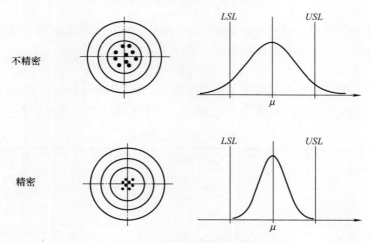

图 7-7　C_p 体现了制程的精密度

制程准确度指数 C_a（Capability of accuracy）表示实测数据中心值与设计目标值的偏移程度，其计算方法见式（7-2）。

$$C_a = \left| \frac{M - \mu}{T/2} \right| \qquad (7\text{-}2)$$

式中　M——尺寸设计名义值。

C_a 反映了制程的准确度。其值越小，表示制程中心值越接近设计目标值，精确

⊖　本书中公差规定为双向对称公差，公差上下限相对于尺寸设计目标值或尺寸名义值对称，公差的中心值即尺寸设计目标值。

度越高；值越大，表示制程中心值越偏离设计目标值，精确度越低，如图 7-8 所示。

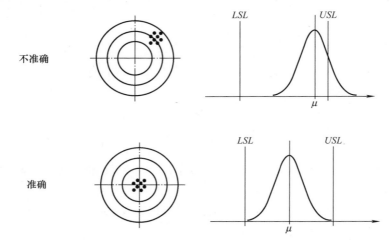

图 7-8 C_a 体现了制程的准确度

制程能力指数 C_{pk}（Process capability index）可全方位衡量制程能力，既考虑了制程精密度，也考虑了制程准确度，其计算方法见式（7-3）。

$$C_{pk} = C_p(1 - |C_a|) \tag{7-3}$$

C_{pk} 越大，制程中产生不良品的概率就越小，即 DPPM（Defects Parts Per Million，每一百万件中的不良数）就越小；C_{pk} 越小，DPPM 就越大，见表 7-3。

表 7-3 C_{pk} 与 DPPM

C_{pk}	σ	每一百万件中的不良数（DPPM）	良率（%）
0.33	1	317310	68.26
0.67	2	45500	95.46
1	3	2700	99.73
1.33	4	63	99.9937
1.67	5	0.57	99.999943
2	6	0.002	99.9999998

如何判断一个制程是否稳定，制程能力是否足够？常常把 C_{pk} 作为一个关键的指标，见表 7-4。

表 7-4 制程能力判断

C_{pk} 范围	σ 水平	说　明	判　断
$1.67 \leq C_{pk}$	$5\sigma \uparrow$	制程能力充足，完全能满足要求	制程能力富余
$1.33 \leq C_{pk} < 1.67$	$4 \sim 5\sigma$	制程能力符合要求	合格
$1 \leq C_{pk} < 1.33$	$3 \sim 4\sigma$	制程能力尚可，但有不稳定的倾向	警告
$C_{pk} < 1$	$3\sigma \downarrow$	制程能力不足，必须改善	不合格

当 $C_{pk} < 1$ 或小于期望数值时，针对制程的改善措施势在必行，否则将会有大量不良品出现，那么如何去提高制程能力，保证产品质量呢？

从 C_{pk} 的计算公式来看，可得出三种方式使 C_{pk} 上升，分别如图 7-9a、b、c 所示：

➤ 减小标准差 σ，即降低数据的上下波动。

➤ 减小制程中心值与设计目标值的偏差。

➤ 优化设计，增加公差规定范围。

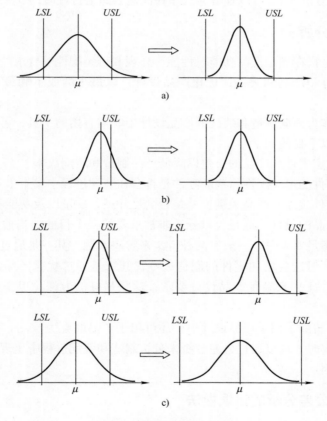

图 7-9 改善 C_{pk} 的三种方法

a）减小标准差 b）减小制程中心值与设计目标值的偏差 c）优化设计，增加公差规定范围

（3）如何理解制程能力 以一辆汽车行驶在高速公路上为例，我们常常会考虑汽车行驶时的安全系数有多大，如何提高安全系数。这时，我们就会想到一些方法，其一是扩宽道路；其二是尽量让汽车行驶在中线上，不要左右摇摆；其三是提高汽车本身的性能。同样，我们也可以以这种方式来理解过程能力指数。

> ➢ 公差范围 T 可以理解为高速公路的路度。
> ➢ 尺寸设计值 M 可理解为高速公路上的中界线。
> ➢ 平均值 μ 可以理解为汽车在高速公路上行驶时的中心线。
> ➢ 标准差 σ 可以理解为汽车在高速公路行驶时所产生的左右摇摆。
> ➢ 制程精密度指数 C_p 可以理解为汽车在高速公路上行驶时的摇摆程度。
> ➢ 制程准确度指数 C_a 可以理解为汽车在高速公路上行驶时的中心线与公路中界线的偏移程度。
> ➢ 制程能力指数 C_{pk} 可以理解为汽车在高速公路上行驶时的安全系数。

7.1.3 公差分析

公差分析是指在满足产品功能、性能、外观和可装配性等要求的前提下，合理定义和分配零件和产品的公差，优化产品设计，以最小的成本和最高的质量制造产品。

公差分析作为面向制造和装配的产品设计中非常有用的工具，可以帮助产品设计工程师实现以下目的：

1）合理设定零件和产品的公差以降低产品制造和装配成本。

2）判断零件的可装配性，判断零件是否会在装配过程中发生干涉。

3）判断零件装配后产品关键尺寸是否满足外观、质量以及功能等要求。

4）优化产品的设计，这是公差分析非常重要的一个目的。当通过公差分析发现产品设计不满足要求时，一般有两种方法来解决问题。其一是通过严格的零件公差来达到要求，但这会增加零件的制造成本；其二是通过优化产品的设计（例如增加装配定位特征）来满足产品设计要求，这是最好的方法，也是公差分析的意义所在。

5）公差分析除了用于产品设计中，还可用于产品装配完成后，当产品的装配尺寸不符合要求时，可以通过公差分析来分析制造和装配过程中出现的问题，寻找问题的根本原因。

7.1.4 常见公差分析的错误做法

越来越多的企业意识到公差分析的重要性，并把公差分析列为产品开发过程中必不可少的一个关键步骤，产品设计工程师必须完成公差分析之后，才能进行下一步的产品开发动作。但是，并不是所有的企业和所有的工程师都能正确地进行公差分析。

下面以接线盒中密封圈的压缩量为例来说明一个典型的公差分析错误做法。接线盒主要用于安装接线端子和电气元件，经常用于室外环境，因此接线盒需具有防水功能，其防水功能主要由三个零件实现：底座、上盖和 O 型圈。一种常见的接线盒侧面防水结构剖面如图 7-10 所示，其中底座和上盖是 PC 材料，通过注射加工制造；O 型圈材料为液态硅橡胶，通过注射加工制造。按照 O 型圈材料的特性，该种材料 O 型圈的压缩比必须大于 15% 才能保证防水（此处的 15% 仅用于该案例举例）。因此，在产品详细设计完成后，在零件开模前，针对 O 型圈的压缩量进行公差分析。

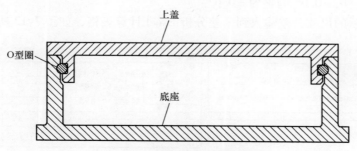

图 7-10　接线盒的防水结构剖面

第一步，定义 O 型圈压缩量的尺寸链，并把各个尺寸的正负、名义值和公差输入到公差分析 Excel 表格中，如图 7-11 所示（O 型圈的压缩比为压缩量与直径的比值，通过公差分析计算出压缩量，再转化为表格中的压缩比；此处采用极值法模型进行计算和判断）。

公差分析

项目	关键尺寸		设计者	日期	版本
接线盒	O型圈压缩量			2016/3/5	A
名义值	23.50%	最小值	15.00%	最大值	
设计要求描述	O型圈的最小压缩量必须大于15%，否则会发生防水失效				

序号	零件	描述	尺寸	正负	公差	注释
A	底座	底座O型圈配合处内部腔体宽度	49.40	−	0.15	
B	O型圈	O型圈直径	1.70	+	0.05	
C	上盖	上盖O型圈配合处凹槽深度	1.00	−	0.05	
D	上盖	上盖凸缘宽度	48.80	+	0.15	
E	上盖	上盖O型圈配合处凹槽深度	1.00	−	0.05	
F	O型圈	O型圈直径	1.70	+	0.05	
G						
H						
I						
J						
K						

装配偏移

序号	描述	孔		柱		装配偏移公差
		尺寸	公差	尺寸	公差	
a						
b						
c						
d						
e						
f						

	公差分析结果				O型圈最小压缩量
	名义值	公差	最小值	最大值	
极值法	0.80	0.50	0.30	1.30	8.82%
均方根法	0.80	0.23	0.57	1.03	16.63%

结论	极值法计算出的O型圈最小压缩量小于15%，不满足设计要求，存在防水失效的可能性
设计优化	调整尺寸链尺寸公差

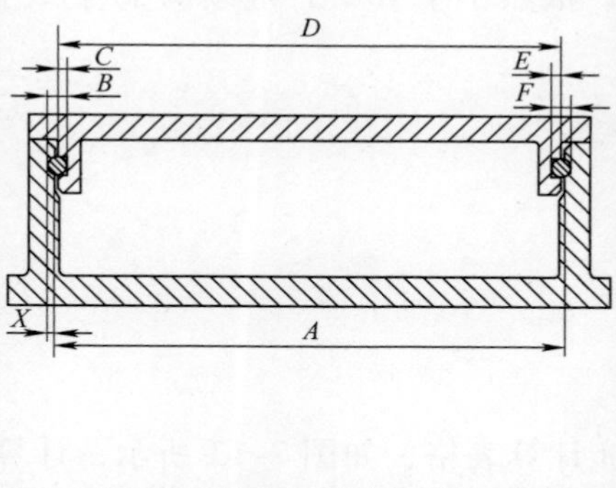

图 7-11　O 型圈压缩比的公差分析

第二步，由第一步的公差分析结果显示，按照极值法计算的 O 型圈的最小压缩量为 8.82%，小于 15%，说明产品存在防水失败的可能性，因此，将尺寸链中的各个尺寸公差做如下调整：

尺寸 A：从 ±0.15 调整为 ±0.10；

尺寸 B：从 ±0.05 调整为 ±0.03；

尺寸 C：从 ±0.05 调整为 ±0.03；

尺寸 D：从 ±0.15 调整为 ±0.10；

尺寸 E：从 ±0.05 调整为 ±0.03；

尺寸 F：从 ±0.05 调整为 ±0.03。

将调整后的尺寸公差输入到公差分析 Excel 计算表格，如图 7-12 所示。

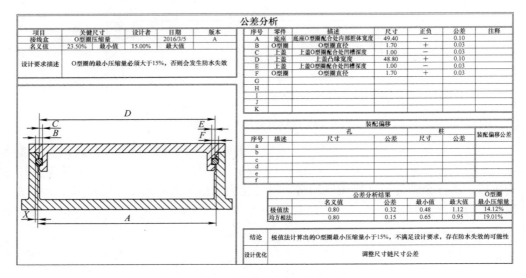

图 7-12　调整尺寸公差大小

计算出的 O 型圈的最小压缩量为 14.12%，依然小于 15%，继续调整各尺寸公差：

尺寸 A：从 ±0.10 调整为 ±0.05；

尺寸 B：从 ±0.03 调整为 ±0.02；

尺寸 C：从 ±0.03 调整为 ±0.02；

尺寸 D：从 ±0.10 调整为 ±0.05；

尺寸 E：从 ±0.03 调整为 ±0.02；

尺寸 F：从 ±0.03 调整为 ±0.02。

将调整后的尺寸公差输入到公差分析 Excel 计算表格，如图 7-13 所示，计算出的 O 型圈的最小压缩量为 18.24%，大于 15%，产品设计符合要求，公差分析顺利完成。

上述公差分析的计算过程是正确的。但显然，上述公差分析的思路大部分是错误的，其错误之处包括：

1）在产品详细设计完成后才开始进行公差分析。公差分析应该从产品概念设

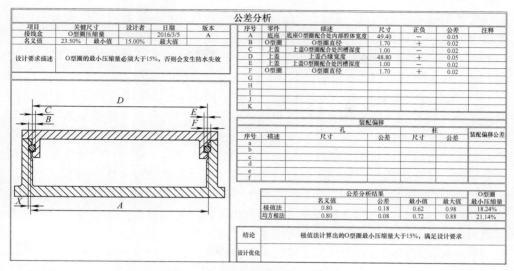

公差分析

项目	关键尺寸	设计者	日期	版本
接线盒	O型圈压缩量		2016/3/5	A
名义值	23.50%	最小值	15.00%	最大值
设计要求描述	O型圈的最小压缩量必须大于15%，否则会发生防水失效			

序号	零件	描述	尺寸	正负	公差	注释
A	底座	底座O型圈配合处内部腔体宽度	49.40	−	0.05	
B	O型圈	O型圈直径	1.70	+	0.02	
C	上盖	上盖O型圈配合处凹槽深度	1.00	−	0.02	
D	上盖	上盖凸缘宽度	48.80	+	0.05	
E	上盖	上盖O型圈配合处凹槽深度	1.00	−	0.02	
F	O型圈	O型圈直径	1.70	+	0.02	
G						
H						
I						
J						
K						

装配偏移

序号	描述	孔		柱		装配偏移公差
		尺寸	公差	尺寸	公差	
a						
b						
c						
d						
e						
f						

公差分析结果	名义值	公差	最小值	最大值	O型圈最小压缩量
极值法	0.80	0.18	0.62	0.98	18.24%
均方根法	0.80	0.08	0.72	0.88	21.14%

结论	极值法计算出的O型圈最小压缩量大于15%，满足设计要求
设计优化	

图7-13　继续调整尺寸公差大小

计阶段就开始，在产品概念设计阶段就应当根据产品的功能、外观和可靠性等要求判断出哪些装配尺寸是关键尺寸，并通过优化的设计方法，例如缩短尺寸链、使用定位特征等来确保关键尺寸符合要求。在产品详细设计完成之后才开始进行公差分析为时已晚，此时如果发现产品设计有不符合要求之处需要修改，但产品详细设计已经完成，再来修改设计则会浪费大量的时间和精力。

2）没有缩短尺寸链的长度。尺寸链越长，公差累积越多，公差分析的结果越不容易满足要求。实例中的尺寸链不是最优的尺寸链，可将尺寸C、D、E合并成一个尺寸。

3）公差的设定没有考虑零件制程能力。在公差分析中，零件尺寸的公差并不是可以随意设定和修改的，它们取决于零件制程能力。例如对于尺寸49.40，其公差±0.15比较合理，普通的注射工艺即可达到该级别；但将公差调整为±0.10、甚至±0.05，普通的注射工艺就很难满足该级别。如果公差设定超过了零件制程能力，零件实际制造尺寸满足不了公差设定的要求，那么即使公差分析的结果满足要求，产品还是会发生失效。

4）计算模型采用极值法。极值法存在很多缺陷，一方面是极值法与产品真实制造状况并不符合；另一方面是极值法对零部件的公差要求比较严格，产品成本高。因此，在进行公差分析时，极值法并不是一个最好的计算模型，除非在对产品品质要求非常高、零缺陷的场合。

5）公差的设定没有考虑到成本。即使设定的公差在零件制程能力之内，但严格的公差要求高精度的设备和治具、要求严格的制程管控，同时会造成零件不良率上升，继而造成产品成本增加。从产品成本角度来说，公差的设定必须考虑到产品成本，越宽松越好。

6）当公差分析结果不满足要求时，没有通过优化设计的方法，而是通过提高零件尺寸精度要求的方法。还有其他很多方法可以优化产品设计，使公差分析的结果满足要求，例如缩短尺寸链、使用定位特征、调整尺寸值等。

7）对尺寸公差没有进行二维图标注。尺寸链中的各个尺寸公差都需要进行管控，必须在二维图中进行标注。

8）对尺寸公差没有进行制程管控。尺寸链中的公差设定是假设零件制造时的尺寸差异，只有当零件实际制造情况与公差设定一致时，公差分析的结果才可能与真实产品装配后的情况一致，所以必须对尺寸链中的每一个尺寸公差进行制程管控。如果不进行制程管控，零件实际制造时的公差大于尺寸链中的设定公差，则可能会导致产品在以后的测试或使用过程中出现功能、质量和可靠性等问题。

9）零件制造后，没有利用真实的零件制程能力来验证设计阶段的公差分析。公差分析的过程是一个模拟和假设的过程，当零件制造后，需要通过真实的零件制程能力来进行验证，确保公差分析的结果与实际一致。

本章将在随后的内容中介绍正确的公差分析做法。

7.2 公差分析的计算步骤

公差分析具体的步骤包括：

1）定义公差分析的目标尺寸及其公差。

2）定义尺寸链。

3）判断尺寸的正负。

4）将非双向对称公差转化为双向对称公差。

5）公差分析的计算。

6）判断和优化。

7.2.1 定义公差分析的目标尺寸和判断标准

公差分析的第一步是定义公差分析的目标尺寸及其判断标准（即公差）。如图7-14 所示，零件2、3、4 和5 与零件1 装配成一个部件，在各个零件尺寸存在变异的情况下，需要确保零件2、3、4 和5 与零件1 的装配间隙大于0，否则装配不上。公差分析的目标尺寸为装配间隙 X，其公差应大于0。

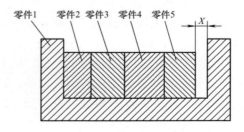

图7-14 定义公差分析的目标尺寸及其公差

7.2.2 定义尺寸链

当定义好公差分析的目标尺寸及其公差之后，下一步是根据产品的装配结构，定义目标尺寸的尺寸链。

尺寸链，是指在产品的装配关系中，由互相联系的尺寸按一定顺序首尾相接排列而成的封闭尺寸组。尺寸链有两个特征：一是封闭性，尺寸链是由多个尺寸首尾相连的；二是关联性，组成尺寸链的每个尺寸都与目标尺寸有关联性，尺寸链中每个尺寸的精度都会影响到目标尺寸的精度。也就是说，一个尺寸是不是属于目标尺寸的尺寸链，取决于该尺寸的精度变化是否会影响目标尺寸的精度。

如图 7-15 所示，X 是目标尺寸，尺寸 A、B、C、D、E 和 X 组成目标尺寸的尺寸链。

判断尺寸链是否定义正确的标准之一是公差分析计算出的目标尺寸的名义值与目标尺寸的设计值是否一致，如果二者不一致，那么尺寸链必定定义错误。以图 7-15 的产品为例，如果目标尺寸 X 设计值是 0.5mm，那么通过公差分析计

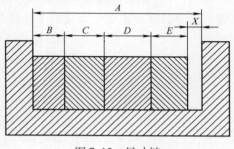

图 7-15　尺寸链

算出来 X 的名义尺寸值也应该是 0.5mm，如果是其他数值，则说明尺寸链定义错误。

7.2.3 判断尺寸链中尺寸的正负

在进行公差分析时，尺寸链中的尺寸具有正负，尺寸的正负可以使用箭头法确定。箭头法是指从目标尺寸的任一端开始起画单向箭头，顺着整个尺寸链一直画下去，包括目标尺寸，直到最后一个形成闭合回路，然后按照箭头方向进行判断，凡是箭头方向与目标尺寸箭头同向的尺寸为负（-），反向的为正（+）。如图 7-16 所示，从目标尺寸 X 的一端开始画单向箭

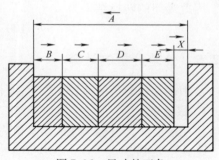

图 7-16　尺寸的正负

头，B、C、D、E 与 X 同向，为 "-"；A 与 X 反向，为 "+"。

7.2.4 将非双向对称公差转换为双向对称公差

尺寸公差有多种表示方法，包括单向公差、双向不对称公差和双向对称公差等。单向公差是指尺寸的公差在尺寸名义值的一方，如上方或者下方，如 $100^{+0.20}_{0}$mm 或

$100_{-0.20}^{0}$mm。双向不对称公差是尺寸公差在尺寸名义值的上下方，但不对称，如 $100_{-0.10}^{+0.20}$mm 或 $100_{-0.20}^{+0.10}$mm。双向对称公差是指尺寸的公差在尺寸名义值上下方，并对称，如 $100_{-0.20}^{+0.20}$mm。

在进行公差分析时，为了方便计算，尺寸的公差只能是双向对称公差，如果公差不是双向对称公差，那么应当转化为双向对称公差。

例 7.1 将单向公差转化为双向对称公差。

1）需要转化的公差为单向公差

$$100_{0}^{+0.20}\text{mm}$$

2）计算尺寸的最大值和最小值：尺寸的最大值等于尺寸的名义值与公差上限之和，尺寸的最小值等于尺寸的名义值与公差下限之和，即

$$最大值 = 100\text{mm} + (+0.20)\text{mm} = 100.20\text{mm}$$
$$最小值 = 100\text{mm} + (+0)\text{mm} = 100\text{mm}$$

3）计算尺寸的公差范围：尺寸的公差范围等于尺寸的最大值与最小值之差，即

$$公差范围 = 100.20\text{mm} - 100\text{mm} = 0.20\text{mm}$$

4）计算转换后的尺寸单边公差：转换后的尺寸单边公差等于公差范围的一半，即

$$单边公差 = 0.20\text{mm}/2 = 0.10\text{mm}$$

5）计算转换化后的尺寸名义值：转换后的尺寸名义值为最小值与单边公差之和（或者最大值与单边公差之差），即

$$尺寸名义值 = 100\text{mm} + 0.10\text{mm} = 100.10\text{mm}$$

因此最终的转换结果为

$$100.10_{-0.10}^{+0.10}\text{mm}$$

7.2.5 公差分析的计算

常用的公差分析的计算模型有两种：极值法和均方根法。

1. 极值法

使用极值法，目标尺寸的名义值为尺寸链上尺寸的名义值之和，尺寸具有正负性，见式（7-4）。

$$D_{asm} = \Sigma D_i \tag{7-4}$$

式中 D_{asm}——目标尺寸的名义值；

D_i——尺寸链上尺寸的名义值，具有正负性。

目标尺寸的公差为尺寸链上各个尺寸的公差之和，见式（7-5）。

$$T_{asm} = \Sigma T_i \tag{7-5}$$

式中 T_{asm}——目标尺寸的公差；

T_i——尺寸链上尺寸的公差。

例7.2 如图7-15所示，尺寸 A 为 (54.00 ± 0.20)mm，B 为 (12.00 ± 0.10)mm，C 为 (13.00 ± 0.10)mm，D 为 (16.00 ± 0.15)mm，E 为 (12.50 ± 0.10)mm，利用极值法求目标尺寸 X 的名义值和公差。

（1）计算 X 的名义值　利用公式（7-4）和7.2.3节中各个尺寸的正负，X 的名义值为

$$D_X = D_A + D_B + D_C + D_D + D_E$$
$$= 54.00\text{mm} + (-12.00)\text{mm} + (-13.00)\text{mm} + (-16.00)\text{mm} + (-12.50)\text{mm}$$
$$= 54.00\text{mm} - 12.00\text{mm} - 13.00\text{mm} - 16.00\text{mm} - 12.50\text{mm}$$
$$= 0.50\text{mm}$$

（2）计算 X 的公差　利用公式（7-5），X 的公差为

$$T_X = T_A + T_B + T_C + T_D + T_E$$
$$= 0.20\text{mm} + 0.10\text{mm} + 0.10\text{mm} + 0.15\text{mm} + 0.10\text{mm}$$
$$= 0.65\text{mm}$$

目标尺寸 X 的值为

$$(0.50 \pm 0.65)\text{mm}$$

目标尺寸 X 的最大值为

$$0.50\text{mm} + 0.65\text{mm} = 1.15\text{mm}$$

目标尺寸 X 的最小值为

$$0.50\text{mm} - 0.65\text{mm} = -0.15\text{mm}$$

2. 均方根法

使用均方根法，目标尺寸名义值的公式与极值法相同，见式（7-4）。目标尺寸的公差为尺寸链上各个尺寸的平方和开方，见式（7-6）。

$$T_{\text{asm}} = \sqrt{\sum T_i^2} \tag{7-6}$$

式中　T_{asm}——所求目标尺寸的公差；

T_i——尺寸链上尺寸的公差。

例7.3 在图7-15中，尺寸 A 为 (54.00 ± 0.20)mm，B 为 (12.00 ± 0.10)mm，C 为 (13.00 ± 0.10)mm，D 为 (16.00 ± 0.15)mm，E 为 (12.50 ± 0.10)mm，利用均方根法求目标尺寸 X 的名义值和公差。

（1）计算 X 的名义值　X 的名义值的计算与极值法相同，为

$$D_X = D_A + D_B + D_C + D_D + D_E$$
$$= 54.00\text{mm} + (-12.00)\text{mm} + (-13.00)\text{mm} + (-16.00)\text{mm} + (-12.50)\text{mm}$$
$$= 54.00\text{mm} - 12.00\text{mm} - 13.00\text{mm} - 16.00\text{mm} - 12.50\text{mm}$$
$$= 0.50\text{mm}$$

（2）计算 X 的公差　利用公式（7-6），X 的公差为

$$T_X = \sqrt{T_A^2 + T_B^2 + T_C^2 + T_D^2 + T_E^2}$$

$$= \sqrt{0.20^2 + 0.10^2 + 0.10^2 + 0.15^2 + 0.10^2}\,\text{mm}$$

$$= \sqrt{0.04 + 0.01 + 0.01 + 0.0225 + 0.01}\,\text{mm}$$

$$= \sqrt{0.0925}\,\text{mm}$$

$$= 0.30\,\text{mm}$$

目标尺寸 X 的值为

$$(0.50 \pm 0.30)\,\text{mm}$$

目标尺寸 X 的最大值为

$$0.50\text{mm} + 0.30\text{mm} = 0.80\text{mm}$$

目标尺寸 X 的最小值为

$$0.50\text{mm} - 0.30\text{mm} = 0.20\text{mm}$$

7.2.6　判断和优化

当公差分析计算出目标尺寸的最大值和最小值后，可以根据目标尺寸的判断标准来判断产品的设计是否满足设计。

例 7.2 中以极值法计算出来的目标尺寸的最小值为 -0.15mm，不满足判断标准（间隙 >0），产品设计不满足要求，因此需要优化产品设计以满足要求。

例 7.3 中以均方根法计算出来的目标尺寸的最小值为 0.20mm，满足判断标准（间隙 >0），产品设计满足要求。

7.3　公差分析的计算模型

公差分析的常见计算模型包括极值法和均方根法。

7.3.1　极值法

极值法（Worse Case，WC）是考虑零件尺寸最不利的情况，通过尺寸链中尺寸的最大值或最小值来计算目标尺寸的值。极值法计算模型是基于大批量生产的零件其尺寸分布均处在最大值或最小值，如图 7-17 所示。例如尺寸（25.40 ±0.20）mm，在使用极值法进行计算时，其尺寸仅仅为 25.60mm 或 25.20mm，而不会是其他任何值。

图 7-17　零件尺寸均处在最大值或最小值

当然，通过极值法将尺寸链中各个尺寸公差进行累积，其最终得到的目标尺寸的值也仅仅是处在最大值和最小值，如图 7-18 所示。

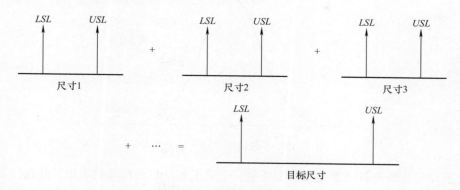

图 7-18 极值法的实质

极值法的计算公式和具体计算过程参见 7.2.5 节。

极值法具有以下四大特点：

（1）不可能性 极值法考虑的不是零件尺寸的统计发布，尺寸链中的零件尺寸同时发生最大或最小的情况的可能性很小，因此极值法产生的结果在实际的产品制造和装配过程中发生的可能性也很小，极值法并不能真实反映现实的产品制造和装配情况。

（2）成本高 在给定的产品装配公差情况下，极值法要求严格的零件尺寸公差，这会造成零件不良率高，零件制造成本昂贵。

（3）产品设计困难 极值法会造成产品设计难度加大，特别是当目标尺寸的公差要求严格，同时尺寸链包含多个尺寸时。

（4）风险最小 使用极值法不会产生不合格的产品，因为考虑了零件尺寸最不利的情况。极值法只应用于对产品品质要求非常苛刻的场合。

7.3.2 均方根法

均方根法是统计分析法的一种，顾名思义，均方根法是把尺寸链中的各个尺寸公差的平方之和再开根即得到目标尺寸的公差，均方根法的计算公式和具体计算过程参见 7.2.5 节。

统计分析法是基于这样的假设：零件在大批量生产时，其尺寸在其公差范围内呈正态分布。事实上大多数制造工艺正是如此，针对一个零件尺寸，如果测量无数个零件并记录相同的尺寸发生的频率，可以绘制出一张尺寸大小的频率图，这张图形就是正态分布图。如图 7-19 所示，多数的零件尺寸值都会向着图形的中心即尺寸的平均值聚集，离平均值越远，该尺寸值发生的可能性就越小。在 7.1.2 节中已对此做过详细的阐述。

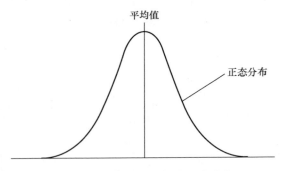

图 7-19 零件的尺寸符合正态分布

统计分析法进行公差分析的实质是多个呈正态分布的尺寸的累积，从而得到的目标尺寸也呈正态分布，如图 7-20 所示。通过目标尺寸的正态分布曲线，可预测产品的实际装配质量。

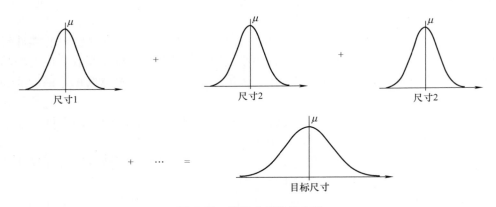

图 7-20 统计分析法的实质

统计分析法具有以下五大特点：

（1）接近真实性 因为统计分析法是根据实际的零件尺寸制造情况进行的模拟，所以计算出来的结果与实际的产品装配情况比较吻合，真实度高。

（2）成本较低 同极值法相比，在满足相同目标尺寸公差的情况下，使用统计分析法对零件的公差要求比较宽松，零件的制造成本较低。

（3）产品较容易设计 由于不必考虑零件制造的最不利情况，使用统计分析法时产品设计较容易。

（4）可能会有不合格品产生

尽管零件同时发生最大或最小情况的几率很小，但总是存在这种可能性，产品实际制造和装配后可能会出现产品不满足目标尺寸公差的情况，即产生不合格的产品。

（5）要求制程管控 统计分析法的前提是尺寸链中的尺寸符合正态分布，并满足一定的制程能力，那么为了保证产品的目标尺寸符合公差，必须对尺寸链中的尺寸进行制程管控，使得零件的制造尺寸与当初的假设一致。

7.3.3 极值法和均方根法的区别

1. 对计算模型假设的不同

极值法假设尺寸链中的各个零件尺寸同时处在最大值和最小值。

均方根法则有如下假设：

➤ 尺寸链中的各个零件尺寸呈正态分布。

➤ 尺寸正态分布没有偏差，即测试数据中心值与尺寸设计值一致。

➤ 制程能力满足 $C_{pk} \geqslant 1.33$，即 4σ 水平。

2. 计算结果的差异

针对相同的目标尺寸，极值法计算的结果大于均方根法的计算结果，尺寸链中尺寸的数量越多，则差异越大。例如，假设尺寸链中各个尺寸的公差均为 $\pm 0.10\text{mm}$，极值法和均方根法的计算结果如图 7-21 所示。

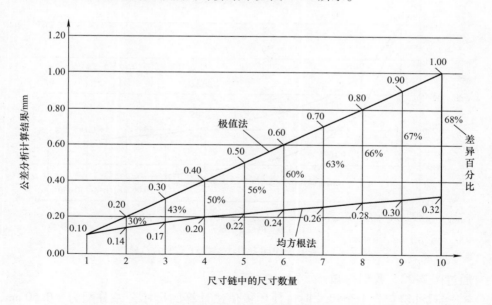

图 7-21 极值法和均方根法的计算结果差异

通过图 7-21，我们得知：

➤ 当尺寸链包含 1 个尺寸时，极值法计算的公差累积为 $\pm 0.10\text{mm}$，均方根法为 $\pm 0.10\text{mm}$，两者相同。

➤ 当尺寸链包含 2 个尺寸时，极值法计算的公差累积为 $\pm 0.20\text{mm}$，均方根法

为 ±0.14mm，两者相差 30%。

> 当尺寸链包含 3 个尺寸时，极值法计算的公差累积为 ±0.30mm，均方根法为 ±0.17mm，两者相差 43%。

……

> 当尺寸链包含 10 个尺寸时，极值法计算的公差累积为 ±1.0mm，均方根法为 ±0.32mm，两者相差 68%。

可以看出，极值法计算的结果大于均方根法的结果，随着尺寸链中尺寸数目的增加，两者的结果差异逐渐扩大。

3. 对设计要求的差异

在相同的目标尺寸公差要求下，极值法要求严格的尺寸公差，显然，使用极值法的产品成本更高。例如，如果目标尺寸的公差要求为 ±0.50mm，假设为尺寸链中的尺寸分配相同的公差，通过极值法和均方根法计算出的尺寸公差分配结果如图 7-22 所示。

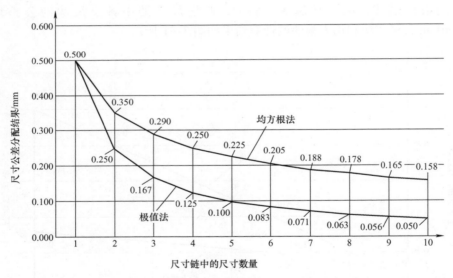

图 7-22 极值法和均方根法对设计要求的差异

通过图 7-22，我们得知：

> 当尺寸链包含 1 个尺寸时，使用极值法计算的尺寸公差分配为 ±0.50mm，均方根法为 0.50mm。

> 当尺寸链包含 2 个尺寸时，使用极值法计算的尺寸公差分配为 ±0.25mm，均方根法为 0.35mm。

> 当尺寸链包含 3 个尺寸时，使用极值法计算的尺寸公差分配为 ±0.167mm，均方根法为 0.290mm。

……

➤ 当尺寸链包含 10 个尺寸时，使用极值法计算的尺寸公差分配为 ±0.050mm，均方根法为 0.158mm。

可以看出，相对于均方根法，极值法要求更为严格的零件尺寸公差，产品成本更高。随着尺寸链中尺寸数目的增加，极值法和均方根法均对零件尺寸公差的要求更加严格。但当尺寸链中的尺寸数目达到一定程度时，极值法要求的尺寸公差可能会超过制程能力的上限，此时使用极值法就变得毫无意义。

在 7.1.4 节中，为满足 O 型圈最小压缩量15% 的要求，使用极值法要求严格的零件尺寸公差，产品制造成本高，如图7-23 所示。

序号	零件	描述	尺寸	正负	公差
A	底座	底座O型圈配合处内部腔体宽度	49.40	−	0.05
B	O型圈	O型圈直径	1.70	+	0.02
C	上盖	上盖O型圈配合处凹槽深度	1.00	−	0.02
D	上盖	上盖凸缘宽度	48.80	+	0.05
E	上盖	上盖O型圈配合处凹槽深度	1.00	−	0.02
F	O型圈	O型圈直径	1.70	+	0.02

图 7-23　极值法要求严格的尺寸公差

使用均方根法，则宽松的公差要求即可满足 O 型圈最小压缩量15% 的要求，产品制造成本低，如图7-24 所示。

序号	零件	描述	尺寸	正负	公差
A	底座	底座O型圈配合处内部腔体宽度	49.40	−	0.15
B	O型圈	O型圈直径	1.70	+	0.05
C	上盖	上盖O型圈配合处凹槽深度	1.00	−	0.05
D	上盖	上盖凸缘宽度	48.80	+	0.15
E	上盖	上盖O型圈配合处凹槽深度	1.00	−	0.05
F	O型圈	O型圈直径	1.70	+	0.05

图 7-24　均方根法允许宽松的尺寸公差要求

4. 局部性与全局性考虑

使用极值法进行产品设计满足某一方面的设计要求时，有可能会造成另一方面的要求很难达到，极值法是从产品设计局部性进行考虑的计算方法；而均方根法则相对容易实现两个对立的设计要求，是一个产品设计全局性进行考虑的计算方法。

例 7.4　在 7.2 节所示的零部件装配关系中，假设零件的制造工艺已经确定，即制程能力已经确定，尺寸 B 为 (12.00 ± 0.10) mm，C 为 (13.00 ± 0.10) mm，D 为 (16.00 ± 0.15) mm，E 为 (12.50 ± 0.10) mm，A 的公差为 ± 0.20 mm，那么为确保不会发生装配干涉，即最小装配间隙 $X \geq 0$，间隙 X 的名义值应设计为多少？间隙 X 的公差范围应为多少？如图7-25 所示。

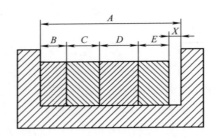

图7-25 间隙 X 的设计值及最终公差范围

（1）使用极值法计算 在 7.2 节中，通过极值法计算得出 X 的公差为 $\pm 0.65\text{mm}$，为保证装配间隙 $X \geqslant 0$，则间隙的名义值应大于或等于 0.65mm，选取最小值，X 则为 $(0.65 \pm 0.65)\text{mm}$，最小间隙为 0，最大间隙为 1.30mm（$0.65\text{mm} + 0.65\text{mm} = 1.30\text{mm}$）。

（2）使用均方根法法计算 在 7.2 节中，通过均方根法计算得出 X 的公差为 $\pm 0.30\text{mm}$，为保证最小装配间隙 $X \geqslant 0$，则间隙的名义值应大于或等于 0.30mm，选取最小值，X 则为 $(0.30 \pm 0.30)\text{mm}$，最小间隙为 0mm，最大间隙为 0.60mm（$0.30\text{mm} + 0.30\text{mm} = 0.60\text{mm}$）。

通过对比可以发现，为满足最小装配间隙 $X \geqslant 0$ 的要求，使用极值法要求 0.65mm 的间隙名义值设计，最终可能会产生 1.30mm 的最大间隙。同样是满足最小间隙 $X \geqslant 0$ 的要求，使用均方根法仅要求 0.30mm 的间隙名义值设计，最终可能产生 0.6mm 的最大间隙。

如果此时最大间隙刚好是产品的另外一个设计要求，例如该零部件是产品外观零部件，要求间隙不能太大，不能超过 0.60mm，否则会影响产品外观。显然，此时使用极值法进行计算不是很好的选择。为了满足最小装配间隙 $X \geqslant 0$ 的要求，相对于均方根法，极值法需要设计更大的名义间隙，但这会造成产品最大间隙的加大，继而无法满足最大间隙小于 0.60mm 的要求。

因此，在目标尺寸的最小值和最大值均是产品设计要求时，使用极值法满足某一方面的要求时，可能会牺牲另一方面的要求，造成另一方面的要求无法满足。此时，建议使用均方根法。

5. 适用范围的差异

极值法适用于：

➤ 对零部件制造工艺不了解的场合。

➤ 产品批量较小的场合。

➤ 对品质要求很高、不允许出现缺陷的场合。

均方根法适用于：

➤ 对零部件制造工艺充分了解的场合。

> ➤ 产品大批量生产的场合。
> ➤ 允许出现缺陷的场合。

7.4 装配偏移

1. 装配偏移定义

装配偏移是指由于孔与轴、孔与螺钉、定位孔与定位柱等之间间隙的存在使得零件具有一定的自由度，可以在产品中移动，造成零件的实际位置与名义位置存在一定的偏移。如图 7-26 所示，孔与轴的名义位置如图 7-26a 所示，孔与轴的中心对齐时孔与轴之间存在间隙，轴可以在孔内任意方向偏移，向左偏移如图 7-26b 所示，向右偏移如图 7-26c 所示。

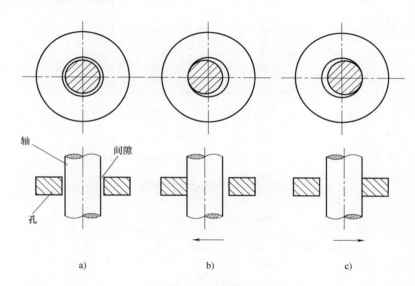

图 7-26　装配偏移

a）轴与孔的名义位置　b）轴向左偏移　c）轴向右偏移

2. 含有装配偏移的尺寸链定义

装配偏移常被很多工程师忽视。如果在目标尺寸的尺寸链中包括装配偏移，那么尺寸链中就应当包括装配偏移，因为装配偏移会影响目标尺寸的值。但是，如何把装配偏移加入到尺寸链中并进行计算呢？需要把孔的尺寸、轴的尺寸和间隙的大小都加入到尺寸链中吗？

三种含有装配偏移的尺寸链的定义方法如图 7-27 所示。错误的尺寸链定义见图 7-27a、b，图 7-27a 中寸链忽略了装配偏移；图 7-27b 中尺寸链包括了孔的尺寸、轴的尺寸和间隙的尺寸，然而间隙的尺寸作为孔的尺寸与轴的尺寸之差，被重复计算。正确的尺寸链见图 7-27c，装配偏移作为一个单独的尺寸被加入到尺寸链中，这才是正确的尺寸链定义。

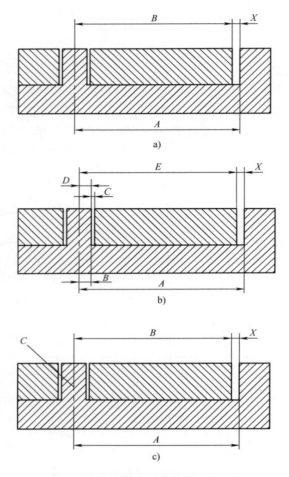

图 7-27　含有装配偏移的尺寸链定义

a）错误的尺寸链（一）　b）错误的尺寸链（二）　c）正确的尺寸链

3. 装配偏移值和公差

装配偏移值和公差按式（7-7）计算

$$D_{shift} = 0$$

$$T_{shift} = \frac{(D_{hole} - D_{pin}) + (T_{hole} + T_{pin})}{2} \tag{7-7}$$

式中　D_{shift}——装配偏移值；

T_{shift}——装配偏移的公差；

D_{hole}——孔的直径；

D_{pin}——轴的直径；

T_{hole}——孔的公差；

T_{pin}——轴的公差。

4. 含有装配偏移的公差分析

在本质上，装配偏移依然是一个尺寸，只不过其大小为0，公差通过式（7-7）计算。因此，含有装配偏移的公差分析与其他的公差分析没有什么不同。

例7.5 如图7-27c所示，尺寸 A 为（50.00 ± 0.20）mm，B 为（49.70 ± 0.20）mm，孔的尺寸为（6.00 ± 0.05）mm，轴的尺寸为（5.90 ± 0.05）mm，利用极值法和均方根法求目标尺寸 X 的名义值和公差。

（1）计算装配偏移的公差　通过公式（7-7），装配偏移的公差为

$$T_{shift} = \frac{(6.00 - 5.90) + (0.05 + 0.05)}{2} mm$$

$$= \frac{0.10 + 0.10}{2} mm$$

$$= 0.10 mm$$

（2）计算 X 的名义值　通过公式（7-4），X 的名义值为

$$D_X = D_A + D_B + D_{shift}$$

$$= 50.00 mm + (-49.70 mm) + 0 mm$$

$$= 50.00 mm - 49.70 mm$$

$$= 0.30 mm$$

（3）极值法计算 X 的公差　通过公式（7-5），X 的公差为

$$T_X = T_A + T_B + T_{shift}$$

$$= 0.20 mm + 0.20 mm + 0.10 mm$$

$$= 0.50 mm$$

目标尺寸 X 的值为

$$(0.30 ± 0.50) mm$$

目标尺寸 X 的最大值为

$$0.30 mm + 0.50 mm = 0.80 mm$$

目标尺寸 X 的最小值为

$$0.30 mm - 0.50 mm = -0.20 mm$$

（4）均方根法计算 X 的公差　通过公式（7-6），X 的公差为

$$T_X = \sqrt{T_A^2 + T_B^2 + T_{shift}^2}$$

$$= \sqrt{0.20^2 + 0.20^2 + 0.10^2} mm$$

$$= \sqrt{0.04 + 0.04 + 0.01} mm$$

$$= \sqrt{0.09} mm$$

$$= 0.30 mm$$

目标尺寸 X 的值为

$$(0.30 \pm 0.30)\,\text{mm}$$

目标尺寸 X 的最大值为

$$0.30\,\text{mm} + 0.30\,\text{mm} = 0.60\,\text{mm}$$

目标尺寸 X 的最小值为

$$0.30\,\text{mm} - 0.30\,\text{mm} = 0\,\text{mm}$$

7.5 公差分析指南

7.5.1 明确目标尺寸及其判断标准

公差分析的第一步是明确公差分析的目标尺寸及其判断标准，这一步至关重要。没有明确的目标，后续的公差分析就毫无意义。

公差分析的目标尺寸可以包括零件之间的装配间隙、外观零件之间的配合间隙以及零件之间的功能装配尺寸等。

1. 零件之间的装配间隙

当检验两个或多个零件之间的可装配性，即零件在装配过程中是否会发生干涉时，公差分析的目标尺寸：零件的装配间隙，如图 7-28 所示，判断标准：间隙 > 0。当公差分析计算出的装配间隙 > 0 时，说明产品设计合理，零件装配时不会发生干涉；当间隙 ≤ 0 时，说明产品设计存在问题，在装配过程中零件很可能会发生干涉。

2. 外观零件之间的配合间隙

消费者对产品的第一形象来自于产品外观，因此产品外观是吸引消费者购买的首要因素。产品外观零件除了使用先进的表面处理技术外，外观零件之间配合的美观度也是需要考虑的因素之一。例如，如果外观零件之间的间隙过大或过小，或者零件之间的间隙不均匀，都会破坏产品的美观，给消费者带来不好的印象。

在这种情况下，公差分析的目标尺寸：外观零件之间的配合间隙，判断标准：0.30mm ≤ 间隙 ≤ 0.60mm（具体公差大小视产品尺寸而定），如图 7-29 所示。

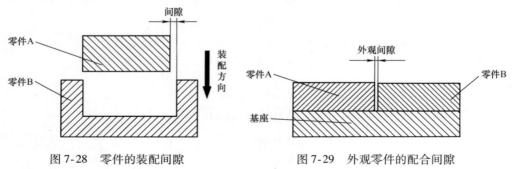

图 7-28 零件的装配间隙　　　　　图 7-29 外观零件的配合间隙

3. 零件之间的功能装配尺寸

产品中包括重要的功能零件，只有当重要零件之间的装配尺寸达到要求时，产品功能才能得以顺利实现。例如，某电源插头的金属引脚和对应插座只有当重叠到一定位置时，二者才能顺利导通，如图 7-30 所示。

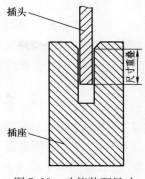

插头

插座

尺寸重叠

此时，公差分析的目标尺寸：零件之间的尺寸重叠，判断标准：尺寸重叠≥3.0mm（具体公差大小视不同情况而定）。

图 7-30 功能装配尺寸

7.5.2 公差与成本的关系

在前面的章节中已经反复强调了公差与成本的关系。无论针对任何制造和装配工艺，包括注射加工、冲压加工、机械加工等，公差越严格，成本越高，产品设计工程师必须深刻地意识到这一点，不能片面地为了产品质量而去要求严格的尺寸公差。最好的产品设计是公差很宽松，制造成本低，但同时也充分满足产品的质量要求。

具体的方法包括设计合理的间隙、简化产品装配关系、使用定位特征以及使用点或线与平面配合等，参见 2.2.15 节。针对简化产品装配关系和使用定位特征这两点，在 7.5.4 节中将通过实例来证明其有效性。

7.5.3 公差一致性

零件尺寸公差在各个环节中具有一致性，如图 7-31 所示。首先，各种制造工艺的制程能力决定了公差分析中尺寸的公差设定；其次，根据尺寸的公差设定；在零件二维图样中标注尺寸；最后，对标注的尺寸进行制程管控，使得其与公差分析中使用的公差设定一致。只有当零件的尺寸公差在上述各个环节中一致时，才能够保证公差分析的准确性，从而保证产品的质量。

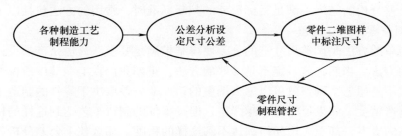

图 7-31 尺寸公差在各个环节中的一致性

1. 尺寸的公差设定

公差分析中零件的尺寸公差并不是随便设定的，零件的尺寸公差来源于零件的制造能力。不同的制造方法具有不同的制造能力，一旦零件的制造方法选定，零件尺寸的公差也被限定在一定的范围内。如果零件公差超过制造能力，产品的制造成本就会变得非常高甚至使得零件无法制造。

例如，如果零件是通过压铸工艺制造的，那么在进行公差分析的零件公差设定时，零件公差必须符合相应的压铸件所能达到的尺寸精度，具体的公差设定可以参考第 5 章。

在公差分析时，可以把相关制造方法所能达到的尺寸精度（尺寸精度最好得到制造工程师的确认）整理成文件或表格，公差设定时从这些文件或表格中直接选取，这样的公差分析就显得有理有据。

2. 在二维图样中标注尺寸公差

产品设计工程师对零件的要求是通过二维图样中的尺寸公差标注传达给制造工程师的。尺寸公差必须准确反映产品设计工程师的设计意图。这需要注意两点：首先，进行公差分析的零件尺寸都必须在二维图样中进行标注；其次，二维图样中的零件尺寸公差必须与公差分析中的零件尺寸公差一致。如果尺寸标注错误，则会大大降低公差分析的准确性。

例如，在例 7.2 中，公差分析时尺寸 A 为 $(54.00 \pm 0.20)\,\mathrm{mm}$，那么在二维图样中必须标注尺寸 A，同时 A 的公差为 $\pm 0.20\mathrm{mm}$。

3. 尺寸制程管控

公差分析中的尺寸都应当进行制程管控，因为公差分析是建立在一定的假设之上的，这个假设就是零件的尺寸公差必须符合一定的制程能力。只有保证这些假设与实际制造情况完全一致，才能保证公差分析的准确性。否则，不论公差分析结果如何完美，不对零件尺寸公差进行管控，依然会出现不良品。

7.5.4　公差分析结果不满足判断标准时的解决方法

公差分析主要有两个目的，其一是分析当前的产品设计是否符合设计要求；其二是通过公差分析来优化产品的设计。

当公差分析的结果不满足目标尺寸的判断标准时，常用的方法包括以下 5 种：

1. 调整零件尺寸公差

最简单的方法是调整尺寸链的公差使得结果满足要求，这也是产品设计工程师最常用的方法。当然，这一定不是最好的方法，正如我们在上一节中所说，零件的尺寸公差不是想怎么调整就可以怎么调整的，尺寸公差取决于零件的制造工艺所能提供的制造精度。如果尺寸公差越严格，但是零件的制造工艺达到这样的精度就会花费越高的成本，甚至无论如何都达不到这样的精度，那么整个公差分析就毫无意义。通过设定过于严格的尺寸公差以达到判断标准分析结果符合判断标准的做法无异于掩耳盗铃。

当然，在其他方法无法解决，调整零件尺寸公差并且征得制造工程师同意的情况下，可以要求严格的零件公差。

2. 调整尺寸链中尺寸的值

调整尺寸链一个或多个尺寸的值，可以使得公差分析满足判断标准的要求。但需要注意的是，调整一个或多个尺寸的值，不能以牺牲产品的其他要求为前提。

在例 7.2 中，使用极值法计算出目标尺寸 X 的值为（0.50 ± 0.65）mm，最小值为 −0.15mm，零件在装配时会发生干涉。此时可以将尺寸 E 的值（12.50 ± 0.10）mm 调整为（12.30 ± 0.10）mm，通过极值法计算此时 X 的值为（0.70 ± 0.65）mm（如图 7-32 所示，该公差计算表格来源于 7.7 节），最小值为 0.05mm，零件在装配时不会发生干涉，产品设计满足要求。但是，此时最大值为 1.35mm，当零件的公差走向另外一个极端时两个零件之间的间隙增大。如果刚好产品设计对此间隙又有设计要求，那么通过调整尺寸值来满足设计要求就需要非常谨慎。

公差分析结果				
	名义值	公差	最小值	最大值
极值法	0.70	0.65	0.05	1.35
均方根法	0.70	0.30	0.40	1.00

图 7-32　调整尺寸链中尺寸值的公差分析结果

在 7.1.4 节错误的公差分析实例中，将密封圈的名义值从直径 1.70mm 增加到 1.90mm，密封圈的最小压缩量提高到 18.42%，符合设计要求，如图 7-33 所示。在原来错误的公差分析中，如果由于产品品质零缺陷的要求必须以极值法进行计算，那么密封圈的名义压缩量设计得过小，这是分析结果不能满足要求的主要原因之一。

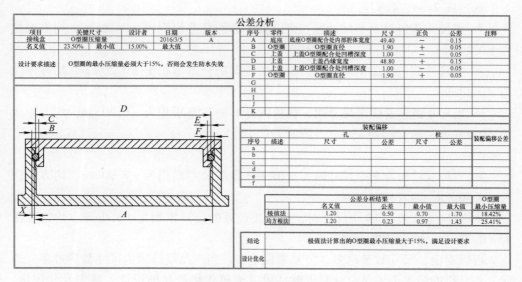

图 7-33　调整密封圈的压缩量

3. 减少尺寸链中的尺寸数量

根据公差分析的计算过程可以看出，目标尺寸的尺寸链涉及的尺寸数量越多，公差累积就越多，计算出的结果就越大，产品设计越不容易符合设计要求，特别是当公差分析以极值法进行计算时，如图7-34所示。

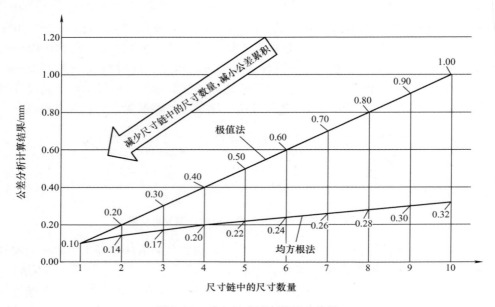

图7-34 减少尺寸链中的尺寸数量

通过图7-34，我们得知：

➤ 当尺寸链包含1个尺寸时，极值法计算的公差累积为±0.10mm，均方根法为±0.10mm。

➤ 当尺寸链包含2个尺寸时，极值法计算的公差累积为±0.20mm，均方根法为±0.14mm。

➤ 当尺寸链包含3个尺寸时，极值法计算的公差累积为±0.30mm，均方根法为±0.17mm，两者相差43%。

……

➤ 当尺寸链包含9个尺寸时，极值法计算的公差累积为±0.90mm，均方根法为±0.30mm，两者相差67%。

➤ 当尺寸链包含10个尺寸时，极值法计算的公差累积为±1.0mm，均方根法为±0.32mm，两者相差68%。

可以看出，尺寸数量越多，公差累积越多。当产品设计因为尺寸数量过多，造成公差分析的结果不满足设计要求时，可以通过优化产品的设计，减少尺寸数量，从而减少公差累积，达到产品设计符合要求的目的。

例如，例 7.2 中如果设计时删减尺寸 B、E，如图 7-35a 所示，此时 C 为 (25.00 ± 0.15) mm，D 为 (28.50 ± 0.15) mm，公差分析的计算结果 X 为 (0.50 ± 0.50) mm，如图 7-35b 所示（该公差计算表格来源于 7.7 节），与之前结果 (0.50 ± 0.65) mm 相比，新的设计符合公差，装配质量大为改善。

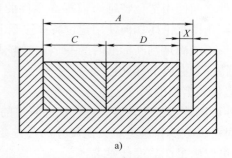

a)

公差分析结果				
	名义值	公差	最小值	最大值
极值法	0.50	0.50	0.00	1.00
均方根法	0.50	0.29	0.21	0.79

b)

图 7-35　减少尺寸链中尺寸的数量

a) 减少尺寸链的长度　b) 公差分析的结果

在 7.1.4 节错误的公差分析实例中，通过将原来尺寸 C、D、E 合并成一个尺寸，将尺寸链中尺寸的数量从 6 个减少到 4 个，密封圈的压缩量从 8.82% 提高到 11.76%，如图 7-36 所示。

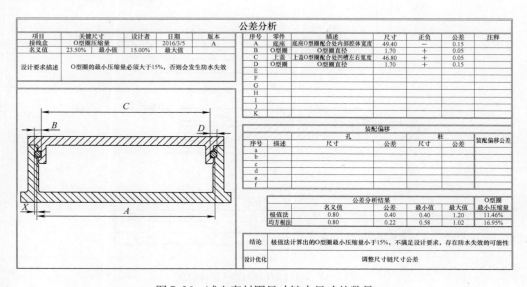

图 7-36　减少密封圈尺寸链中尺寸的数量

因此，在产品设计之初，当明确目标尺寸和公差后，应尽量减少尺寸链中尺寸的数量。换句话说，如果两个零件之间的配合尺寸很重要，那么设计之初就只让两个零件互相配合，不要加入第 3 个、第 4 个、第 n 个零件。

4. 零件之间使用定位特征

如第 2 章所述，零件之间使用定位特征可以提高零件的装配效率和装配质量，本节将从公差分析的理论角度来论述如何使用定位特征达到上述目的。使用定位特征的设计是公差分析结果不能满足判断标准时的一个重要解决方法。

零件之间使用定位特征具有以下好处：

1）定位特征可以提供较严格的尺寸公差。

2）定位特征的尺寸可以放置于比较容易进行尺寸管控的区域。

3）使用定位特征时可以减少和避免对其他尺寸的公差要求，只需严格管控定位特征的相关尺寸，就可以满足产品设计要求。

4）因为定位特征精度高，使用定位特征有利于减少零件之间的尺寸公差累积。

例 7.6 如图 7-37 所示，零件 1 和零件 2 通过 4 颗螺钉固定，零件 1 和零件 2 右侧的端面对齐是产品设计中的一个外观基本要求，要求两个零件的端面对齐公差为（0 ± 0.30）mm，即目标尺寸为（0 ± 0.30）mm。

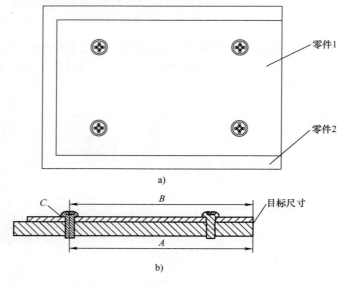

a)

b)

公差分析结果				
	名义值	公差	最小值	最大值
极值法	0.00	1.00	−1.00	1.00
均方根法	0.00	0.58	−0.58	0.58

c)

图 7-37　没有定位特征的零件装配

a）零件装配图　b）尺寸链　c）公差分析结果

在原始的设计中，两个零件之间没有使用定位特征，两个零件的装配图见图7-37a。尺寸链见图7-37b，尺寸 A 为（50.00 ± 0.30）mm，尺寸 B 为（50.00 ± 0.30）mm。M3 螺钉的直径为（2.80 ± 0.05）mm，零件1的螺钉孔一般设计为（3.50 ± 0.05）mm。螺钉与螺钉孔的间隙不能太小，否则会影响螺钉的锁紧过程，甚至造成螺钉的螺纹损坏。

公差分析的结果见图7-37c，通过极值法计算的结果为 0 ± 1.00，通过均方根法计算结果为 0 ± 0.58。可以看出，产品设计不符合要求。

如图7-38 所示，在改进的设计中，两个零件之间使用定位特征，通过右侧的定位孔和定位柱实现定位，两个零件的装配图见图7-38a。尺寸链见图7-38b，其中尺寸 A 为（5.00 ± 0.05）mm，尺寸 B 为（5.00 ± 0.05）mm。零件1右侧的定位孔直径为（4.0 ± 0.05）mm，左侧定位孔为长圆孔。零件2的定位柱直径为（3.9 ± 0.05）mm，定位柱和定位孔之间可以具有较小的间隙以保证两个零件之间的相对位置精度。

公差分析的结果见图7-38c，通过极值法计算的结果为（0 ± 0.20）mm，通过均方根法计算结果为（0 ± 0.12）mm。可以看出，产品设计符合要求。

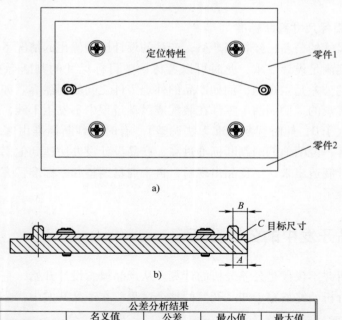

a)

b)

公差分析结果			
	名义值	公差	最小值	最大值
极值法	0.00	0.20	−0.20	0.20
均方根法	0.00	0.12	−0.12	0.12

c)

图 7-38　具有定位特征的零件装配

a）零件装配图　b）尺寸链　c）公差分析结果

很显然，使用定位特征的产品设计减少了目标尺寸的公差累积，提高了产品装配质量。在进行尺寸制程能力管控时，只需管控定位孔和定位柱相关尺寸，而螺钉孔等其他尺寸就不必进行管控。而且当两个零件定位好之后，零件1的螺钉孔和零件2的螺孔已经对齐，此时再锁紧螺钉效率非常高。

有读者可能会问，为什么原始的设计进行公差分析时，尺寸链中的尺寸 A 是从零件端面到最远的那颗螺钉孔开始，而在改进的设计中，尺寸 A 是从零件端面到最近的定位柱开始？为什么尺寸链中不加入螺钉相关的尺寸？

在原始设计中，在进行两个零件的装配时，除非特别指明，操作人员锁紧四颗螺钉的顺序都是随机的，可能先锁紧离端面最远的螺钉，也可能先锁紧离端面最近的螺钉。锁紧离端面最远的螺钉是最坏的情况，因为距离越远，尺寸 A 的公差会越大。因此，在公差分析时，尺寸 A 定义为从零件端面到最远的螺钉孔。

在改进的设计中，右端的定位柱是两个零件定位的第一特征，换句话说，右端的定位柱决定了两个零件之间的相对位置。而螺钉仅仅行使固定功能。

因此，在进行零件之间的装配设计时，就应当具有设计定位特征的意识，我国台湾工程师称之为"先定位再固定"，这样的设计能够大幅提高装配效率和装配质量。

5. 降低目标尺寸判断标准

当零件尺寸的公差已经相当严格，产品的设计已经优化的情况下，公差分析的结果依然不能满足设计要求，此时可以考虑调整目标尺寸的判断标准（当然前提是目标尺寸的公差是主观的，例如产品的外观零件之间的间隙等。如果目标尺寸的判断标准是客观的，例如两个零件在装配或运动过程中不发生干涉，那么判断标准是间隙必须大于 0，此时判断标准无法调整）。有时这判断标准由客户定义，那么一定需要对客户说明他们的判断标准过高，产品设计没办法达到他们的要求。否则等到产品设计制造出来、不良品出现后，再来商量调整判断标准，客户就不会轻易答应放宽标准了。

7.6　产品开发中的公差分析

公差分析并不仅仅是公差分析的计算。从产品概念设计开始，直至产品大批量生产，公差分析始终贯穿于产品开发的整个过程。在产品开发中，公差分析的流程如图 7-39 所示。

步骤 1~3 是公差分析的理论分析，是对产品真实制造装配情况的假设和模拟；通过步骤 4~6 对假设和模拟的零部件尺寸分布进行追踪、管控和验证，只有假设和验证一致时，才能确保产品的功能、外观、可靠性和可装配性等符合设计要求。

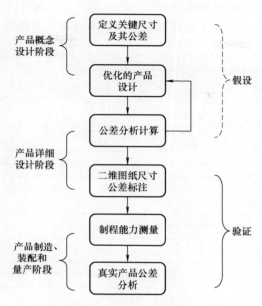

图 7-39　公差分析在产品开发中的流程

7.6.1　定义关键尺寸及公差

在产品概念设计阶段，根据产品设计的功能、外观、可靠性以及产品的可装配性要求，明确定义出产品关键尺寸及其公差，如图 7-40 所示。

可将关键尺寸作为公差分析计算表格的一栏，集成于公差分析计算表格之中。

7.6.2　优化的产品设计

针对上一节中的关键尺寸及公差，重点加以关注，通过前几节讲述的优化的设计方法，包括简化产品尺寸链、使用定位特征等，对产品进行概念设计和详细设计。

7.6.3　公差分析的计算

当产品详细设计完成后，对关键尺寸进行公差分析的计算，此时需遵循两大原则：

➢ 尺寸链中的零件尺寸公差设定越宽松越好，公差越宽松，制造成本越低。

➢ 尺寸公差的设定需根据零部件加工工艺的制程能力，并不能随意设定。例如，表 7-5 列出了普通冲压加工工艺在 4σ 质量水平下各种加工特征的制程能力，使用冲压加工工艺的零件，其尺寸公差需从该表格中选取。

企业可制定类似于表 7-5 所示的其他常用加工工艺的制程能力表格，并将该表格作为公差分析 Excel 计算表格的一栏，产品设计工程师在进行公差分析时，可直接从这些表格中选取，避免工程师任意的设定不合理的零件公差。

产品关键尺寸及其公差：与产品功能、外观、可靠性和可装配性等相关						
项目	描述	分类	名义值	公差上限	公差下限
1	密封圈的压缩量(X轴方向上)	功能	20.00%		15%
2	上盖与下盖的间隙(Y轴方向上)	可装配性	0.5		0
3	面板与按钮的间隙(X轴和Y轴方向上)	外观	0.5	0.2	0.2
4					
5					
6					
7					
8					
9					
10					
11					
12					
13					
14					
15					

图 7-40　公差分析在产品开发中的流程

表 7-5　冲压加工尺寸公差

冲压加工尺寸公差 ($C_{pk}=1.33$，4σ 质量水平，DPPM6210)		
特征	数控加工 （±）/mm	模具加工 （±）/mm
同一冲裁工序（小于305mm）	0.10	0.08
尺寸超过305mm，额外增加	0.013/25.4mm	0.013/25.4mm
非同一冲裁工序	0.20	0.13
尺寸超过305mm，额外增加	0.013/25.4mm	0.013/25.4mm
冲裁特征到冲裁特征	0.20	0.10
冲裁特征到折弯特征	0.20	0.10
折弯特征到折弯特征（小于152mm）	0.20	0.20
尺寸超过152mm，额外增加	0.013/25.4mm	0.013/25.4mm
三个折弯特征	0.35	0.30
四个折弯特征	0.45	0.38
五个折弯特征	0.51	0.45
六个折弯特征	0.65	0.51
冲裁孔尺寸	0.10	0.05

（续）

<table>
<tr><td colspan="3" align="center">冲压加工尺寸公差
（$C_{pk}=1.33$，4σ 质量水平，DPPM6210）</td></tr>
<tr><td rowspan="2">特征</td><td align="center">数控加工</td><td align="center">模具加工</td></tr>
<tr><td align="center">（±）/mm</td><td align="center">（±）/mm</td></tr>
<tr><td>折弯角度</td><td align="center">0.5°</td><td align="center">0.5°</td></tr>
<tr><td>折弯半径</td><td align="center">0.25</td><td align="center">0.25</td></tr>
<tr><td>折弯特征到边</td><td align="center">0.20</td><td align="center">0.13</td></tr>
<tr><td>凸台：剖面和高度</td><td align="center">0.30</td><td align="center">0.25</td></tr>
<tr><td>拉伸：高度</td><td align="center">0.30</td><td align="center">0.25</td></tr>
<tr><td>拉伸：孔径</td><td align="center">0.10</td><td align="center">0.08</td></tr>
<tr><td>翻边：超过 2 倍材料厚度</td><td align="center">0.30</td><td align="center">0.25</td></tr>
<tr><td>刺破成型：剖面和高度</td><td align="center">0.30</td><td align="center">0.25</td></tr>
</table>

7.6.4 二维图样尺寸公差标注

在二维工程图中对公差分析中涉及的零件尺寸公差进行一一对应的标注，并标明需进行制程管控，零件二维工程图中的一些关键尺寸应该来源于公差分析。例如，在 7.1.4 节的公差分析中，底座就必须对尺寸 49.40 进行标注，并注明是 C_{pk} 尺寸，需要进行管控，如图 7-41 所示。

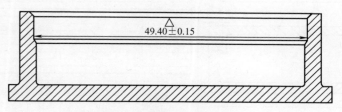

49.40 ± 0.15

图 7-41 二维图尺寸公差标注
注：△表示尺寸为 C_{pk} 尺寸。

7.6.5 制程能力测量

零件模具制造完成后，对涉及的尺寸进行测量，进行制程能力的评估。图 7-42 所示为底座 49.40 尺寸的 C_{pk} 报告。如果制程能力不满足 C_{pk} 大于或等于 1.33 的要求，则需要修改模具或制造工艺参数，直到 C_{pk} 满足要求为止。

7.6.6 真实产品公差分析

根据实际测量的零件尺寸和公差及制程能力，进行真实产品公差分析，分析和预测产品的实际状况。在 7.1.4 节中，如果按照错误的公差分析进行下去，当零部

制程能力分析报告($C_{\rm pk}$)

| 客户： | ××× | | ×× | | 生产日期：2016.02.19 |
| 品名： | | 底座 | ××××× | | 测量日期：2016.02.19 |

	第一模穴	第二模穴	第三模穴	第四模穴		
规格	49.40	49.40	49.40	49.40		
规格上限	49.55	49.55	49.55	49.55		
规格下限	49.25	49.25	49.25	49.25		
平均值	49.42	49.43	49.38	49.44		
标准偏差	0.016	0.012	0.011	0.015		
$C_{\rm a}$	0.13	0.20	0.13	0.27		
$C_{\rm p}$	3.13	4.17	3.57	3.32		
$C_{\rm pk}$	2.71	3.33	3.10	2.44		
测量工具	ME	ME	ME	ME		
备注：(P.S.: M: 测微计；DN: 游标尺；PG: 塞规；ME: 工具显微镜；HG: 高度规；D: 指针测微计)						

图 7-42　制程能力分析

件制造后，根据零部件尺寸的实际情况，再进行真实产品公差分析，如图 7-43 所示，我们会发现，实际生产的产品按照极值法 O 型圈最小压缩量为 8.67%，有可能出现防水失效，即使当初通过调整尺寸公差后，公差分析满足了要求。

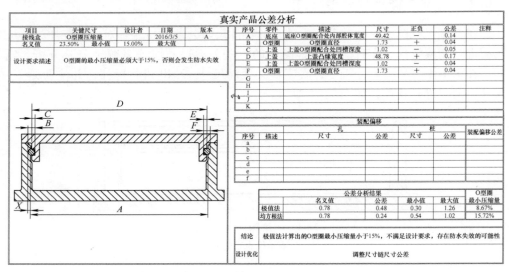

图 7-43　真实产品公差分析

7.7　利用 Excel 进行公差分析

公差分析的计算可以通过手工计算，可以通过 Excel 表格计算，也可以通过公差分析软件进行计算。本书提供一种简单的公差分析 Excel 表格，可以解决大多数的一维线性公差分析问题。

如图 7-44 所示，公差分析 Excel 表格包括 5 个区域：

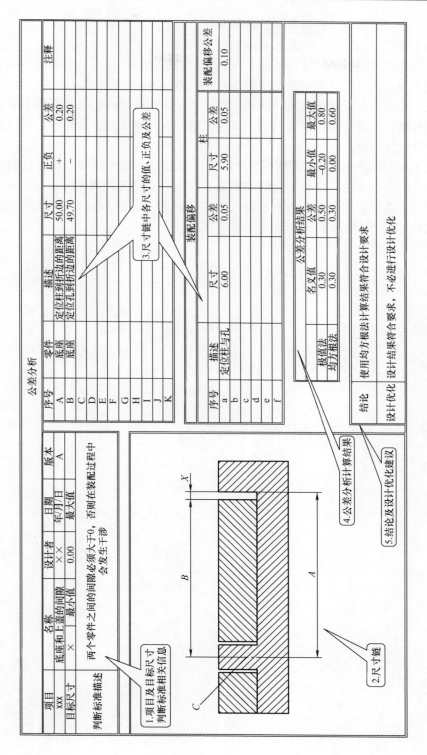

公差分析

项目	名称	设计者	日期	版本
xxx	底座和上盖的间隙	××	年/月/日	A
目标尺寸	最小值	0.00	最大值	X
判断标准描述	两个零件之间的间隙必须大于0，否则在装配过程中会发生干涉			

1.项目及目标尺寸判断标准相关信息

序号	零件	描述	尺寸	正负	公差	注释
A	底座	定位柱到折边的距离	50.00	+	0.20	
B	底座	定位孔到折边的距离	49.70	−	0.20	
C						
D						
E						
F						
G						
H						
I						
J						
K						

3.尺寸链中各尺寸的值、正负及公差

装配偏移

序号	描述	尺寸	公差	尺寸	公差	装配偏移公差
a	定位柱与孔	6.00	0.05	5.90	0.05	0.10
b						
c						
d						
e						
f						

公差分析结果

	名义值	公差	最小值	最大值
极值法	0.30	0.50	−0.20	0.80
均方根法	0.30	0.30	0.00	0.60

4.公差分析计算结果

结论	使用均方根法计算结果符合设计要求
设计优化	设计结果符合要求，不必进行设计优化

5.结论及设计优化建议

2.尺寸链

图7-44 公差分析表格

区域 1 为项目信息及目标尺寸公差相关信息。

区域 2 为尺寸链图形。在此区域添加尺寸链图形。

区域 3 为尺寸链中各尺寸的描述、所属零件、尺寸值、正负和公差等。

区域 4 为公差分析计算结果，结果为自动生成。

区域 5 为结论和设计优化建议区域，对比区域 4 中的计算结果和区域 1 中目标尺寸判断标准，判断产品设计是否满足设计需求。如果不满足设计要求，可以提出相关的设计优化建议。

在该 Excel 表格中，白色的区域为产品设计工程师的输入区域，在白色的区域中输入相关的信息和值，公差分析的结果就会在区域 4 中自动计算出来。

注：对于本章中的公差分析表格以及下一章的面向制造和装配的设计检查表，请读者发邮件至 3945996@ qq. com 向笔者索取。

第8章　面向制造和装配的设计检查表

8.1　和谐的设计

在前面的章节中讲述了若干产品设计指南，在产品设计中这些指南都应当严格遵守。但是，产品开发是一门复杂的科学，产品制造和装配的技术也在不断地向前发展，而且产品开发所处的环境也不是一成不变的，不同客户对产品有着不同的要求，因此，对于任意一条产品设计指南，都不能盲目地遵守，应随着设计条件的变化而灵活变通，否则会适得其反，产品开发反而会变成"更高的成本、更长的时间、更低的质量"。

同时，设计指南之间有时会互相冲突和矛盾。例如，在面向装配的设计中，为简化装配结构、提高装配质量，最有效的方法是减少零件数量，但零件数量的减少势必会增加现有零件的结构复杂度，这又不符合零件简单化的要求。

另外，设计指南与其他产品设计要求之间也会互相冲突和矛盾。例如，在塑胶件和钣金件设计指南中，为降低模具成本，推荐使用圆形的风孔，因为圆形孔相应的模具结构制造容易，但是，圆形风孔开口率低，通风效果差，并不利于产品的散热。产品散热则倾向于六边形孔，六边形孔开口率高，通风效果好，然而六边形孔相应的模具结构制造复杂，模具成本较高。

因此，当设计指南之间、设计指南与其他设计要求冲突和矛盾时，产品设计工程师不能盲目遵守某一条设计指南，而忽略其他指南或者其他设计要求。此时，产品设计工程师应当在各种设计指南之间、各种设计要求之间综合衡量，取得平衡，千万不能因为某一方面的利益而忽略另一方面的利益。产品设计需要具有大局观。只有这样，产品设计才是和谐的设计，才有可能达到"更低的成本、更短的时间、更高的质量"，否则，产品设计工程师将会不得不在各种设计要求之间疲于奔命。

8.2　设计检查表

8.2.1　概述

为实现和谐的设计，实现产品开发"更低的成本、更短的时间、更高的质量"，笔者开发了面向制造和装配的设计检查表，使用该检查表能够系统化地帮助产品设计工程师检查产品设计是否考虑来自于制造和装配方面的要求，避免出现顾此失彼的设计错误。

面向制造和装配的设计检查表包括五个方面的内容，与第2章~第6章的内容相对应，包括面向装配的设计检查表、塑胶件设计检查表、钣金件设计检查表、压铸件设计检查表和机械加工件设计检查表，如图 8-1 所示。

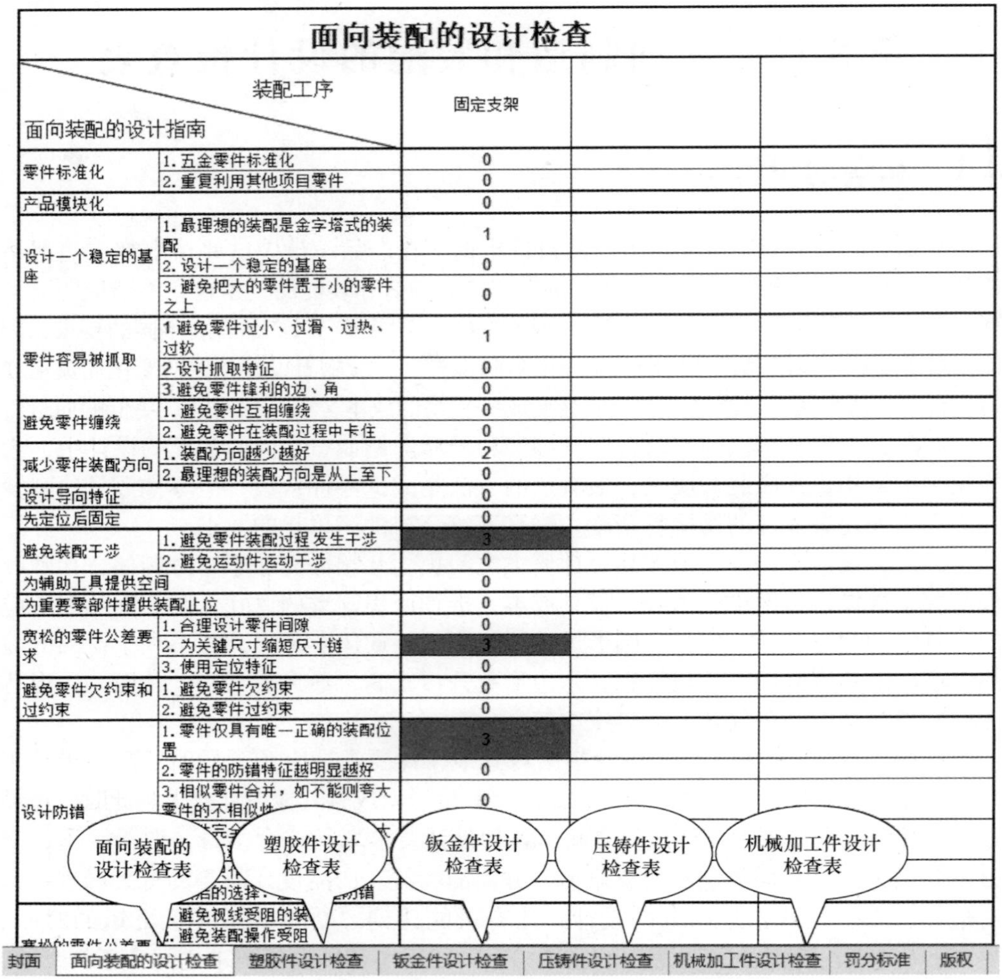

面向装配的设计检查				
面向装配的设计指南　装配工序		固定支架		
零件标准化	1.五金零件标准化	0		
	2.重复利用其他项目零件	0		
产品模块化		0		
设计一个稳定的基座	1.最理想的装配是金字塔式的装配	1		
	2.设计一个稳定的基座	0		
	3.避免把大的零件置于小的零件之上	0		
零件容易被抓取	1.避免零件过小、过滑、过热、过软	1		
	2.设计抓取特征	0		
	3.避免零件锋利的边、角	0		
避免零件缠绕	1.避免零件互相缠绕	0		
	2.避免零件在装配过程中卡住	0		
减少零件装配方向	1.装配方向越少越好	2		
	2.最理想的装配方向是从上至下	0		
设计导向特征		0		
先定位后固定		0		
避免装配干涉	1.避免零件装配过程发生干涉	3		
	2.避免运动件运动干涉	0		
为辅助工具提供空间		0		
为重要零部件提供装配止位		0		
宽松的零件公差要求	1.合理设计零件间隙	0		
	2.为关键尺寸缩短尺寸链	3		
	3.使用定位特征	0		
避免零件欠约束和过约束	1.避免零件欠约束	0		
	2.避免零件过约束	0		
设计防错	1.零件仅具有唯一正确的装配位置	3		
	2.零件的防错特征越明显越好	0		
	3.相似零件合并，如不能则夸大零件的不相似性			

面向装配的设计检查表　塑胶件设计检查表　钣金件设计检查表　压铸件设计检查表　机械加工件设计检查表

避免视线受阻的装
避免装配操作受阻

封面　面向装配的设计检查　塑胶件设计检查　钣金件设计检查　压铸件设计检查　机械加工件设计检查　罚分标准　版权

图 8-1　面向制造和装配的设计检查表

8.2.2　使用方法

面向制造和装配的设计检查包括对产品可制造性和可装配性的检查。对面向装配的设计检查，其对象是整个产品的每一个装配工序。对于面向制造的设计检查，其对象是产品中的每一个零件。

1. 罚分标准

面向制造和装配的设计检查表使用方法非常简单。针对每一项设计指南，判断产品设计是否对产品成本、产品开发时间和产品质量造成影响，根据影响程度不同处以一定的罚分。罚分标准见表 8-1。

表 8-1　罚分标准

罚 分 标 准	
0——遵守设计指南	不对产品成本、开发时间、产品质量造成影响
1——违反设计指南/没有影响	
2——违反设计指南/后果不严重	对产品成本、开发时间、产品质量造成影响
3——违反设计指南/后果中等	
4——违反设计指南/后果很严重	

在设计检查表的任一单项设计指南中，如果罚分超过 3 分，该项会自动显示为红色，提醒产品设计工程师注意产品设计严重违反该项设计指南，对产品成本、开发时间和产品质量造成较大影响，此时可能需要进行设计优化。另外，对整个产品或零件有一个总分统计，当总分超过 12 分时，总分项自动显示为红色，表示产品或零件设计严重违反多项设计指南，此时可能整个产品或者零件需要做彻底的设计优化。

产品开发中某装配工序的面向装配的设计检查罚分情况如图 8-2 所示。

面向装配的设计检查		装配工序		
面向装配的设计指南		固定支架		
零件标准化	1.五金零件标准化	0		
	2.重复利用其他项目零件	0		
产品模块化		0		
设计一个稳定的基座	1.最理想的装配是金字塔式的装配	1		
	2.设计一个稳定的基座	0		
	3.避免把大的零件置于小的零件之上	0		
零件容易被抓取	1.避免零件过小、过滑、过热、过软	1		
	2.设计抓取特征	0		
	3.避免零件锋利的边、角	0		
避免零件缠绕	1.避免零件互相缠绕	0		
	2.避免零件在装配过程中卡住	0		
减少零件装配方向	1.装配方向越少越好	2		
	2.最理想的装配方向是从上到下	0		
设计导向特征		0		
先定位后固定		0		
避免装配干涉	1.避免零件装配过程发生干涉	3		
	2.避免运动件运动干涉	0		
为辅助工具提供空间		0		
为重要零部件提供装配止位		0		
宽松的零件公差要求	1.合理设计零件间隙	0		
	2.为关键尺寸缩短尺寸链	3		
	3.使用定位特征	0		
避免零件欠约束和过约束	1.避免零件欠约束	0		
	2.避免零件过约束	0		
设计防错	1.零件仅具有唯一正确的装配位置	3		
	2.零件的防错特征越明显越好	0		
	3.相似零件合并，如不能则夸大零件的不相似性	0		
	4.零件完全对称，如不能则夸大零件的不对称性	0		
	5.设计明显防错标识	0		
	6.最后的选择：通过制程来防错	0		
宽松的零件公差要	1.避免视线受阻的装配	1		
	2.避免装配操作受阻	0		

封面 ｜ 面向装配的设计检查 ｜ 塑胶件设计检查 ｜ 钣金件设计检查 ｜ 压铸件设计检查 ｜ 机械加工件设计检查 ｜ 罚分标准 ｜ 版权

图 8-2　某装配工序的面向装配的设计检查罚分情况

2. 面向装配的设计检查表的使用

面向装配的设计检查表的对象是整个产品的每一个装配工序，装配工序最好能够模拟生产线上的实际装配情况，越详细越好，这样才能确保避免产品实际装配中出现错误，保证装配质量，提高装配效率。

例如，把大象装进冰箱，需要三个步骤：把冰箱门打开，把大象放进去，把冰箱门关上，如图8-3所示。如果把大象放进冰箱当成一个产品的装配，这三个步骤就是三个装配工序。在使用设计检查表对该装配进行检查时，其对象就是三个工序，对这三个工序按照装配的先后顺序逐一与设计指南进行对比，分析是否违反了设计指南，然后按照表8-1的标准进行打分，其部分结果如图8-4所示。

图8-3　把大象装进冰箱

3. 面向制造的设计检查表的使用

面向制造的设计检查表包括塑胶件设计检查表、钣金件设计检查表和压铸件设计检查表。与面向装配的设计检查表不同，面向制造的设计检查的对象是产品中所有零件。其使用方法也很简单，根据零件的制造工艺，选择塑胶件、钣金件和压铸件某一种检查表，针对检查表中的每一项设计指南，检查零件是否满足该项设计指南，然后判断零件对产品成本、开发时间和产品质量是否有影响，处以一定的罚分，罚分标准见表 8-1。

　　注：对于通过其他制造工艺制造的零件，读者可以自行设计相应的检查表。

　　某产品中部分塑胶零件的设计检查表的部分结果如图 8-5 所示。

面向装配的设计检查				
装配工序 面向装配的设计指南		第一步：打开冰箱门	第二步：把大象放进去	第三步：关上冰箱门
零件标准化	1. 五金零件标准化	0		
	2. 重复利用其他项目零件	0		
产品模块化		0		
设计一个稳定的基座	1. 最理想的装配是金字塔式的装配	0	2	
	2. 设计一个稳定的基座	0	4	
	3. 避免把大的零件置于小的零件之上	0		
零件容易被抓取	1. 避免零件过小、过滑、过热、过软	0	4	
	2. 设计抓取特征	0		
	3. 避免零件锋利的边、角	0		
避免零件缠绕	1. 避免零件互相缠绕	0		
	2. 避免零件在装配过程中卡住	0		
减少零件装配方向	1. 装配方向越少越好	2		
	2. 最理想的装配方向是从上至下	0	3	
设计导向特征		0		
先定位后固定		0		
避免装配干涉	1. 避免零件装配过程发生干涉	0	4	4
	2. 避免运动件运动干涉	0		
为辅助工具提供空间		0		
为重要零部件提供装配止位		0		
宽松的零件公差要求	1. 合理设计零件间隙	0	4	
	2. 为关键尺寸缩短尺寸链	0		
	3. 使用定位特征	0		
避免零件欠约束和过约束	1. 避免零件欠约束	0		
	2. 避免零件过约束	0		
设计防错	1. 零件仅具有唯一正确的装配位置	0	4	
	2. 零件的防错特征越明显越好	0		
	3. 相似零件合并，如不能则夸大零件的不相似性	0		
	4. 零件完全对称，如不能则夸大零件的不对称性	0		
	5. 设计明显防错标识	0		
	6. 最后的选择：通过制程来防错	0	3	
宽松的零件公差要求	1. 避免视线受阻的装配	1	4	
	2. 避免装配操作受阻	0		
	3. 避免操作人员受到伤害	0		
	4. 减少工具的种类和特殊工具	0		
	5. 设计特征辅助装配	0		
电缆布局	1. 合理的电缆布局	0		
	2. 为线缆提供保护	0		
其他				
总分			36	
设计更改建议			该装配工序违反多项装配指南，不能装配，请重新设计产品结构	

图 8-4　面向装配的设计检查

塑胶件设计检查			
塑胶零件 面向注射加工的设计指南	上盖	下盖	面板
零件壁厚 1.具有合适的壁厚	0	0	0
2.尽可能选择较小的壁厚	0	0	0
3.壁厚均匀	0	0	2
避免尖角 1.避免在塑胶流动方向产生尖角	1	2	0
2.避免在壁连接处产生尖角	0	0	1
脱模斜度 1.收缩率大的零件脱模斜度大	0	0	0
2.尺寸精度要求高的特征脱模斜度小	0	0	2
3.公模侧脱模斜度一般小于母模侧	0	0	0
4.壁厚较厚时脱模斜度较大	0	0	0
5.咬花面和复杂面脱模斜度较大	0	0	0
6.玻璃纤维增强塑料脱模斜度较大	0	0	0
7.考虑零件的配合关系	0	0	0
8.特殊功能要求平面可以不需要脱模斜度	0	0	0
9.在功能和外观允许下,脱模斜度尽可能取大	0	0	0
加强筋 1.加强筋的厚度不应该超过塑胶零件厚度的50%~60%	1	1	3
2.加强筋的高度不能超过塑胶零件厚度的3倍	0	0	0
3.加强筋根部圆角为塑胶零件厚度的0.25~0.50倍	0	0	0
4.加强筋的脱模斜度一般为0.5°~1.5°	0	0	0
5.加强筋与加强筋之间的距离至少为塑胶零件厚度的2倍	0	0	0
6.加强筋的设计需要遵守均匀壁厚原则	0	0	0
7.加强筋的顶端增加斜角避免困气	0	0	0
8.加强筋的方向与塑胶溶料的流向一致	0	0	0
支柱 1.支柱的外径为内径的2倍	0	0	0
2.支柱的厚度不超过零件厚度的0.6倍	0	0	0
3.支柱的高度不超过零件厚度的5倍	0	0	0
4.支柱的根部圆角为零件壁厚的0.25~0.50倍	0	0	0
5.支柱根部厚度为零件壁厚的0.7倍	0	0	0
6.支柱的脱模斜度	0	0	0
7.保证支柱与零件壁连接	0	0	0
8.单独的支柱四周增加三角加强筋补强	0	0	0
9.支柱的设计需要遵守均匀壁厚原则	0	0	0

图 8-5 塑胶件设计检查

孔	1. 孔的深度不能太深	2	0	0
	2. 避免盲孔底面太薄	0	0	0
	3. 孔与孔的间距及孔与零件边缘尺寸避免太小	0	0	0
	4. 零件上的孔尽量远离零件受载荷部位	0	0	0
	5. 可以在孔的边缘增加凸缘增加孔的强度	0	0	0
	6. 避免与零件脱模方向垂直的侧孔	0	0	0
	7. 长孔的设计避免阻碍塑胶熔料的流动	0	0	0
	8. 风孔的设计	0	0	0
提高零件强度	1. 通过增加加强筋而不是增加零件壁厚来提高零件强度	1	1	0
	2. 加强筋的方向需要考虑载荷的方向	0	0	0
	3. 多个加强筋常常比单个较厚或者较深的加强筋好	0	0	0
	4. 通过设计零件剖面形状提高零件强度	0	0	0
	5. 增加侧壁和优化侧壁剖面形状来提高零件强度	0	0	0
	6. 避免零件应力集中	0	0	0
	7. 合理设置浇口避免零件在熔接痕区域承受载荷	0	0	0
	8. 其他强度增加相关	0	0	0
提高零件外观	1. 选择合适的塑胶材料	0	0	0
	2a. 通过设计掩盖零件表面缩水	0	0	0
	2b. "火山口"设计	0	0	0
	2c. 合理设置浇口的位置和数量	0	0	0
	3. 预测零件变形,设计减少变形	0	0	0
	4. 外观零件之间设计美工沟	0	0	0
	5. 避免零件外观面出现熔接痕	0	0	0
	6. 合理选择分模线避免零件重要外观面出现断差或者毛边	0	0	0
	7. 顶针避免设计在零件重要外观面	0	0	0
降低零件成本的设计	1. 设计多功能的零件	1	1	0
	2. 降低零件材料成本	0	0	0
	3. 简化零件设计,降低模具成本	0	0	0
	4. 避免零件严格的公差	0	0	0
	5. 零件设计避免倒勾	0	0	0
	6. 降低模具修改成本	0	0	0
	7. 使用卡勾代普螺丝等固定结构	0	0	0
	8a. 零件外观装饰特征宜向外凸出	0	0	0
	8b. 零件上文字和符号宜向外凸出	0	0	0
注塑模具可行性设计	1. 卡勾结构应为斜销预留足够的运动空间	0	0	0
	2. 避免模具出现薄铁以及强度太低的设计	0	0	0
其他		0	0	0
总分		8	5	8
设计更改建议		零件存在局部尖角,需设计设计		加强肋厚度较大,需修改设计,以避免零件外表面缩水

图 8-5　塑胶件设计检查(续)

参 考 文 献

[1] 周瑾. 最后的打铁匠 [J]. 走向世界, 2008 (6): 62-64.

[2] G 布斯劳. 面向制造与装配的产品设计 [M]. 王知衍, 译. 北京: 机械工业出版社, 1999.

[3] David G Ullman. The Mechanical Design Process [M]. 3rd ed. New York: McGraw-Hill, 2003.

[4] Geoffrey Boothroyd. Assembly Automation and Product Design [M]. 2nd ed. Oxford: Taylor & Francis, 2005.

[5] David M Anderson Design for Manufacturability & Concurrent Engineering [M]. Cambria: CIM press, 2004.

[6] James G Bralla. Design For Manufacturability Handbook [M]. 2nd ed. New York: McGraw-Hill, 1998.

[7] Tom Drozda. Tool and Manufacturing Engineers Handbook: Design for Manufacturability [M]. 4th ed. Society of Manufacturing Engineers, 1992.

[8] Poli C. Design for Manufacturing [M]. London: Butterworth-Heinemann, 2001.

[9] Devdas Shetty. Design for Product Success [M]. 8nd ed. Society of Manufacturing Engineers, 2002.

[10] Universal Serial Bus 3.0 Specification, 2008.

[11] Paul R. Bonenberger. The first Snap-fit Handbook [M]. 2nd ed. Munich: Hanser, 2005.

[12] Robert A. Malloy Plastic Part Design for Injection Molding: An Introduction [M]. Munich: Hanser, 2006.

[13] 机械设计手册编委会. 机械设计手册: 零件结构设计工艺性 [M]. 北京: 机械工业出版社, 2007.

[14] Product Specifications Standards for Die Castings, NADCA, 2006.

[15] Bryan R Fischer. Mechanical Tolerance Stackup and Analysis [M]. Boca Raton: CRC Press, 2004.

[16] https://www.ulprospector.com.

[17] 王文利. 通过 DFX 设计提高电子产品的质量与可靠性 [J]. 现代表面贴装资讯, 2010 (1): 44-46.

[18] 顾雷, 方向忠. DFX 技术与电子产品设计 [J]. 电子产品世界, 2004 (05B): 99-102.

[19] 刘志峰. 产品的可回收性设计 [J]. 机械科学与技术, 1996, 15 (4): 531-534.

[20] 张旭. DFMA 技术在航空工业中的应用 [J]. 航空制造技术, 2012 (6): 6-4.